Mathematik für Ingenieur- und Naturwissenschaften

Anita Kloss-Brandstätter

Mathematik für Ingenieur- und Naturwissenschaften

Anwendungsorientierte Grundlagen kompakt erklärt mit Video-Tutorials

Anita Kloss-Brandstätter
Studienbereich Engineering & IT
Fachhochschule Kärnten
Villach, Österreich

ISBN 978-3-662-71090-6   ISBN 978-3-662-71091-3 (eBook)
https://doi.org/10.1007/978-3-662-71091-3

Die Deutsche Nationalbibliothek verzeichnet diese Publikation in der Deutschen Nationalbibliografie; detaillierte bibliografische Daten sind im Internet über https://portal.dnb.de abrufbar.

© Der/die Herausgeber bzw. der/die Autor(en), exklusiv lizenziert an Springer-Verlag GmbH, DE, ein Teil von Springer Nature 2025

Das Werk einschließlich aller seiner Teile ist urheberrechtlich geschützt. Jede Verwertung, die nicht ausdrücklich vom Urheberrechtsgesetz zugelassen ist, bedarf der vorherigen Zustimmung des Verlags. Das gilt insbesondere für Vervielfältigungen, Bearbeitungen, Übersetzungen, Mikroverfilmungen und die Einspeicherung und Verarbeitung in elektronischen Systemen.
Die Wiedergabe von allgemein beschreibenden Bezeichnungen, Marken, Unternehmensnamen etc. in diesem Werk bedeutet nicht, dass diese frei durch jede Person benutzt werden dürfen. Die Berechtigung zur Benutzung unterliegt, auch ohne gesonderten Hinweis hierzu, den Regeln des Markenrechts. Die Rechte des/der jeweiligen Zeicheninhaber*in sind zu beachten.
Der Verlag, die Autor*innen und die Herausgeber*innen gehen davon aus, dass die Angaben und Informationen in diesem Werk zum Zeitpunkt der Veröffentlichung vollständig und korrekt sind. Weder der Verlag noch die Autor*innen oder die Herausgeber*innen übernehmen, ausdrücklich oder implizit, Gewähr für den Inhalt des Werkes, etwaige Fehler oder Äußerungen. Der Verlag bleibt im Hinblick auf geografische Zuordnungen und Gebietsbezeichnungen in veröffentlichten Karten und Institutionsadressen neutral.

Planung/Lektorat: Iris Ruhmann
Springer Spektrum ist ein Imprint der eingetragenen Gesellschaft Springer-Verlag GmbH, DE und ist ein Teil von Springer Nature.
Die Anschrift der Gesellschaft ist: Heidelberger Platz 3, 14197 Berlin, Germany

Wenn Sie dieses Produkt entsorgen, geben Sie das Papier bitte zum Recycling.

Vorwort

Mathematik bildet das Fundament vieler Disziplinen in den Ingenieur- und Naturwissenschaften. Sie hilft uns, komplexe Zusammenhänge zu verstehen, innovative Technologien zu entwickeln, präzise Vorhersagen zu treffen sowie neue wissenschaftliche Erkenntnisse zu gewinnen. Gleichzeitig weiß ich aus meiner Erfahrung als Dozentin, dass Mathematik für viele Studierende eine Herausforderung darstellt. Genau hier setzt dieses Buch an: Es bietet eine verständliche, kompakte Einführung in die wichtigsten mathematischen Grundlagen – begleitet von Video-Tutorials, die das Lernen erleichtern.

Mein YouTube-Kanal „*Sciencebarbie erklärt Mathematik*" entstand aus dem Wunsch, Mathematik auf eine verständliche, anschauliche und unterhaltsame Weise zu vermitteln. Der Name Sciencebarbie steht bewusst für den Bruch mit Stereotypen: Mathematik ist für alle da, unabhängig von Geschlecht oder Hintergrund. Mit meinen Videos und diesem Buch möchte ich zeigen, dass Mathematik nicht nur logisch und präzise ist, sondern auch lebendig und faszinierend sein kann.

Dieses Buch richtet sich an Studierende der Ingenieur- und Naturwissenschaften, die eine kompakte, strukturierte und praxisorientierte Einführung in die mathematischen Grundlagen suchen. Zahlreiche Video-Tutorials verdeutlichen die theoretischen Konzepte, bieten eine ergänzende visuelle Erklärung und helfen, das Verständnis zu vertiefen.

Um das Beste aus diesem Buch herauszuholen, empfehle ich folgende Herangehensweise:

- **Aktives Lernen**: Mathematik erschließt sich am besten durch eigenes Rechnen. Nutze die Übungsaufgaben, um dein Verständnis zu vertiefen und Kompetenzen zu festigen.
- **Verknüpfung mit den Videos**: Die Video-Tutorials ergänzen die schriftlichen Inhalte visuell und interaktiv. Wer eine verständliche Erklärung sucht, kann dort gezielt nachschauen.
- **Praxisbezug herstellen**: Die vorgestellten Konzepte werden in vielen technischen und naturwissenschaftlichen Anwendungen genutzt. Es lohnt sich also, immer zu hinterfragen: Wie kann ich das Gelernte in meinem Fachgebiet einsetzen?

Ich hoffe, dass dieses Buch dir hilft, Mathematik nicht nur zu verstehen, sondern auch ihre Relevanz und Schönheit zu erkennen. Viel Erfolg und Freude beim Lesen und Lernen!

Anita Kloss-Brandstätter

Danksagung

Dieses Buch wäre ohne die Unterstützung und Inspiration vieler Menschen nicht möglich gewesen. Mein besonderer Dank gilt meinen früheren Lehrern, die meine Begeisterung für die Mathematik weckten, sowie meinen Studierenden, deren Fragen und Rückmeldungen meine Erklärungen schärften.

Ein herzliches Dankeschön geht an Norbert Mößlacher, der die Graphiken erstellte und damit das Buch visuell bereicherte. Ebenso danke ich dem Westermann-Verlag, aus dessen Ingenieurmathematik-Schulbüchern ich zahlreiche Beispiele für meine YouTube-Videos entnommen habe. Mein besonderer Dank gilt auch Bianca Alton und Iris Ruhmann vom Springer-Verlag für ihre wertvolle Unterstützung und Begleitung dieses Projekts.

Mein tiefster Dank gilt meinem Mann Frank und meinen Töchtern Emilia, Luisa und Viola – für ihre Geduld, ihre Unterstützung und dafür, dass sie immer an meiner Seite sind.

Dieses Buch ist für alle, die Mathematik nicht nur verstehen, sondern auch schätzen lernen möchten.

Anita Kloss-Brandstätter

Inhaltsverzeichnis

1 Arithmetik und Diskrete Mathematik 1
   1.1 Mengenlehre 1
      1.1.1 Grundlegende Begriffe 2
      1.1.2 Mengenoperationen 3
      1.1.3 Kartesisches Produkt 5
      1.1.4 Potenzmenge 6
   1.2 Zahlen 7
      1.2.1 Natürliche, ganze und rationale Zahlen 7
      1.2.2 Reelle Zahlen 7
   1.3 Gleichungen und Ungleichungen 9
      1.3.1 Äquivalenzumformungen 10
      1.3.2 Quadratische Gleichungen 10
      1.3.3 Wurzelgleichungen 12
      1.3.4 Betragsgleichungen 14
      1.3.5 Ungleichungen 15
   1.4 Diskrete Mathematik 17
      1.4.1 Modulare Arithmetik 17
      1.4.2 Vollständige Induktion 23

2 Funktionen 25
   2.1 Definition und Darstellung 25
      2.1.1 Definitions- und Wertebereich, Bild und Urbild 26
      2.1.2 Injektivität, Surjektivität, Bijektivität 27
      2.1.3 Umkehrfunktion 29
      2.1.4 Verkettung von Funktionen 30
   2.2 Grenzwerte und Stetigkeit von Funktionen 31
      2.2.1 Grenzwert einer Funktion 32
      2.2.2 Stetigkeit und Unstetigkeit 34
   2.3 Rationale und Wurzel-Funktionen 37
      2.3.1 Ganzrationale Funktionen (Polynome) 37
      2.3.2 Rationale Funktionen 38
      2.3.3 Potenz- und Wurzel-Funktionen 41

	2.4	Exponential- und Logarithmus-Funktionen	43
		2.4.1 Exponentialfunktionen	44
		2.4.2 Logarithmusfunktionen	45
	2.5	Trigonometrische und hyperbolische Funktionen	48
		2.5.1 Trigonometrische Funktionen	48
		2.5.2 Arkusfunktionen	52
		2.5.3 Hyperbelfunktionen	53
3	**Differentialrechnung**		**57**
	3.1	Differentiation von Funktionen einer Variablen	58
		3.1.1 Vom Differenzenquotient zum Differentialquotient	58
		3.1.2 Ableitungsregeln	60
		3.1.3 Ableitungen höherer Ordnung	63
	3.2	Kurvendiskussion	64
		3.2.1 Definitionsbereich und Nullstellen	65
		3.2.2 Extrempunkte und Wendepunkte	66
		3.2.3 Vollständige Kurvendiskussion	68
		3.2.4 Symmetrie, Monotonie, Krümmung	70
		3.2.5 Linearisierung einer Funktion	71
	3.3	Differentiation von Funktionen mehrerer Variablen	72
		3.3.1 Geometrie von Funktionen mehrerer Variablen	72
		3.3.2 Partielle Ableitungen	73
		3.3.3 Totale Differenzierbarkeit und das totale Differential	77
		3.3.4 Extremwerte	81
		3.3.5 Lagrange-Optimierung	83
4	**Integralrechnung**		**87**
	4.1	Unbestimmtes Integral	87
		4.1.1 Stammfunktion oder Integral	87
		4.1.2 Elementare Integrationsregeln	89
	4.2	Bestimmtes Integral	91
		4.2.1 Definition des bestimmten Integrals	91
		4.2.2 Hauptsatz der Integralrechnung	93
		4.2.3 Integrationsregeln für bestimmte Integrale	93
	4.3	Techniken der Integration	95
		4.3.1 Integration durch Substitution	95
		4.3.2 Partielle Integration	98
		4.3.3 Integration nach Partialbruchzerlegung	99
	4.4	Numerische Integration	103
		4.4.1 Trapezformel	104
		4.4.2 Keplersche Formel	105
		4.4.3 Simpsonsche Formel	106
	4.5	Uneigentliche Integrale	107
		4.5.1 Integrale mit unendlichen Integrationsgrenzen	107
		4.5.2 Integrale mit unbeschränktem Integranden	108

4.6		Anwendungen der Integralrechnung	109
	4.6.1	Berechnung von Flächeninhalten	109
	4.6.2	Volumen eines Rotationskörpers	111
	4.6.3	Linearer Mittelwert	113
4.7		Doppelintegrale	114

5 Komplexe Zahlen ... 117

5.1		Definition und Darstellung	118
	5.1.1	Imaginäre und komplexe Zahlen	118
	5.1.2	Geometrische Veranschaulichung	119
	5.1.3	Darstellungsformen	120
5.2		Rechnen mit komplexen Zahlen	124
	5.2.1	Addition und Subtraktion	124
	5.2.2	Multiplikation	125
	5.2.3	Division	126
	5.2.4	Potenzieren einer komplexen Zahl	128
	5.2.5	Fundamentalsatz der Algebra	129
	5.2.6	Ziehen der n-ten Wurzel aus einer komplexen Zahl	130
	5.2.7	Eulersche Formel	132
5.3		Komplexe Zahlen in der Elektrotechnik	132

6 Unendliche Reihen ... 135

6.1		Zahlenfolgen	135
	6.1.1	Bildungsgesetze, Monotonie und Beschränktheit	135
	6.1.2	Grenzwert einer Folge	137
6.2		Zahlenreihen	138
	6.2.1	Konvergenzkriterien	139
	6.2.2	Abschätzung des Reihenrestes	143
6.3		Potenzreihen	144
	6.3.1	Definition	144
	6.3.2	Konvergenzverhalten einer Potenzreihe	144
	6.3.3	Entwicklung in Potenzreihen (Taylorreihen)	146
6.4		Fourierreihen	149
	6.4.1	Gleichanteil	149
	6.4.2	Koeffizientenbestimmung	150
	6.4.3	Amplituden-Phasen-Form	153
	6.4.4	Komplexe Darstellung	155

7 Lineare Algebra und Analytische Geometrie ... 157

7.1		Vektoralgebra	157
	7.1.1	Definition und Rechenregeln	157
	7.1.2	Skalarprodukt und Vektorprodukt	163
7.2		Vektorrechnung in der Geometrie	166
	7.2.1	Vektorielle Darstellung einer Geraden	166
	7.2.2	Vektorielle Darstellung einer Ebene	171
	7.2.3	Vektoren im $\mathbb{R}^n$	180

7.3	Matrizen		182
	7.3.1	Begriffe	182
	7.3.2	Rechenoperationen mit Matrizen	184
7.4	Determinanten und Inverse Matrizen		187
	7.4.1	Bedeutung und Berechnung von Determinanten	187
	7.4.2	Inverse Matrix	190
	7.4.3	Reguläre und Orthogonale Matrizen	191
7.5	Lineare Gleichungssysteme		194
	7.5.1	Rang einer Matrix und Lösbarkeit	195
	7.5.2	Gauß-Algorithmus	196
	7.5.3	Lineare Unabhängigkeit von Vektoren	197
	7.5.4	Lineare Optimierung	198
7.6	Komplexe Matrizen		202
	7.6.1	Konjugierte und adjungierte Matrix	202
	7.6.2	Hermitesche, schiefhermitesche und unitäre Matrix	204
7.7	Eigenwerte und Eigenvektoren		205
	7.7.1	Berechnung der Eigenwerte	206
	7.7.2	Berechnung der Eigenvektoren	206

8 Gewöhnliche Differentialgleichungen ... 209

8.1	Definition und Lösungen		209
	8.1.1	Lösung einer DGL	210
	8.1.2	Richtungsfeld und Lösungskurven	210
	8.1.3	Anfangs- und Randwertprobleme	211
8.2	Wichtige Lösungsmethoden		212
	8.2.1	Trennung der Variablen	213
	8.2.2	Exponentialansatz	213
	8.2.3	Lösungsansätze für Störterme	214
	8.2.4	Variation der Konstanten	216
	8.2.5	Bernoullische DGL	217
	8.2.6	Numerische Lösung	218
8.3	Differentialgleichungen höherer Ordnung		220
	8.3.1	Differentialgleichungen 2. Ordnung	220
	8.3.2	Schwingungen	224
	8.3.3	Differentialgleichungen höherer Ordnung	229

9 Vektoranalysis ... 231

9.1	Grundlagen		231
	9.1.1	Parametrisierung von Kurven und Flächen	231
	9.1.2	Skalarfelder	235
	9.1.3	Vektorfelder	236
9.2	Differentialoperatoren		237
	9.2.1	Gradient	237
	9.2.2	Divergenz	238
	9.2.3	Rotation	239
	9.2.4	Laplace-Operator	240

	9.3	Koordinatentransformationen	240
		9.3.1 Polarkoordinaten	240
		9.3.2 Zylinderkoordinaten	243
		9.3.3 Kugelkoordinaten	245
10	**Integraltransformationen**		**249**
	10.1	Elementare Signale	249
		10.1.1 Sprungfunktion	249
		10.1.2 Diracsche Deltafunktion	251
	10.2	Fourier-Transformation	253
		10.2.1 Von Fourierreihen zur Fourier-Transformation	253
		10.2.2 Fourier-Transformation	254
		10.2.3 Inverse Fourier-Transformation	255
		10.2.4 Spezielle Fourier-Transformationen	256
		10.2.5 Transformationssätze	258
		10.2.6 Rücktransformation und Tabellen	260
		10.2.7 Anwendung der Fourier-Transformationen	262
	10.3	Laplace-Transformation	262
		10.3.1 Definition der Laplace-Transformation	263
		10.3.2 Transformationssätze	264
		10.3.3 Rücktransformation aus dem Bildbereich	268
		10.3.4 Lösung von Differentialgleichungen	269
11	**Partielle Differentialgleichungen**		**271**
	11.1	Definition und Klassifikation	271
		11.1.1 Lineare und nichtlineare partielle DGL	272
		11.1.2 Klassifikation partieller DGL 2. Ordnung	273
	11.2	Analytische Lösungsverfahren	274
		11.2.1 Anfangs- und Randbedingungen	274
		11.2.2 Separationsansatz	275
		11.2.3 Charakteristikenverfahren	276
		11.2.4 Laplace-Transformation	278
	11.3	Grundtypen partieller DLG	280
		11.3.1 Die Laplace-Gleichung	280
		11.3.2 Wärmeleitungsgleichung	282
		11.3.3 Wellengleichung	283
12	**Stochastik**		**285**
	12.1	Kombinatorik	285
		12.1.1 Permutationen	285
		12.1.2 Kombinationen	286
		12.1.3 Der Binomische Lehrsatz	287
	12.2	Wahrscheinlichkeitsrechnung	288
		12.2.1 Ereignisse, Häufigkeiten und Wahrscheinlichkeiten	288
		12.2.2 Bedingte Wahrscheinlichkeiten, Satz von Bayes	291
		12.2.3 Zufallsvariablen und ihre Verteilungsfunktionen	293

12.3 Statistik 299
    12.3.1 Deskriptive Statistik 299
    12.3.2 Induktive Statistik 303
    12.3.3 Kontingenz, Korrelation und Regression 309

Stichwortverzeichnis 315

Arithmetik und Diskrete Mathematik

In diesem Kapitel wird die Grundlage für ein tiefes Verständnis der Arithmetik und Diskreten Mathematik gelegt. Den Einstieg bildet die Mengenlehre, das Fundament vieler mathematischer Konzepte. Hier stehen präzise Definitionen, Mengenoperationen sowie Strukturen wie das kartesische Produkt und die Potenzmenge im Mittelpunkt.

Anschließend wird der Bogen zu den verschiedenen Zahlbereichen gespannt – von den natürlichen bis hin zu den reellen Zahlen – und ihre Bedeutung sowie Anwendung in der Mathematik beleuchtet.

Der nächste Abschnitt widmet sich den Herausforderungen und Methoden beim Lösen von Gleichungen und Ungleichungen. Beginnend mit grundlegenden Umformungen bis hin zu komplexeren Aufgaben wie quadratischen oder Wurzelgleichungen, werden Lösungswege systematisch erschlossen.

Den Abschluss bildet ein Einblick in zentrale Themen der Diskreten Mathematik wie die modulare Arithmetik und die Methode der vollständigen Induktion, die als Werkzeug für Beweise fundamentale Bedeutung hat. Dieses Kapitel lädt dazu ein, die Struktur und Eleganz der Mathematik in ihrer ganzen Tiefe zu erleben.

1.1 Mengenlehre

Eine Menge ist eine Zusammenfassung von bestimmten, wohlunterscheidbaren Objekten, die als ihre **Elemente** bezeichnet werden. Mengen werden in der Regel mit Großbuchstaben wie A, B oder C bezeichnet, und ihre Elemente werden in geschweiften Klammern notiert, z. B. $A = \{1, 2, 3\}$.

1.1.1 Grundlegende Begriffe

Element: Ein Objekt a gehört zur Menge A, wenn $a \in A$ gilt. Gehört a nicht zur Menge A, schreibt man $a \notin A$.

Aufzählende Notation: Die Menge wird durch das explizite Auflisten ihrer Elemente in geschweiften Klammern dargestellt. Zum Beispiel:

$$A = \{1, 2, 3, 4\}$$

Beschreibende Notation (Prädikatennotation): Die Menge wird durch eine Eigenschaft oder Bedingung beschrieben, die ihre Elemente erfüllen. Zum Beispiel:

$$B = \{x \in \mathbb{N} \mid x \text{ ist gerade}\}$$

Diese Menge B enthält alle geraden natürlichen Zahlen.

Intervallschreibweise: Diese wird verwendet, um Mengen von reellen Zahlen darzustellen, die in einem bestimmten Intervall liegen. Zum Beispiel:

$$C = [1, 5] = \{x \in \mathbb{R} \mid 1 \leq x \leq 5\}$$

Hierbei bedeutet $[1, 5]$ das abgeschlossene Intervall von 1 bis 5, das sowohl die Grenzen 1 als auch 5 enthält.

Notation von Mengen

Bestimme die durch die Ungleichung $3n - 15 \leq 4$ definierte Teilmenge von $\mathbb{N}$ in der aufzählenden und in der beschreibenden Form.
sn.pub/yp3u6s

Teilmenge: Eine Menge A ist eine **Teilmenge** von B, wenn jedes Element von A auch ein Element von B ist (Abb. 1.1). Dies wird geschrieben als $A \subseteq B$.

Abb. 1.1 Die Menge A ist eine Teilmenge der Menge B

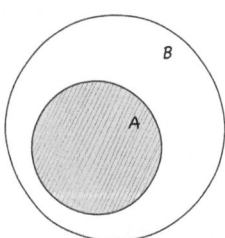

Teilmenge

Gegeben sind die Mengen $A = \{a, b\}$ und $B = \{1, 2, 3\}$. Bilde alle Teilmengen der Menge A und der Menge B.
sn.pub/7f0m27

Gleichheit von Mengen: Zwei Mengen A und B sind gleich, wenn sie dieselben Elemente enthalten, also $A = B$. Formal:

$$A = B :\Longleftrightarrow \forall x : (x \in A \leftrightarrow x \in B)$$

Leere Menge: Die Menge, die kein Element enthält, heißt leere Menge. Sie wird mit $\emptyset$ oder auch $\{\}$ bezeichnet.

1.1.2 Mengenoperationen

Mengen können durch verschiedene Operationen miteinander kombiniert werden:

Vereinigungsmenge: Die Vereinigung zweier Mengen A und B, geschrieben $A \cup B$, enthält alle Elemente, die in A oder B oder in beiden liegen (Abb. 1.2).

$$A \cup B = \{x \mid x \in A \text{ oder } x \in B\}$$

Abb. 1.2 Vereinigungsmenge

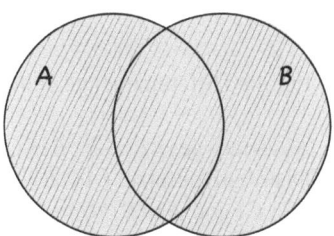

Vereinigungsmenge

Gegeben sind die Mengen $A = \{23, 27, 49, 665\}$, $B = \{9, 23, 37, 49, 66, 88\}$ und $C = \{48, 665, 666\}$. Bestimme: $A \cup B$, $A \cup C$, $B \cup C$.
sn.pub/l19rfj

Schnittmenge: Der Durchschnitt zweier Mengen A und B, geschrieben $A \cap B$, enthält alle Elemente, die sowohl in A als auch in B liegen (Abb. 1.3).

$$A \cap B = \{x \mid x \in A \text{ und } x \in B\}$$

Abb. 1.3 Schnittmenge

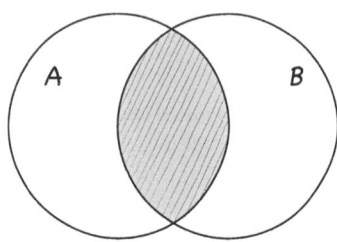

> **Schnittmenge**
>
>
>
> Gegeben sind die Mengen $A = \{23, 27, 49, 665\}$, $B = \{9, 23, 37, 49, 66, 88\}$ und $C = \{48, 665, 666\}$. Bestimme: $A \cap B$, $A \cap C$, und $B \cap C$.
> sn.pub/ot79tq

Differenzmenge: Die Differenz der Mengen A und B, geschrieben $A \setminus B$, enthält alle Elemente, die in A aber nicht in B liegen (Abb. 1.4).

$$A \setminus B = \{x \mid x \in A \text{ und } x \notin B\}$$

Für die Differenzmenge gelten folgende Gesetzmäßigkeiten:

- Assoziativgesetze: $(A \setminus B) \setminus C = A \setminus (B \cup C)$ und $A \setminus (B \setminus C) = (A \setminus B) \cup (A \cap C)$
- Distributivgesetze: $(A \cap B) \setminus C = (A \setminus C) \cap (B \setminus C)$ und $(A \cup B) \setminus C = (A \setminus C) \cup (B \setminus C)$ und $A \setminus (B \cap C) = (A \setminus B) \cup (A \setminus C)$ und $A \setminus (B \cup C) = (A \setminus B) \cap (A \setminus C)$

Abb. 1.4 Differenzmenge

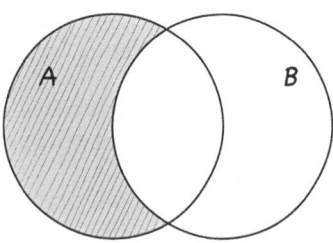

Differenzmenge von *A* und *B*

Gegeben sind die Mengen $A = \{9, 10, 11\}$ und $B = \{x | x \in \mathbb{N} \land x < 11\}$. Bestimme: $A \setminus B$ und $B \setminus A$.

sn.pub/zh2ygs

Komplement: Das Komplement einer Menge A, oft geschrieben als A^C oder $\overline{A}$, enthält alle Elemente, die nicht in A liegen, bezogen auf eine gegebene Grundmenge U.

Gesetzmäßigkeiten: Die Mengen-Operationen Schnitt $\cap$ und Vereinigung $\cup$ sind kommutativ, assoziativ und zueinander distributiv:

- Assoziativgesetz: $(A \cup B) \cup C = A \cup (B \cup C)$ und $(A \cap B) \cap C = A \cap (B \cap C)$
- Kommutativgesetz: $A \cup B = B \cup A$ und $A \cap B = B \cap A$
- Distributivgesetz: $A \cup (B \cap C) = (A \cup B) \cap (A \cup C)$ und $A \cap (B \cup C) = (A \cap B) \cup (A \cap C)$
- De Morgansche Gesetze: $(A \cup B)^C = A^C \cap B^C$ und $(A \cap B)^C = A^C \cup B^C$
- Absorptionsgesetz: $A \cup (A \cap B) = A$ und $A \cap (A \cup B) = A$

1.1.3 Kartesisches Produkt

Geordnetes Paar: Ein geordnetes Paar ist eine Zusammenstellung von zwei Objekten, bei der die Reihenfolge wichtig ist. Ein geordnetes Paar wird üblicherweise in der Form (a, b) notiert, wobei a das *erste* Element und b das *zweite* Element ist. Anders als bei Mengen unterscheidet sich das Paar (a, b) von (b, a), sofern $a \neq b$, da die Reihenfolge der Elemente festgelegt ist. Geordnete Paare sind die Grundlage für das Konzept der **kartesischen Produktes** und werden häufig in der Definition von Funktionen, Relationen und Koordinatensystemen verwendet (Abb. 1.5).

Abb. 1.5 Geordnete Paare im kartesischen Koordinatensystem

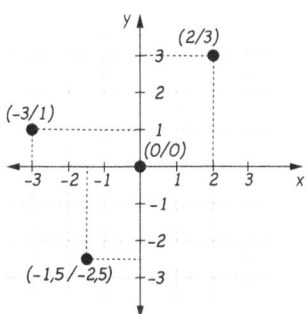

Kartesisches Produkt: Das kartesische Produkt zweier Mengen A und B, geschrieben $A \times B$, ist die Menge aller geordneten Paare (a, b) mit $a \in A$ und $b \in B$ (Abb. 1.6):

$$A \times B = \{(a, b) \mid a \in A \text{ und } b \in B\}.$$

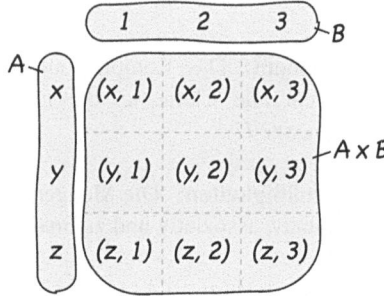

Abb. 1.6 Das kartesische Produkt $A \times B$ der beiden Mengen $A = \{x, y, z\}$ und $B = \{1, 2, 3\}$

Kartesisches Produkt

Bestimme das kartesische Produkt der Mengen $A = \{1, 2, 3\}$ und $B = \{3, 4\}$.
sn.pub/oth4yu

Bestimme das kartesische Produkt der Mengen $A = [1; 3] \cup (4; 5)$ und $B = [0; 2] \cup [4; 7)$.
sn.pub/oth4yu

1.1.4 Potenzmenge

Die **Potenzmenge** $\mathcal{P}(A)$ einer Menge A ist die Menge aller Teilmengen von A. Für eine endliche Menge A mit n Elementen hat die Potenzmenge 2^n Elemente.

$$\mathcal{P}(A) := \{X \mid X \subseteq A\}$$

Die Potenzmenge einer Menge A enthält immer die leere Menge und die Menge A selbst. Somit ist $\mathcal{P}(\emptyset) = \{\emptyset\}$, also eine einelementige Menge.

1.2 Zahlen

Zahlen sind die grundlegenden Bausteine der Mathematik, die zur Beschreibung, Messung und Strukturierung von Mengen, Relationen und Veränderungen dienen.

1.2.1 Natürliche, ganze und rationale Zahlen

Die Zahlenmengen der natürlichen, ganzen und rationalen Zahlen bilden grundlegende Strukturen in der Mathematik und werden oft in der Reihenfolge ihrer Erweiterung eingeführt.

Natürliche Zahlen $\mathbb{N}$: Die natürlichen Zahlen $\mathbb{N}$ umfassen alle positiven ganzen Zahlen, die zum Zählen verwendet werden:

$$\mathbb{N} = \{1, 2, 3, \ldots\}.$$

Manchmal wird auch 0 zu den natürlichen Zahlen hinzugezählt, je nach Definition:

$$\mathbb{N}_0 = \{0, 1, 2, 3, \ldots\}.$$

Ganze Zahlen $\mathbb{Z}$: Die ganzen Zahlen $\mathbb{Z}$ umfassen alle natürlichen Zahlen sowie deren negative Werte und die Null:

$$\mathbb{Z} = \{\ldots, -3, -2, -1, 0, 1, 2, 3, \ldots\}.$$

Jede natürliche Zahl ist auch eine ganze Zahl ($\mathbb{N} \subset \mathbb{Z}$).

Rationale Zahlen $\mathbb{Q}$: Die rationalen Zahlen $\mathbb{Q}$ bestehen aus allen Zahlen, die als Bruch $\frac{a}{b}$ mit $a \in \mathbb{Z}$ und $b \in \mathbb{Z} \setminus \{0\}$ geschrieben werden können. Jede rationale Zahl kann als endlicher oder periodischer Dezimalbruch dargestellt werden:

$$\mathbb{Q} = \left\{ \frac{a}{b} \;\middle|\; a, b \in \mathbb{Z},\; b \neq 0 \right\}.$$

Jede ganze Zahl ist auch eine rationale Zahl ($\mathbb{Z} \subset \mathbb{Q}$).

1.2.2 Reelle Zahlen

Die **reellen Zahlen** $\mathbb{R}$ umfassen alle Zahlen auf der Zahlengeraden, darunter alle rationalen und irrationalen Zahlen. Sie bilden damit eine kontinuierliche Zahlenmenge ohne Lücken.

Mathewelten – Irrationale Zahlen

Dieses Video von ARTE aus der Reihe „Mathewelten" beschäftigt sich mit irrationalen Zahlen, ihrer historischen und mathematischen Bedeutung und ihren Unterschied zu rationalen Zahlen.
sn.pub/cd41gz

Rationale Zahlen $\mathbb{Q}$: Alle Zahlen, die als Bruch $\frac{a}{b}$ mit $a, b \in \mathbb{Z}$ und $b \neq 0$ dargestellt werden können.

Irrationale Zahlen $\mathbb{R} \setminus \mathbb{Q}$: Zahlen, die nicht als Bruch dargestellt werden können. Diese Zahlen haben eine unendliche, nicht-periodische Dezimaldarstellung, z. B. $\sqrt{2}, \pi$, und e.

Irrationale Zahlen

Zeige, dass die $\sqrt{2}$ keine rationale Zahl ist.
sn.pub/yqaoxk

Die reellen Zahlen sind durch besondere Eigenschaften wie Kontinuität und Abgeschlossenheit gekennzeichnet.

Kontinuität: Die Menge $\mathbb{R}$ ist auf der Zahlengeraden lückenlos und umfasst sowohl endliche als auch unendliche Dezimaldarstellungen.

Abgeschlossenheit: Für die Grundrechenarten Addition, Subtraktion, Multiplikation und Division (außer durch 0) ist $\mathbb{R}$ abgeschlossen.

Intervalle: Ein Intervall ist eine zusammenhängende Menge von reellen Zahlen, die alle Zahlen zwischen einem unteren und einem oberen Grenzwert enthält. Intervalle werden verwendet, um Bereiche auf der Zahlengeraden anzugeben. Sie dienen z. B. zur Definition von Wertebereichen von Funktionen oder zur Angabe von Unsicherheitsbereichen in der Statistik.

1.3 Gleichungen und Ungleichungen

Arten von Intervallen: Intervalle werden häufig in Klammern geschrieben, wobei die Art der Klammern angibt, ob die Grenzwerte eingeschlossen oder ausgeschlossen sind. Es gibt verschiedene Arten von Intervallen (Abb. 1.7):

- **Offenes Intervall** (a, b): Enthält alle reellen Zahlen x mit $a < x < b$. Die Grenzen a und b sind **nicht** Teil des Intervalls.
- **Abgeschlossenes Intervall** $[a, b]$: Enthält alle reellen Zahlen x mit $a \leq x \leq b$. Die Grenzen a und b sind Teil des Intervalls.
- **Halboffenes Intervall** $(a, b]$: Enthält alle reellen Zahlen x mit $a < x \leq b$. Das Intervall ist auf der linken Seite offen und auf der rechten Seite abgeschlossen.
- **Halboffenes Intervall** $[a, b)$: Enthält alle reellen Zahlen x mit $a \leq x < b$. Das Intervall ist auf der linken Seite abgeschlossen und auf der rechten Seite offen.
- **Unbegrenztes Intervall** $(-\infty, a]$ oder $[a, \infty)$: Enthält alle reellen Zahlen x bis zu einer Grenze, ohne eine zweite Grenze. Beispiel: $(-\infty, a]$ enthält alle $x \leq a$.

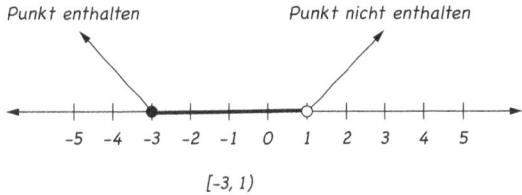

Abb. 1.7 Darstellung eines Intervalls auf der Zahlengeraden. Dabei verwendet man: **Kreise** an den Grenzen für offene Intervalle und **Punkte** an den Grenzen für abgeschlossene Intervalle

Intervalle

Bilde mit $M_1 = \{x \mid x \in \mathbb{R} \text{ und } 0 \leq x < 4\}$ und $M_2 = \{x \mid x \in \mathbb{R} \text{ und } -2 < x < 2\}$ die folgenden Mengen: $M_1 \cup M_2, M_1 \cap M_2, M_1 \setminus M_2$.
sn.pub/0w2t2r

1.3 Gleichungen und Ungleichungen

Gleichungen und Ungleichungen sind mathematische Aussagen, die Beziehungen zwischen Unbekannten und bekannten Werten ausdrücken und durch Umformungen oder grafische Methoden gelöst werden.

1.3.1 Äquivalenzumformungen

Unter einer **Gleichung** versteht man in der Mathematik eine Aussage über die Gleichheit zweier Terme, die mit Hilfe des Gleichheitszeichens (=) symbolisiert wird. Formal hat eine Gleichung die Gestalt

$$T_1 = T_2$$

wobei der Term T_1 die linke Seite und der Term T_2 die rechte Seite der Gleichung genannt wird.

Zur Lösung von Gleichungen nutzt man **Äquivalenzumformungen**, um die Gleichung schrittweise zu vereinfachen, ohne deren Lösungsmenge zu verändern. Dabei führt man Umformungen durch, die die Gleichwertigkeit der Gleichung erhalten.

Grundlegende Äquivalenzumformungen: Folgende Umformungen sind erlaubt:

- **Addition/Subtraktion**: Auf beiden Seiten der Gleichung die gleiche Zahl addieren oder subtrahieren.

$$x + a = b \quad \Rightarrow \quad x = b - a$$

- **Multiplikation/Division**: Beide Seiten der Gleichung mit derselben Zahl (ungleich Null) multiplizieren oder dividieren.

$$ax = b \quad \Rightarrow \quad x = \frac{b}{a}$$

- **Potenzieren/Wurzelziehen**: Gleiche Potenzen oder Wurzeln auf beiden Seiten anwenden (bei Wurzeln beachten, dass keine negativen Werte entstehen).

$$x^n = a \quad \Rightarrow \quad x = \sqrt[n]{a}, \quad \text{falls } a \geq 0 \text{ für gerade } n$$

$$\sqrt[n]{x} = a \quad \Rightarrow \quad x = a^n$$

1.3.2 Quadratische Gleichungen

Eine **quadratische Gleichung** ist eine Gleichung der Form

$$ax^2 + bx + c = 0$$

1.3 Gleichungen und Ungleichungen

mit den Koeffizienten $a, b, c \in \mathbb{R}$ und $a \neq 0$. Quadratische Gleichungen haben typischerweise zwei Lösungen, die mithilfe der **Mitternachtsformel** (Lösungsformel) berechnet werden können.

Mitternachtsformel: Die Lösungen x_1 und x_2 der Gleichung $ax^2 + bx + c = 0$ lauten:

$$x_{1,2} = \frac{-b \pm \sqrt{b^2 - 4ac}}{2a}$$

wobei der Ausdruck unter der Wurzel, $\Delta = b^2 - 4ac$, die **Diskriminante** ist.

Diskriminante: Die Diskriminante Δ bestimmt die Art der Lösungen (Abb. 1.8):

- $\Delta > 0$: Zwei reelle und verschiedene Lösungen.
- $\Delta = 0$: Eine reelle, doppelte Lösung.
- $\Delta < 0$: Zwei komplexe, konjugierte Lösungen.

Abb. 1.8 Lösungsfälle quadratischer Gleichungen anhand der Diskriminante

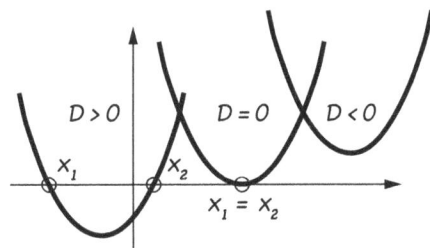

Die pq-Formel:
Die Lösungen x_1 und x_2 der Gleichung $x^2 + px + q = 0$ lauten:

$$x_{1,2} = -\frac{p}{2} \pm \sqrt{\left(\frac{p}{2}\right)^2 - q}$$

wobei der Ausdruck unter der Wurzel, $\Delta = \left(\frac{p}{2}\right)^2 - q$, wiederum die **Diskriminante** ist.

Quadratische Gleichungen

Löse folgende Gleichung: $-2x^2 - 4x + 6 = 0$.

sn.pub/dulopg

(Fortsetzung)

 Löse folgende Gleichung: $3x^2 + 9x + 6,75 = 0$.
sn.pub/4fl7bm

 Löse folgende Gleichung: $x^2 - 4x + 13 = 0$.
sn.pub/ebx1ph

Zerlegung von quadratischen Gleichungen in Linearfaktoren: Eine quadratische Gleichung der Form

$$ax^2 + bx + c = 0$$

kann, sofern sie zwei reelle Lösungen x_1 und x_2 besitzt, in Lincarfaktoren zerlegt werden. Die Faktorisierung erfolgt wie folgt:

$$ax^2 + bx + c = a(x - x_1)(x - x_2).$$

Linearfaktorenzerlegung eines Polynoms

 Zerlege dieses Polynom in seine Linearfaktoren:
$f(x) = 2x^2 + 7x - 22$
sn.pub/ft242n

Satz von Vieta: Der Satz von Vieta stellt eine Beziehung zwischen den Koeffizienten der quadratischen Gleichung und ihren Lösungen x_1 und x_2 her. Er besagt:

1. Die Summe der Lösungen ist gegeben durch: $x_1 + x_2 = -\frac{b}{a}$.
2. Das Produkt der Lösungen ist gegeben durch: $x_1 \cdot x_2 = \frac{c}{a}$.

1.3.3 Wurzelgleichungen

Eine **Wurzelgleichung** ist eine Gleichung, in der die unbekannte Variable unter einer Wurzel vorkommt. Das Ziel beim Lösen solcher Gleichungen ist es, die Variable aus der Wurzel zu „befreien".

1.3 Gleichungen und Ungleichungen

Vollständiges Beispiel: Betrachten wir die Wurzelgleichung

$$\sqrt{x+5} = x - 1$$

1. **Isolation der Wurzel**: Falls möglich, isoliert man den Wurzelausdruck auf einer Seite der Gleichung. Im gegebenen Beispiel ist die Wurzel bereits isoliert.
2. **Quadrieren beider Seiten**: Um die Wurzel zu eliminieren, quadriert man beide Seiten der Gleichung. Dadurch wird die Wurzel aufgehoben.

$$(\sqrt{x+5})^2 = (x-1)^2$$

Dies ergibt:

$$x + 5 = x^2 - 2x + 1$$

3. **Lösen der resultierenden Gleichung**: Nach dem Quadrieren entsteht eine Gleichung ohne Wurzel, die sich wie eine normale lineare oder quadratische Gleichung lösen lässt. Durch Umstellen erhalten wir im gegebenen Beispiel eine quadratische Gleichung:

$$0 = x^2 - 3x - 4$$

Deren Lösungen sind $x = 4$ und $x = -1$.

4. **Überprüfung der Lösung**: Da das Quadrieren Scheinlösungen einführen kann, sollte jede Lösung in die ursprüngliche Gleichung eingesetzt und überprüft werden.

  - Für $x = 4$: $\sqrt{4+5} = 4 - 1$, also $\sqrt{9} = 3$ (gültig).
  - Für $x = -1$: $\sqrt{-1+5} = -1 - 1$, also $\sqrt{4} = -2$ (keine gültige Lösung).

Die einzige gültige Lösung ist daher $x = 4$.

Wurzelgleichung

Löse folgende Gleichung: $\sqrt{6x-2} + 5 - 3x = 0$.
sn.pub/h97zdw

1.3.4 Betragsgleichungen

Eine **Betragsgleichung** ist eine Gleichung, die den Betrag (oder Absolutwert) einer Variable oder eines Ausdrucks enthält. Der Betrag $|x|$ einer Zahl x ist definiert als der Abstand von x zur Null und damit immer nicht-negativ (Abb. 1.9):

$$|x| = \begin{cases} x, & \text{wenn } x \geq 0 \\ -x, & \text{wenn } x < 0 \end{cases}$$

Abb. 1.9 Verlauf der Betragsfunktion auf $\mathbb{R}$

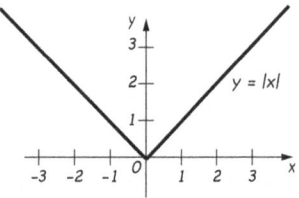

Lösungsmethode für Betragsgleichungen: Um Betragsgleichungen zu lösen, muss man die Definition des Betrags nutzen und die Gleichung in zwei Fälle aufteilen. Für eine Gleichung der Form $|f(x)| = c$ mit $c \geq 0$ ergibt sich:

1. **Fall 1:** $f(x) = c$
2. **Fall 2:** $f(x) = -c$

Beide Fälle werden separat gelöst, und die Lösungen beider Fälle bilden die Lösungsmenge der Betragsgleichung.

Vollständiges Beispiel: Gegeben sei die Betragsgleichung:

$$|x - 3| = 5$$

1. **Fall:** $x - 3 = 5 \Rightarrow x = 8$
2. **Fall:** $x - 3 = -5 \Rightarrow x = -2$

Die Lösungsmenge ist also $\{-2, 8\}$.

Betragsgleichungen

Löse folgende Gleichung: $|x + 2| - 2 \cdot |x - 3| = 4$.
sn.pub/z9ymwg

1.3.5 Ungleichungen

Eine Ungleichung ist eine mathematische Aussage über die Beziehung zwischen zwei Ausdrücken, bei der sie durch Symbole wie $<$, $>$, $\leq$ oder $\geq$ verbunden sind. Beispiele für Ungleichungen sind:

$$x + 3 < 7 \quad \text{oder} \quad 2y \geq 5.$$

Lösungsmengen und Darstellung: Die Lösung einer Ungleichung besteht aus allen Werten der Variablen, die die Ungleichung wahr machen. Diese Lösungsmengen können oft auf einer Zahlengeraden veranschaulicht oder in Intervallschreibweise dargestellt werden. Zum Beispiel wird die Lösung $x > 2$ in der Intervallschreibweise als $(2, \infty)$ angegeben.

Graphisches Lösen von Ungleichungen: Hierbei wird die Ungleichung in eine Gleichung umgewandelt und deren Graph gezeichnet. Zum Beispiel für die Ungleichung

$$f(x) \geq g(x),$$

zeichnet man die Graphen der Funktionen $f(x)$ und $g(x)$. Die Lösung der Ungleichung entspricht den Bereichen auf der x-Achse, in denen der Graph von $f(x)$ oberhalb oder auf gleicher Höhe wie der Graph von $g(x)$ verläuft.

Falls es sich um eine Ungleichung der Form $f(x) > 0$ handelt, zeichnet man nur den Graphen von $f(x)$ und sucht die Bereiche, in denen der Graph oberhalb der x-Achse liegt. Diese Bereiche entsprechen den x-Werten, die die Ungleichung erfüllen.

Diese Methode ist besonders nützlich, um das Verhalten der Funktion visuell zu verstehen und die Lösungen für Ungleichungen schnell abzulesen (Abb. 1.10).

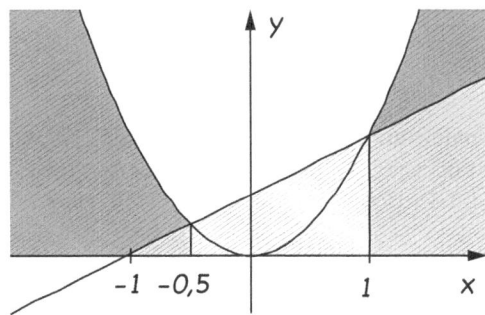

Abb. 1.10 Graphische Lösung der Ungleichung $x^2 < 0,5x + 0,5$ (hellgrauer Bereich, Intervall $(-0,5; 1)$) bzw. $x^2 > 0,5x + 0,5$ (dunkelgrauer Bereich, Intervalle $(-\infty; -0,5) \cup (1; \infty)$

Rechnerische Lösung von Ungleichungen: Das Umformen von Ungleichungen folgt ähnlichen Regeln wie das Umformen von Gleichungen, mit einer wichtigen

Ausnahme: Beim Multiplizieren oder Dividieren der Ungleichung durch eine negative Zahl muss das Ungleichheitszeichen umgekehrt werden. Beispielsweise wird aus der Ungleichung

$$-3x < 6$$

durch Division beider Seiten durch -3 die Ungleichung

$$x > -2.$$

Zusätzlich können beide Seiten einer Ungleichung mit der gleichen Zahl addiert oder subtrahiert werden, ohne die Richtung des Ungleichheitszeichens zu verändern. Beispielsweise ergibt das Addieren von 5 zu beiden Seiten der Ungleichung $x - 4 \leq 3$:

$$x - 4 + 5 \leq 3 + 5,$$

was weiter vereinfacht wird zu:

$$x \leq 7.$$

Ungleichungen

Löse folgende Ungleichung: $\dfrac{2x - 1}{x + 2} > 3.$
sn.pub/9wphsi

Löse folgende Ungleichung: $(x - 1)^2 \leq |x|.$
sn.pub/8arfa1

Ungleichungen mit Absolutbetrag: Absolutbetragsungleichungen haben die Form $|x| < a$ oder $|x| > a$, wobei $a \geq 0$ ist. Um solche Ungleichungen zu lösen, wird der Betrag als Abstand von Null interpretiert.

- Für $|x| < a$ gilt: $-a < x < a$.
- Für $|x| > a$ gilt: $x < -a$ oder $x > a$.

Vollständiges Beispiel: Die Lösung der Ungleichung $|x - 3| < 4$ ist:

$$-4 < x - 3 < 4,$$

was weiter vereinfacht wird zu:

$$-1 < x < 7.$$

Absolutbetragsungleichungen werden häufig verwendet, um Intervalle und Abstände zu beschreiben, insbesondere in der Geometrie und bei Annäherungen.

Ungleichungen mit Absolutbetrag

Löse folgende Ungleichung: $|x + 1| < 5$.
sn.pub/8jf1bd

Löse folgende Ungleichung: $x + 3 \leq |4x - 2|$.
sn.pub/lp6u0g

1.4 Diskrete Mathematik

Die Diskrete Mathematik umfasst abzählbare Strukturen wie Mengen, Graphen und Folgen sowie Methoden wie modulare Arithmetik und vollständige Induktion, die in Informatik, Kryptographie und Beweisführung angewendet werden.

1.4.1 Modulare Arithmetik

Die modulare Arithmetik, auch als **Rechnen mit Restklassen** bekannt, ist ein System, in dem nur die Reste einer Division betrachtet werden. Diese Art der Berechnung ist besonders nützlich in Zahlentheorie und Informatik.

Division mit Rest: Für zwei ganze Zahlen a und b, wobei $b > 0$, existieren eindeutig bestimmte ganze Zahlen q und r mit:

$$a = b \cdot q + r, \quad \text{wobei } 0 \leq r < b.$$

Hierbei ist q der **Quotient** und r der **Rest** der Division von a durch b.

Restbestimmung modulo m

Bestimme 42 mod 5, 42 mod 7, −32 mod 9.
sn.pub/jni609

Ermittle den ganzzahligen Rest $r = a \mod m$ mit dem Modul $m = 5$ für alle ganzen Zahlen zwischen −12 und 12.
sn.pub/fb7fse

Kongruenzen: In der modularen Arithmetik verwendet man das Symbol „ $\equiv$ ", um die Kongruenz (Gleichheit der Reste) darzustellen. Zwei ganze Zahlen a und b sind **kongruent modulo** m (geschrieben $a \equiv b \pmod{m}$), falls sie bei Division durch m denselben Rest lassen. Dies bedeutet:

$$a \equiv b \pmod{m} \iff m \text{ teilt } (a-b).$$

Rechnen mit kongruenten Zahlen

Bestimme, ob die folgenden Kongruenzen wahr oder falsch sind: $19 \equiv 4 \mod 3$, $18 \equiv 27 \mod 4$, $44 \equiv -19 \mod 9$.
sn.pub/sulvfs

Der 1. Januar 1990 war ein Montag. Finde heraus, welcher Wochentag der 4. März 1990 war.
sn.pub/881pi3

Rechenregeln für Kongruenzen: Für Kongruenzen gelten ähnliche Rechenregeln wie für gewöhnliche Gleichungen:

- **Addition:** Wenn $a \equiv b \pmod{m}$ und $c \equiv d \pmod{m}$, dann gilt $a + c \equiv b + d \pmod{m}$.
- **Subtraktion:** Wenn $a \equiv b \pmod{m}$ und $c \equiv d \pmod{m}$, dann gilt $a - c \equiv b - d \pmod{m}$.
- **Multiplikation:** Wenn $a \equiv b \pmod{m}$ und $c \equiv d \pmod{m}$, dann gilt $a \cdot c \equiv b \cdot d \pmod{m}$.
- **Potenzieren:** Wenn $a \equiv b \mod m$, dann gilt: $a^k \equiv b^k \mod m$.

1.4 Diskrete Mathematik

Rechenregeln für Kongruenzen

Bestimme: $(12 + 20) \mod 3$; $(81 - 40) \mod 7$
$(23 \cdot 15) \mod 4$; $(15 \cdot 16 \cdot 17) \mod 5$
sn.pub/nil1d5

Bestimme: $3900 \mod 14$.
sn.pub/veouuv

Bestimme: $17^8 \mod 7$.
sn.pub/yte1gx

Euklidischer Algorithmus: Der Euklidische Algorithmus ist ein Verfahren zur Bestimmung des größten gemeinsamen Teilers (ggT) zweier ganzer Zahlen a und b. Der Algorithmus basiert darauf, dass der ggT zweier Zahlen auch der ggT des Divisors und des Rests der Division ist. Formal gilt für $a, b \in \mathbb{Z}$ mit $a > b$:

$$\text{ggT}(a, b) = \text{ggT}(b, a \mod b).$$

Der Algorithmus wird so lange wiederholt, bis der Rest 0 ist. Der letzte von null verschiedene Rest ist der ggT.

Ablauf des Euklidischen Algorithmus: Der Algorithmus beginnt mit den beiden Zahlen a und $b = r_0$, deren größter gemeinsamer Teiler bestimmt werden soll. Dabei wird wiederholt die Division mit Rest durchgeführt:

$$a = q_1 \cdot r_0 + r_1$$

In jedem weiteren Schritt wird der vorherige Divisor zum neuen Dividend und der vorherige Rest zum neuen Divisor, bis der Rest Null wird:

$$r_0 = q_2 \cdot r_1 + r_2$$

$$r_1 = q_3 \cdot r_2 + r_3$$

$$\vdots$$

$$r_{n-2} = q_n \cdot r_{n-1} + r_n$$

$$r_{n-1} = q_{n+1} \cdot r_n + 0$$

Der letzte nicht verschwindende Rest r_n ist dann der größte gemeinsame Teiler:

$$\text{ggT}(a, b) = r_n$$

Euklidischer Algorithmus zur Bestimmung des größten gemeinsamen Teilers

Bestimme ggT(292, 60) und ggT(1071, 462).
sn.pub/c9tvl7

Restklasse: Die Restklasse (auch *Kongruenzklasse*) die Menge aller ganzen Zahlen, die bei der Division durch eine feste Zahl denselben Rest ergeben. Wenn zwei Zahlen a und b den gleichen Rest haben, nachdem sie durch eine Zahl m geteilt wurden, so sind sie **kongruent** modulo m. Dies wird formal durch

$$a \equiv b \pmod{m}$$

ausgedrückt, was bedeutet, dass $a - b$ durch m teilbar ist.

Restklasse

Bestimme die Restklassen modulo 5.
sn.pub/uioryt

Definition der Restklassen: Zu jeder Restklasse, die bei der Division durch eine natürliche Zahl m entsteht, gehört eindeutig ein Rest. Die Menge aller möglichen Reste wird als **Restklassenmenge** Z_m bezeichnet. Ein Beispiel ist $Z_4 = \{0, 1, 2, 3\}$, das aus den vier Elementen 0 bis $m - 1$ besteht. Allgemein enthält Z_m genau m Elemente.

Addition und Multiplikation in Z_m: Die Addition bzw. Multiplikation zweier Elemente in Z_m wird zuerst in $\mathbb{Z}$ durchgeführt. Anschließend wird der ganzzahlige Rest der Division des Ergebnisses durch m bestimmt.

1.4 Diskrete Mathematik

Eigenschaften der Addition in Z_m: Für die Addition in Z_m, hier beispielhaft in Z_4, gelten die folgenden Eigenschaften (Tab. 1.1):

1. **Kommutativgesetz**: Die Reihenfolge der Summanden ist vertauschbar. Beispiel in Z_4: $2 + 3 = 1$ und $3 + 2 = 1$.
2. **Assoziativgesetz**: Die Reihenfolge der Klammerung ist bedeutungslos. Beispiel in Z_4: $(1 + 3) + 2 = 2$ und $1 + (3 + 2) = 2$.
3. **Neutrales Element bezüglich Addition**: Das neutrale Element in Z_m ist 0, da $a + 0 \equiv a \pmod{m}$ für alle $a \in Z_m$ gilt.
4. **Additives Inverses**: Zu jedem Element $a \in Z_m$ existiert ein additives Inverses, nämlich $m - a$ für $a \neq 0$ und 0 für $a = 0$. Das Inverse von a ist das Element, das mit a addiert 0 ergibt.

Tab. 1.1 Additionstabelle in Z_4

+	0	1	2	3
0	0	1	2	3
1	1	2	3	0
2	2	3	0	1
3	3	0	1	2

Eigenschaften der Multiplikation in Z_m: Für die Multiplikation in Z_m, ebenfalls illustriert in Z_4, gelten folgende Eigenschaften (Tab. 1.2):

1. **Kommutativgesetz**: Die Reihenfolge der Faktoren ist vertauschbar. Beispiel in Z_4: $2 \cdot 3 = 2$ und $3 \cdot 2 = 2$.
2. **Assoziativgesetz**: Die Klammerung der Faktoren kann beliebig geändert werden. Beispiel in Z_4: $(1 \cdot 3) \cdot 2 = 2$ und $1 \cdot (3 \cdot 2) = 2$.
3. **Neutrales Element bezüglich Multiplikation**: Das neutrale Element ist 1, da $a \cdot 1 \equiv a \pmod{m}$ für alle $a \in Z_m$ gilt.
4. **Multiplikatives Inverses**: Ein Element $a \in Z_m$ besitzt genau dann ein multiplikatives Inverses, wenn a und m teilerfremd sind, d. h., der größte gemeinsame Teiler $\gcd(a, m) = 1$.

Tab. 1.2 Multiplikationstabelle in Z_4

·	0	1	2	3
0	0	0	0	0
1	0	1	2	3
2	0	2	0	2
3	0	3	2	1

Rechnen in Restklassen

Finde die additiven Inversen zu 0, 1, 2, 3, 4 in Z_5
sn.pub/ji6aoc

Finde die multiplikativen Inversen zu 0, 1, 2, 3, 4 in Z_5
sn.pub/96ochz

Gruppen: Eine Gruppe ist eine Menge G zusammen mit einer Verknüpfung $*$, die den Elementen in G eine Struktur verleiht. Die Verknüpfung $a * b$ kombiniert zwei Elemente $a, b \in G$ und liefert ein weiteres Element aus G. Damit $(G, *)$ eine Gruppe ist, müssen die folgenden Eigenschaften erfüllt sein:

1. **Abgeschlossenheit:** Für alle $a, b \in G$ gilt $a * b \in G$.
2. **Assoziativität:** Für alle $a, b, c \in G$ gilt $(a * b) * c = a * (b * c)$.
3. **Neutrales Element:** Es existiert ein Element $e \in G$ (das neutrale Element), sodass für alle $a \in G$ gilt $a * e = e * a = a$.
4. **Inverses Element:** Zu jedem Element $a \in G$ gibt es ein Inverses $a^{-1} \in G$, sodass $a * a^{-1} = a^{-1} * a = e$.

Falls zusätzlich für alle $a, b \in G$ gilt, dass $a * b = b * a$, nennt man die Gruppe **abelsch** oder **kommutativ**.

Gruppen

Zeige, dass die Menge der ganzen Zahlen mit der üblichen Addition eine Gruppe ist.
sn.pub/0rirw1

Zeige, dass die Menge der natürlichen Zahlen mit der üblichen Addition **keine** Gruppe ist.
sn.pub/z7mj8l

1.4 Diskrete Mathematik

1.4.2 Vollständige Induktion

Die vollständige Induktion ist ein Beweisverfahren, das verwendet wird, um Aussagen über natürliche Zahlen zu zeigen. Das Verfahren besteht aus zwei Schritten: dem **Induktionsanfang** und dem **Induktionsschritt**.

Induktionsanfang: Im Induktionsanfang wird die Aussage für die kleinste natürliche Zahl (oft $n = 1$) überprüft und gezeigt, dass sie für diesen Fall wahr ist.

Induktionsschritt: Im Induktionsschritt wird angenommen, dass die Aussage für eine beliebige natürliche Zahl $n = k$ gilt (diese Annahme nennt man **Induktionsvoraussetzung**). Anschließend wird gezeigt, dass die Aussage dann auch für $n = k + 1$ wahr ist.

Beweisstruktur: Die vollständige Induktion gliedert sich somit wie folgt:

1. **Induktionsanfang:** Zeige, dass die Aussage für $n = 1$ (oder den kleinsten natürlichen Wert) gilt.
2. **Induktionsvoraussetzung:** Gehe davon aus, dass die Aussage für ein beliebiges $n = k$ wahr ist.
3. **Induktionsschritt:** Beweise, dass die Aussage unter der Induktionsvoraussetzung auch für $n = k + 1$ gilt.

Wenn beide Schritte erfüllt sind, folgt, dass die Aussage für alle natürlichen Zahlen $n \geq 1$ wahr ist.

Vollständiges Beispiel: Wir beweisen mithilfe der vollständigen Induktion, dass für alle $n \in \mathbb{N}$ die **Gaußsche Summenformel** gilt:

$$1 + 2 + 3 + \cdots + n = \frac{n(n+1)}{2}.$$

1. **Induktionsanfang:** Für $n = 1$ gilt:

    $$1 = \frac{1 \cdot (1+1)}{2} = 1.$$

    Die Aussage ist also für $n = 1$ wahr.
2. **Induktionsvoraussetzung:** Angenommen, die Aussage gilt für ein beliebiges $n = k$, also:

    $$1 + 2 + 3 + \cdots + k = \frac{k(k+1)}{2}.$$

3. Induktionsschritt: Wir zeigen, dass dann auch die Aussage für $n = k + 1$ gilt:

$$1 + 2 + 3 + \cdots + k + (k + 1) = \frac{k(k + 1)}{2} + (k + 1).$$

Durch Umformen erhalten wir:

$$= \frac{k(k + 1) + 2(k + 1)}{2} = \frac{(k + 1)(k + 2)}{2}.$$

Damit ist die Aussage auch für $n = k + 1$ bewiesen.

Da sowohl der Induktionsanfang als auch der Induktionsschritt erfüllt sind, folgt, dass die Aussage für alle $n \in \mathbb{N}$ gilt.

Vollständige Induktion

Beweise die Gaußsche Summenformel:
$\sum_{k=1}^{n} k = \dfrac{n \cdot (n + 1)}{2}$
sn.pub/0apamy

Beweise die Summenformel für Kubikzahlen:
$\sum_{k=1}^{n} k^3 = \dfrac{n^2 \cdot (n + 1)^2}{4}$
sn.pub/5b9os2

Beweise, dass der folgende Ausdruck ohne Rest durch 9 teilbar ist: $(3 \cdot 4^n + 6) \mod 9 = 0$
sn.pub/90ngg2

Beweise, dass der folgende Ausdruck ohne Rest durch 5 teilbar ist: $(7^n - 2^n) \mod 5 = 0$
sn.pub/3ukbws

Beweise die folgende Formel zur Berechnung der Summe ungerader Zahlen: $\sum_{k=1}^{n} (2k - 1) = n^2$
sn.pub/uikkxj

Funktionen 2

Zu Beginn dieses Kapitels werden grundlegende Begriffe wie Definitions- und Wertebereich, Bild und Urbild eingeführt. Danach werden die Eigenschaften von Funktionen wie Injektivität, Surjektivität und Bijektivität untersucht, gefolgt von der Betrachtung von Umkehrfunktionen und der Verkettung von Funktionen.

Ein weiterer Schwerpunkt liegt auf dem Grenzwertbegriff und der Stetigkeit von Funktionen. Hier wird gezeigt, wie Grenzwerte verwendet werden, um das Verhalten von Funktionen im Unendlichen zu beschreiben, bevor stetige und unstetige Funktionen näher betrachtet werden.

Der Abschnitt über spezielle Funktionstypen umfasst ganzrationale, gebrochenrationale und Wurzelfunktionen, wobei deren Eigenschaften und graphische Darstellungen im Mittelpunkt stehen. Anschließend eröffnen Exponential- und Logarithmusfunktionen neue Perspektiven durch ihre Anwendung in vielen Bereichen der Wissenschaft und Technik.

Den Abschluss bilden trigonometrische und hyperbolische Funktionen sowie deren Umkehrfunktionen. Diese erweitern den Funktionsbegriff und bieten ein reiches Werkzeug, um periodische und wachstumsbezogene Phänomene zu verstehen. Das Kapitel zeigt, wie vielseitig und grundlegend Funktionen für das Verständnis mathematischer Strukturen sind.

2.1 Definition und Darstellung

Eine **Funktion** (auch Abbildung genannt) ist eine Beziehung (Relation) zwischen zwei **Mengen**, die jedem Element der einen Menge (**Funktionsargument**, unabhängige Variable, x-Wert) genau ein Element der anderen Menge (**Funktionswert**, abhängige Variable, y-Wert) zuordnet.

2.1.1 Definitions- und Wertebereich, Bild und Urbild

Eine Funktion f ordnet jedem Element x einer **Definitionsmenge** D genau ein Element y einer **Zielmenge** Z zu. Die allgemeine Schreibweise lautet:

$$f: D \to Z, \ x \mapsto y$$

Das dem Element $x \in D$ zugeordnete Element der Zielmenge wird üblicherweise als $f(x)$ notiert.

Achtung: Die Umkehrung dieser Zuordnung gilt nicht: Ein Element der Zielmenge kann einem, mehreren oder sogar keinem Element der Definitionsmenge zugeordnet sein.

Als **mögliche Schreibweisen** haben sich die Funktionsgleichung mit Definitionsmenge:

$$f(x) = x^2, \quad x \in \mathbb{N}$$

und die Zuordnungsvorschrift mit Definitions- und Zielmenge:

$$f: \mathbb{N} \to \mathbb{N}, \ x \mapsto x^2$$

etabliert.

Darstellung: Eine Funktion $f: U \to \mathbb{R}$, $U \subseteq \mathbb{R}$, kann man visualisieren, indem man ihren Graphen in ein Koordinatensystem zeichnet. Der Funktionsgraph einer Funktion f kann mathematisch definiert werden als die Menge aller Elementepaare $(x|y)$, für die $y = f(x)$ ist. Der Graph einer **stetigen** Funktion auf einem zusammenhängenden Intervall bildet eine zusammenhängende Kurve. Genauer: die Menge der Punkte der Kurve, aufgefasst als Unterraum des topologischen Raumes $\mathbb{R}^2$, ist zusammenhängend.

Definitions- und Wertebereich einer Funktion

Bestimme den Definitions- und Wertebereich:
$$y = \frac{x}{x^2 + 1}$$
sn.pub/4q8qfh

Bestimme den Definitions- und Wertebereich:
$$y = \sqrt{x^2 - 1}$$
sn.pub/vjvfg7

(Fortsetzung)

2.1 Definition und Darstellung

Bestimme den Definitions- und Wertebereich:
$$y = \frac{x^2}{4x^2 - 16}$$
sn.pub/nkyzxq

Bestimme den Definitions- und Wertebereich:
$$y = \frac{x^2 - 5x + 4}{x^2 - x + 4}$$
sn.pub/b64z62

Bild: Das Bild eines Elements x der Definitionsmenge ist der Funktionswert $f(x)$. Für eine Funktion $f: X \to Y$ und eine Teilmenge $M \subseteq X$ bezeichnet man die folgende Menge als das Bild von M unter f:

$$f(M) := \{f(x) \mid x \in M\}$$

Urbild: Das Urbild eines Elements y der Zielmenge Z ist die Menge aller Elemente der Definitionsmenge, deren Bild y ist (Abb. 2.1):

$$f^{-1}(\{y\}) = \{x \in D \mid f(x) = y\}$$

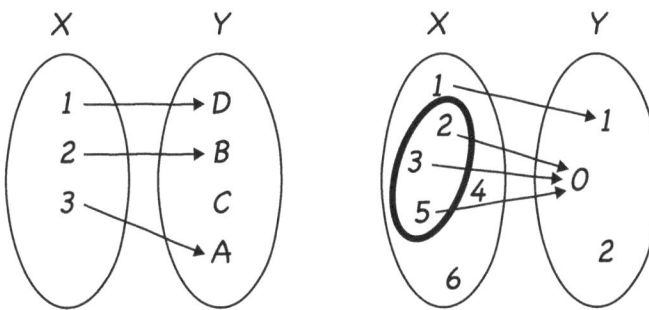

Abb. 2.1 Linke Seite: Das Bild dieser Funktion ist $\{A, B, D\}$. Rechte Seite: Das Urbild des Elementes 0 oder der einelementigen Teilmenge $\{0\} \subseteq B$ ist die dreielementige Menge $\{2, 3, 5\} \subseteq A$

2.1.2 Injektivität, Surjektivität, Bijektivität

Injektivität: Eine Funktion $f: X \to Y$ ist injektiv, wenn es zu jedem Element y der Zielmenge Y höchstens ein (also eventuell gar kein) Element x der Ausgangs- oder Definitionsmenge X gibt, das darauf abgebildet wird. Dies bedeutet, dass nie zwei verschiedene Elemente der Definitionsmenge auf dasselbe Element der Zielmenge abgebildet werden (Abb. 2.2):

$$f(x_1) = f(x_2) \Rightarrow x_1 = x_2$$

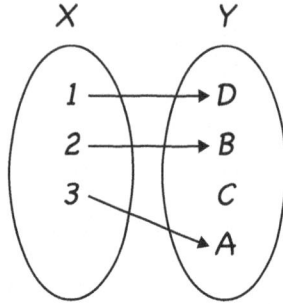

Abb. 2.2 Injektivität: Jedes Element von Y hat höchstens ein Urbild: A, B, D je eines, C keines

Surjektivität: Eine Funktion ist surjektiv, wenn jedes Element der Zielmenge mindestens ein Urbild hat. Zu beliebigem $y \in Y$ gibt es ein $x \in X$, sodass $f(x) = y$. Eine surjektive Funktion ist eine mathematische Funktion, die jedes Element der Zielmenge mindestens einmal als Funktionswert annimmt. Das bedeutet, dass jedes Element der Zielmenge mindestens ein Urbild hat (Abb. 2.3).

Seien X und Y Mengen, sowie $f\colon X \to Y$ eine Abbildung. Die Abbildung f heißt surjektiv, wenn es zu jedem $y \in Y$ (mindestens) ein $x \in X$ mit $f(x) = y$ gibt. Eine solche Abbildung notiert man auch so: $f\colon X \twoheadrightarrow Y$. Formal lässt sich dies wie folgt ausdrücken:

$$\forall y \in Y \; \exists x \in X\colon f(x) = y.$$

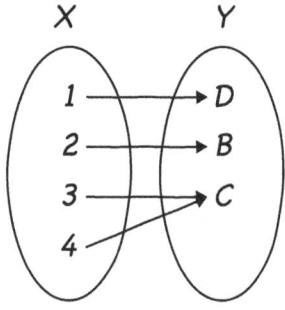

Abb. 2.3 Eine surjektive Funktion; X ist die Definitionsmenge und Y die Zielmenge

Bijektivität: Eine Funktion ist bijektiv, wenn sie injektiv und surjektiv ist, d. h., wenn jedes Element der Zielmenge genau ein Urbild hat. Seien X und Y Mengen, und sei f eine Funktion, die von X nach Y abbildet, also $f\colon X \to Y$. Dann heißt f **bijektiv**, wenn für alle $y \in Y$ genau ein $x \in X$ mit $f(x) = y$ existiert (Abb. 2.4).

2.1 Definition und Darstellung

Abb. 2.4 Prinzip der Bijektivität: Jeder Punkt in der Zielmenge (Y) wird genau einmal getroffen

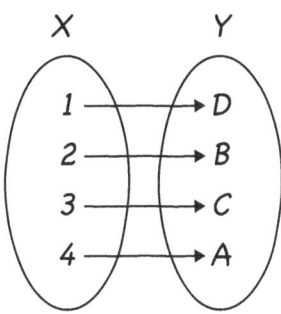

Injektivität, Surjektivität, Bijektivität

Welche der vier Quadratfunktionen sind injektiv, surjektiv oder bijektiv?

- $f_1: \mathbb{R} \to \mathbb{R}, \quad x \mapsto x^2$
- $f_2: \mathbb{R}_0^+ \to \mathbb{R}, \quad x \mapsto x^2$
- $f_3: \mathbb{R} \to \mathbb{R}_0^+, \quad x \mapsto x^2$
- $f_4: \mathbb{R}_0^+ \to \mathbb{R}_0^+, \quad x \mapsto x^2$

sn.pub/r7qri5

2.1.3 Umkehrfunktion

Eine **Umkehrfunktion** oder **inverse Funktion** einer bijektiven Funktion f ist eine Funktion, die jedem Element der Zielmenge B der Funktion f sein eindeutig bestimmtes Urbildelement aus der Definitionsmenge A zuordnet.

Sei $f: A \to B$ eine bijektive Funktion, das bedeutet, f ist sowohl **injektiv** als auch **surjektiv**. Für eine solche Funktion existiert eine eindeutige Umkehrfunktion, notiert als

$$f^{-1}: B \to A, \, y \mapsto f^{-1}(y),$$

wobei $f^{-1}(y)$ das eindeutig bestimmte Element $x \in A$ ist, für das $f(x) = y$ gilt. Mit anderen Worten, die Umkehrfunktion ordnet jedem $y \in B$ genau das $x \in A$ zu, sodass $f(x) = y$.

Die Umkehrfunktion erfüllt für alle $x \in A$ die Eigenschaft:

$$f^{-1}(f(x)) = x.$$

Eigenschaften der Umkehrfunktion:

- f ist eine bijektive Funktion, d. h., sie ist **injektiv**, also kein Wert der Zielmenge wird mehrfach angenommen, und **surjektiv**, also jedes Element der Zielmenge B wird von mindestens einem Element der Definitionsmenge A erreicht.
- Für jedes $y \in B$ existiert genau ein $x \in A$, sodass $f(x) = y$. Die Umkehrfunktion f^{-1} ordnet daher diesem y wieder genau dieses x zu.
- Die Funktion f und ihre Umkehrfunktion f^{-1} heben sich gegenseitig auf, d. h.,

$$f(f^{-1}(y)) = y \quad \text{für alle} \quad y \in B,$$

und

$$f^{-1}(f(x)) = x \quad \text{für alle} \quad x \in A.$$

Bijektive Funktionen werden daher auch als **eindeutig umkehrbare Funktionen** bezeichnet, da die Existenz einer Umkehrfunktion die Eindeutigkeit der Zuordnung zwischen den Elementen der Definitions- und Zielmenge garantiert.

Umkehrfunktion

Bestimme die Umkehrfunktion der gegebenen Funktion:
$f(x) = 2x + 1$
sn.pub/trv8c1

Bestimme die Umkehrfunktion der gegebenen Funktion:
$f : \mathbb{R}^+ \to \mathbb{R}^+, x \mapsto x^2$
sn.pub/pfxoyi

2.1.4 Verkettung von Funktionen

Die **Hintereinanderschaltung** von Funktionen wird als **Komposition, Verkettung, Verknüpfung** oder **Hintereinanderausführung** bezeichnet.

Seien $f : A \to B$ und $g : B \to C$ zwei Funktionen, wobei der **Wertebereich** der ersten Funktion f mit dem **Definitionsbereich** der zweiten Funktion g übereinstimmt (oder zumindest als Teilmenge enthalten ist). In diesem Fall können die beiden Funktionen verkettet werden.

Die Verkettung oder Hintereinanderausführung dieser beiden Funktionen ist dann eine neue Funktion, die durch

$$(g \circ f): A \to C, \quad x \mapsto (g \circ f)(x) = g(f(x))$$

gegeben ist.

Notation: Meist steht die zuerst angewandte Funktion in der Notation rechts. Das bedeutet, bei $g \circ f$ wird zuerst die Funktion f auf das Argument x angewandt und dann die Funktion g auf das Ergebnis von $f(x)$. Im Diagramm wird die zuerst angewandte Funktion links dargestellt:

$$A \xrightarrow{f} B \xrightarrow{g} C.$$

Die Verkettung von Funktionen ermöglicht die schrittweise Transformation von Elementen der Definitionsmenge A über den Wertebereich von f in die Zielmenge C durch die Hintereinanderausführung von f und g.

Hintereinanderausführung (Verkettung)

Welche Funktionen wurden hier verkettet?
$y = \sqrt{x^3 + x^2 + 1}$
sn.pub/4y70wv

Welche Funktionen wurden hier verkettet?
$y = e^{(4x^2 - 3x + 2)}$
sn.pub/i4i3ru

Welche Funktionen wurden hier verkettet?
$y = \ln(\sin(2x - 3))$
sn.pub/g5yma4

2.2 Grenzwerte und Stetigkeit von Funktionen

Die Untersuchung der Grenzwerte und der Stetigkeit von Funktionen dient der Beschreibung ihres Verhaltens in der Nähe bestimmter Punkte, prüft, ob sie dort ohne Sprünge oder Unterbrechungen definiert sind, und ermöglicht die Analyse von Unstetigkeitsstellen sowie asymptotischen Verläufen.

> **Mathewelten – Auf dem Weg in die Unendlichkeit**
>
>  Dieses Video aus der ARTE-Reihe „Mathewelten" erkundet das Konzept der Unendlichkeit in der Mathematik. Es zeigt, wie Mathematiker Unendlichkeit definieren, verstehen und anwenden, von Cantors Mengenlehre bis zu modernen Theorien.
> sn.pub/vg775f

2.2.1 Grenzwert einer Funktion

In der Mathematik bezeichnet der **Limes** oder **Grenzwert** einer Funktion an einer bestimmten Stelle denjenigen Wert, dem sich die Funktion in der Umgebung der betrachteten Stelle annähert. Ein solcher Grenzwert existiert jedoch nicht in allen Fällen. Existiert der Grenzwert, so **konvergiert** die Funktion, andernfalls **divergiert** sie.

Sei X eine Teilmenge von $\mathbb{R}$ und $p \in \mathbb{R}$ ein **Häufungspunkt** von X. Die Funktion $f\colon X \to \mathbb{R}$ hat für $x \to p$ den Limes L, wenn es zu jedem $\varepsilon > 0$ ein $\delta > 0$ gibt, sodass für alle x-Werte aus dem Definitionsbereich X von f, die der Bedingung $0 < |x - p| < \delta$ genügen, auch $|f(x) - L| < \varepsilon$ gilt.

Qualitativ ausgedrückt: Der Unterschied zwischen dem Funktionswert $f(x)$ und dem Limes L wird beliebig klein, wenn man x genügend nahe bei p wählt.

Definition mit Hilfe von Folgen: Sei D eine Teilmenge von $\mathbb{R}$ und $p \in \mathbb{R}$. p ist ein **Häufungspunkt** von D genau dann, wenn es eine Folge $(x_n)_{n \in \mathbb{N}}$ mit $x_n \in D \setminus \{p\}$ gibt, die $\lim\limits_{n \to \infty} x_n = p$ erfüllt.

Sei $f\colon D \to \mathbb{R}$ eine Funktion, p ein Häufungspunkt von D und $L \in \mathbb{R} \cup \{\pm\infty\}$. Dann definiert man:

$$\lim_{x \to p} f(x) = L$$

genau dann, wenn für jede Folge $(x_n)_{n \in \mathbb{N}}$ mit $x_n \in D \setminus \{p\}$ und $\lim\limits_{n \to \infty} x_n = p$ gilt:

$$\lim_{n \to \infty} f(x_n) = L.$$

2.2 Grenzwerte und Stetigkeit von Funktionen

Lässt man auch $\pm\infty$ als Grenzwert in der Definition des Häufungspunktes zu, so kann man ebenso

$$\lim_{x\to\infty} f(x) \quad \text{und} \quad \lim_{x\to-\infty} f(x)$$

definieren (Abb. 2.5).

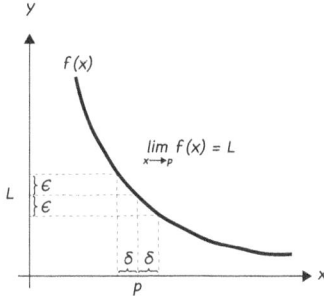

Abb. 2.5 Der Grenzwert der Funktion f für $x \to p$ ist gleich L dann und nur dann, wenn zu jedem $\varepsilon > 0$ ein $\delta > 0$ existiert, sodass für alle x mit $0 < |x - p| < \delta$ auch $|f(x) - L| < \varepsilon$ gilt

Rechtsseitiger Grenzwert: Sei X eine Teilmenge von $\mathbb{R}$ und $p \in \mathbb{R}$ ein Häufungspunkt von $X \cap (p, \infty)$. Die Funktion $f: X \to \mathbb{R}$ hat für $x \to p^+$ den Limes L, wenn es zu jedem $\varepsilon > 0$ ein $\delta > 0$ gibt, sodass für alle x-Werte aus dem Definitionsbereich X von f, die der Bedingung $0 < x - p < \delta$ genügen, auch $|f(x) - L| < \varepsilon$ gilt.

In diesem Fall nennt man

$$\lim_{x\to p^+} f(x) = L$$

den **rechtsseitigen Grenzwert** von f an der Stelle p, und f ist für x von rechts gegen p konvergent.

Linksseitiger Grenzwert: Entsprechend wird der Grenzwert des Typs $x \to p^-$ definiert, wenn p ein Häufungspunkt von $X \cap (-\infty, p)$ ist und die Bedingung $0 < p - x < \delta$ gilt. In diesem Fall nennt man

$$\lim_{x\to p^-} f(x) = L$$

den **linksseitigen Grenzwert** von f an der Stelle p.

Grenzwerte im Unendlichen: Für $L \in \{-\infty, +\infty\}$ gelten entsprechende Definitionen für den Grenzwert der Funktion, wenn $x \to +\infty$ oder $x \to -\infty$ geht.

Grenzwerte von Funktionen

Bestimme folgenden Grenzwert: $\lim\limits_{x \to \infty} \dfrac{2x-1}{x}$
sn.pub/58v5s4

Bestimme folgenden Grenzwert: $\lim\limits_{x \to \infty} \dfrac{x^3}{x^2+1}$
sn.pub/sob855

Bestimme folgenden Grenzwert: $\lim\limits_{x \to \infty} \dfrac{\sqrt{x+1}-\sqrt{x-1}}{2}$
sn.pub/uxetpx

Bestimme folgenden Grenzwert: $\lim\limits_{x \to -1} \dfrac{3 \cdot (x^2-1)}{x+1}$
sn.pub/2typ4x

2.2.2 Stetigkeit und Unstetigkeit

In der Mathematik bezeichnet man eine Funktion als **stetig**, wenn hinreichend kleine Änderungen des Arguments nur beliebig kleine Änderungen des Funktionswertes nach sich ziehen.

Definition mittels Epsilon-Delta-Kriterium: Sei f eine reelle Funktion, also eine Funktion $f: D_f \to \mathbb{R}$, deren Funktionswerte reelle Zahlen sind und deren Definitionsbereich $D_f \subset \mathbb{R}$ ebenfalls reelle Zahlen umfasst. Die Funktion f heißt **stetig** in x_0, wenn zu jedem $\varepsilon > 0$ ein $\delta > 0$ existiert, sodass für alle $x \in D_f$ mit $|x - x_0| < \delta$ auch $|f(x) - f(x_0)| < \varepsilon$ gilt.

Intuitiv bedeutet dies, dass für jede beliebige Änderung ε des Funktionswertes eine maximale Änderung δ im Argument gefunden werden kann, die sicherstellt, dass der Funktionswert innerhalb der vorgegebenen Grenzen bleibt (Abb. 2.6).

2.2 Grenzwerte und Stetigkeit von Funktionen

Abb. 2.6 Epsilon-Delta-Kriterium: Für $\epsilon = 0,5$ erfüllt $\delta = 0,5$ die Stetigkeitsbedingung

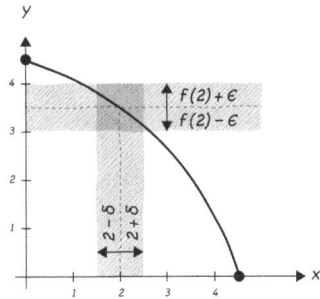

Definition mittels Grenzwerten: Bei dieser Definition fordert man die Vertauschbarkeit von Funktionsausführung und Grenzwertbildung. Man kann sich hierbei wahlweise auf den Grenzwertbegriff für Funktionen oder für Folgen stützen.

1. **Grenzwertdefinition** f ist stetig in x_0, wenn der Grenzwert $\lim\limits_{x \to x_0} f(x)$ existiert und mit dem Funktionswert $f(x_0)$ übereinstimmt:

$$\lim_{x \to x_0} f(x) = f(x_0).$$

2. **Folgenkriterium** f ist stetig in x_0, wenn für jede gegen x_0 konvergente Folge (a_n) mit Elementen $a_n \in D_f$ die Folge $(f(a_n))$ gegen $f(x_0)$ konvergiert (Abb. 2.7):

$$\lim_{n \to \infty} a_n = x_0 \quad \text{impliziert} \quad \lim_{n \to \infty} f(a_n) = f(x_0).$$

Abb. 2.7 Beispiel zum Folgenkriterium: Die Folge $\exp(1/n)$ konvergiert gegen $\exp(0)$

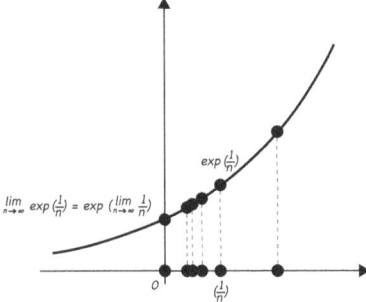

Unstetigkeit: Statt von Stetigkeit in x_0 spricht man auch von **Stetigkeit im Punkt** x_0 oder **Stetigkeit an der Stelle** x_0. Ist diese Bedingung nicht erfüllt, nennt man f **unstetig** in x_0 und bezeichnet x_0 als **Unstetigkeitsstelle** von f.

Definitionslücke: Sei $I = [a, b] \subset \mathbb{R}$ ein Intervall und $x_0 \in (a, b)$ ein Punkt aus dem Inneren des Intervalls. Sei O eine Obermenge von I. Eine Funktion $f \colon O \setminus \{x_0\} \to \mathbb{R}$, die überall auf der Obermenge O außer an der Stelle x_0 definiert ist, hat in x_0 eine **Definitionslücke**.

Stetig behebbare Definitionslücke (Stetige Fortsetzung): Sei x_0 eine Definitionslücke der stetigen Funktion $f \colon I \setminus \{x_0\} \to \mathbb{R}$. Existiert eine stetige Funktion $\tilde{f} \colon I \to \mathbb{R}$ mit $\tilde{f}(x) = f(x)$ für alle $x \in I \setminus \{x_0\}$, dann nennt man $\tilde{f}$ eine **stetige Fortsetzung** von f. Die Definitionslücke ist dann **stetig behebbar** und die Funktion f ist **stetig fortsetzbar**.

Bedingungen für eine stetige Fortsetzung: Existiert der Grenzwert

$$\lim_{x \to x_0} f(x) =: r,$$

dann ist x_0 eine stetig behebbare Definitionslücke von f. In diesem Fall kann man die stetige Fortsetzung $\tilde{f}$ von f wie folgt definieren:

$$\tilde{f}(x) := \begin{cases} f(x), & \text{für } x \in I \setminus \{x_0\}, \\ r, & \text{für } x = x_0. \end{cases}$$

Diese stetige Fortsetzung $\tilde{f}$ ist dann ohne Definitionslücke definiert.

Definitionslücken

Lässt sich diese Funktionen stetig fortsetzen?
$$f(x) = \frac{x^2 - 1}{x + 1}$$
sn.pub/5lqjkz

Lässt sich diese Funktionen stetig fortsetzen?
$$f(x) = \frac{1}{(x - 3)^2}$$
sn.pub/mg4ki8

2.3 Rationale und Wurzel-Funktionen

Ganzrationale, gebrochenrationale und Wurzel-Funktionen sind grundlegende Funktionstypen der Analysis, die sich durch Polynome, Brüche von Polynomen und Wurzelausdrücke auszeichnen und unterschiedliche Eigenschaften hinsichtlich Stetigkeit, Differenzierbarkeit und Asymptotik aufweisen.

2.3.1 Ganzrationale Funktionen (Polynome)

Eine ganzrationale Funktion ist eine Funktion der Form

$$f(x) = a_n x^n + a_{n-1} x^{n-1} + \cdots + a_2 x^2 + a_1 x + a_0 = \sum_{k=0}^{n} a_k x^k,$$

mit $n \in \mathbb{N}$ und $a_n, a_{n-1}, \ldots, a_0 \in \mathbb{R}$ sowie $a_n \neq 0$.

Spezialfälle von Polynomen:

- **Lineare Funktionen:** $y = k \cdot x + d$
  Für $n = 1$ ergeben sich lineare Funktionen der Form $f(x) = a_1 x + a_0$. Hier entspricht a_1 der Steigung k und a_0 dem y-Achsenabschnitt d.
- **Quadratische Funktionen:** Für $n = 2$ ergibt sich eine quadratische Funktion der Form $f(x) = a_2 x^2 + a_1 x + a_0$.
- **Kubische Funktionen:** Für $n = 3$ ergibt sich eine kubische Funktion der Form $f(x) = a_3 x^3 + a_2 x^2 + a_1 x + a_0$.
- **Quartische Funktionen:** Für $n = 4$ spricht man manchmal von quartischen Funktionen.

Faktorisierung von Polynomen: Ein Polynom n-ten Grades besitzt höchstens n **reelle** Nullstellen. Hat die Polynomfunktion $f(x)$ vom Grad n an der Stelle x_1 eine Nullstelle, d. h. $f(x_1) = 0$, so lässt sich die Funktion in der Form

$$f(x) = (x - x_1) \cdot f_1(x)$$

darstellen. Der Faktor $(x - x_1)$ heißt **Linearfaktor** und $f_1(x)$ ist das reduzierte Polynom vom Grad $n - 1$.

Linearfaktorzerlegung: Besitzt ein Polynom n-ten Grades genau n reelle Nullstellen $x_1, x_2, \ldots, x_n$, so lässt sich die Funktion auch als Produkt darstellen:

$$f(x) = a_n (x - x_1)(x - x_2) \cdots (x - x_n).$$

Die n Faktoren $x - x_1, x - x_2, \cdots, x - x_n$ nennt man **Linearfaktoren** der **Produktdarstellung**.

Faktorisierung von Polynomen

Zerlege in Linearfaktoren: $f(x) = 2x^2 + 7x - 22$
sn.pub/ft242n

Zerlege in Linearfaktoren: $f(x) = x^3 - 2x^2 - 5x + 6$
sn.pub/yaq26t

Zerlege in Linearfaktoren: $f(x) = 3x^3 + 3x^2 - 3x - 3$
sn.pub/fk6k4t

2.3.2 Rationale Funktionen

Eine **rationale Funktion** ist eine Funktion, die sich als Quotient zweier Polynomfunktionen darstellen lässt. Formal kann man eine rationale Funktion $f(x)$ schreiben als

$$f(x) = \frac{P_z(x)}{Q_n(x)} = \frac{a_z x^z + a_{z-1} x^{z-1} + \cdots + a_1 x + a_0}{b_n x^n + b_{n-1} x^{n-1} + \cdots + b_1 x + b_0},$$

wobei $P_z(x)$ das Polynom im Zähler mit Grad z und $Q_n(x)$ das Polynom im Nenner mit Grad n darstellt. Hierbei sind $z, n \in \mathbb{N}$ und die Koeffizienten $a_i, b_i \in \mathbb{R}$ mit $a_z \neq 0$ und $b_n \neq 0$.

Polstellen rationaler Funktionen: Eine **Polstelle** einer rationalen Funktion entsteht, wenn der Nenner $Q_n(x)$ an einer bestimmten Stelle $x = x_0$ den Wert null annimmt, während der Zähler $P_z(x_0)$ ungleich null ist. Diese isolierte Singularität bezeichnet man als **Definitionslücke**, weil die Funktion an dieser Stelle nicht definiert ist. Eine Polstelle liegt vor, wenn die Funktionswerte in der Nähe dieser Stelle gegen unendlich streben (entweder positiv oder negativ).

Null- und Polstellen rationaler Funktionen: Um die Null- und Polstellen einer rationalen Funktion zu bestimmen, zerlegt man sowohl das Zähler- als auch das

2.3 Rationale und Wurzel-Funktionen

Nennerpolynom in ihre Linearfaktoren. Hierbei können eventuell **gemeinsame Faktoren** im Zähler und Nenner herausgekürzt werden. Die verbleibenden Linearfaktoren im Zähler bestimmen dann die Nullstellen der Funktion, während die verbleibenden Linearfaktoren im Nenner die Polstellen der Funktion liefern.

$$f(x) = \frac{(x - x_1)(x - x_2) \cdots (x - x_k)}{(x - x_{p1})(x - x_{p2}) \cdots (x - x_{p_m})}.$$

Unechte gebrochenrationale Funktionen und Polynomdivision: Ist der Grad des Zählerpolynoms größer als der des Nennerpolynoms, handelt es sich um eine **unechte gebrochenrationale Funktion**. Solche Funktionen können mittels Polynomdivision in die Summe aus einer Polynomfunktion $p(x)$ und einer echt gebrochenrationalen Funktion $r(x)$ zerlegt werden:

$$f(x) = p(x) + r(x),$$

wobei $p(x)$ das Ergebnis der Polynomdivision ist und $r(x)$ eine echt gebrochenrationale Funktion mit einem Zählergrad kleiner als der Nennergrad darstellt. Für $x \to \infty$ strebt $r(x) \to 0$, weshalb der Funktionsgraph asymptotisch der Polynomfunktion $p(x)$ folgt.

Asymptoten rationaler Funktionen: Asymptoten sind Geraden oder Kurven, denen sich der Graph einer rationalen Funktion für $x \to \infty$ oder $x \to -\infty$ annähert. Die Asymptoten einer rationalen Funktion $f(x)$ können anhand der Grade des Zähler- und Nennerpolynoms bestimmt werden, wobei n der Grad des Zählerpolynoms $Z(x)$ und m der Grad des Nennerpolynoms $N(x)$ ist:

$$f(x) = \frac{Z(x)}{N(x)} = \frac{a_n x^n + a_{n-1} x^{n-1} + \cdots + a_0}{b_m x^m + b_{m-1} x^{m-1} + \cdots + b_0},$$

Es gibt drei wesentliche Arten von Asymptoten:

- Falls $m > n$, hat die Funktion eine **waagrechte Asymptote** bei $y = 0$ (die x-Achse).
- Falls $m = n$, hat die Funktion eine **waagrechte Asymptote** bei $y = \frac{a_n}{b_n}$.
- Falls $m < n$, kann die Funktion durch Polynomdivision in eine Polynomfunktion $p(x)$ und eine echt gebrochenrationale Funktion $r(x)$ zerlegt werden, wobei $p(x)$ die Asymptote darstellt (Abb. 2.8).

Abb. 2.8 Schwarz: Graph der gebrochenrationalen Funktion $f(x) = \dfrac{2(x+2)(x+1)(x-1)^2}{(x+1)(2x-1)}$; gestrichelte Linie: Polgerade durch die Polstelle bei $x = 0{,}5$; grau: Asymptotenfunktion $g(x) = x^2 + x/2 - 11/4$, stetig behebbare Definitionslücke bei $x = -1$

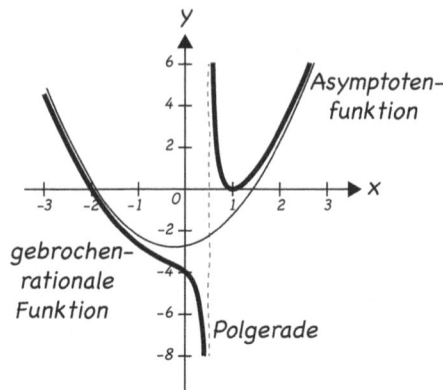

Graphen von rationalen Funktionen

Skizziere den Graph: $f(x) = \dfrac{x^2 + x - 2}{x - 1}$
sn.pub/rzwi8p

Skizziere den Graph: $f(x) = \dfrac{x^2 + x - 2}{(x - 1)^3}$
sn.pub/eyb65v

Skizziere den Graph: $f(x) = \dfrac{(x^2 + x - 2)^2}{x^2 - 2x + 1}$
sn.pub/x9gg88

Asymptoten rationaler Funktionen

Bestimme die Asymptoten: $f(x) = \dfrac{x + 2}{x^4 - 3}$
sn.pub/q8mmzi

Bestimme die Asymptoten: $f(x) = \dfrac{0{,}5x^3 - 1{,}5x + 1}{x^2 + 3x + 2}$
sn.pub/xm8cnv

2.3.3 Potenz- und Wurzel-Funktionen

Potenzfunktionen: Eine Potenzfunktion ist eine Funktion der Form

$$f(x) = ax^r \quad \text{mit} \quad a, r \in \mathbb{R},$$

wobei a eine reelle Zahl (der Koeffizient) und r ein reeller Exponent ist. Ein spezieller Fall tritt ein, wenn der Exponent r eine ganze Zahl n ist, also $r = n \in \mathbb{Z}$. In diesem Fall spricht man von einer ganzzahligen Potenzfunktion:

$$f(x) = ax^n \quad \text{mit} \quad n \in \mathbb{Z}.$$

Graphen von Potenzfunktionen: Die Form des Graphen einer Potenzfunktion hängt stark vom Exponenten n ab:

- Falls n eine natürliche Zahl ist ($n \in \mathbb{N}$), nennt man den Graphen eine **Parabel** n-ter Ordnung. Zum Beispiel:

$$f(x) = ax^2 \quad \text{ist eine Parabel 2. Ordnung.}$$

- Ist n eine negative ganze Zahl ($n \in \mathbb{Z}^-$), handelt es sich um eine **Hyperbel** n-ter Ordnung. In diesem Fall besteht der Graph aus zwei Ästen, die sich asymptotisch der x- und y-Achse nähern.

$$f(x) = \frac{a}{x^n} \quad \text{mit} \quad n > 0 \quad \text{ist eine Hyperbel.}$$

- Der Koeffizient a bewirkt eine Streckung des Graphen entlang der y-Achse um den Betrag $|a|$. Ist $a < 0$, wird der Graph zusätzlich an der x-Achse gespiegelt.

Rechnen mit Potenzen und Wurzel

Vereinfache folgende Terme: $2x^2 + (2x)^2 - 2x$;
$3^{-1} \cdot (-3)^2 - 2^{-1} \cdot 3^2$; $\dfrac{(3 \cdot 10^{-2})^2 \cdot (4 \cdot 10^2) \cdot 10}{3 \cdot 10^{-1}}$;
$\left(\dfrac{1}{2a} + 2a^{-1}\right) \cdot \left(\dfrac{1}{a}\right)^{-2}$; $x^n + 2 \cdot x^{n+1}$

sn.pub/mcto7g

(Fortsetzung)

Überführe die Wurzeln in die Potenzschreibweise:
$a^{\frac{m}{n}} = \sqrt[n]{a^m}$, $a^{\frac{1}{n}} = \sqrt[n]{a}$; $\sqrt[n]{a} \cdot \sqrt[n]{b} = \sqrt[n]{a \cdot b}$; $\frac{\sqrt[n]{a}}{\sqrt[n]{b}} = \sqrt[n]{\frac{a}{b}}$; $\sqrt[n]{a^n} \cdot b = a \cdot \sqrt[n]{b}$; $a \cdot \sqrt[n]{b} = \sqrt[n]{a^n \cdot b}$
sn.pub/6ncg8g

Graphen von Potenzfunktion

Skizziere den Graphen von: $f(x) = x^3$
sn.pub/ab2qdc

Skizziere den Graphen von: $f(x) = x^4$
sn.pub/tvhklu

Skizziere den Graphen von: $f(x) = \frac{1}{x}$
sn.pub/yocpgs

Skizziere den Graphen von: $f(x) = \frac{1}{x^2}$
sn.pub/bm908f

Wurzelfunktionen: Eine Wurzelfunktion ist eine spezielle Form einer Potenzfunktion, bei der der Exponent eine gebrochene Zahl ist. Die allgemeinste Form einer Wurzelfunktion ist:

$$f(x) = \sqrt[n]{x} \quad \text{oder} \quad f(x) = \sqrt[n]{x^m} = x^{\frac{m}{n}},$$

wobei n und m natürliche Zahlen sind ($n, m \in \mathbb{N}$). In diesem Fall spricht man von der n-ten Wurzel von x^m. Es gilt also, dass jede Wurzelfunktion als Potenzfunktion mit rationalem Exponenten geschrieben werden kann:

$$f(x) = x^{\frac{m}{n}}.$$

Definitionsmenge: Die Definitionsmenge einer Wurzelfunktion hängt davon ab, ob n gerade oder ungerade ist:

- Für **ungerade** n ist die Wurzelfunktion auf der gesamten reellen Achse $\mathbb{R}$ definiert, da auch negative Zahlen unter ungeraden Wurzeln erlaubt sind.
- Für **gerade** n ist die Wurzelfunktion nur für nicht-negative Zahlen definiert, also $f : \mathbb{R}_0^+ \to \mathbb{R}_0^+$, da die Wurzel einer negativen Zahl im Bereich der reellen Zahlen nicht definiert ist.

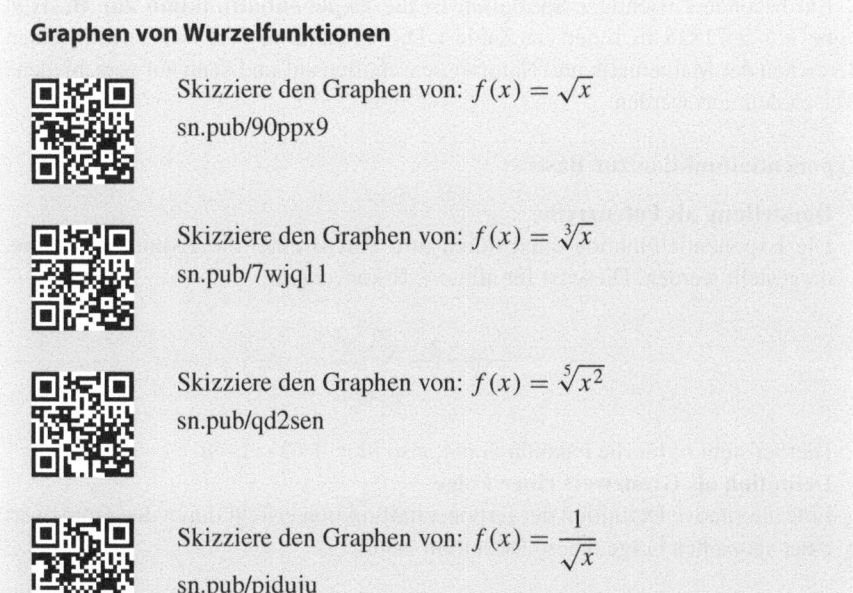

Graphen von Wurzelfunktionen

Skizziere den Graphen von: $f(x) = \sqrt{x}$
sn.pub/90ppx9

Skizziere den Graphen von: $f(x) = \sqrt[3]{x}$
sn.pub/7wjq11

Skizziere den Graphen von: $f(x) = \sqrt[5]{x^2}$
sn.pub/qd2sen

Skizziere den Graphen von: $f(x) = \dfrac{1}{\sqrt{x}}$
sn.pub/piduju

2.4 Exponential- und Logarithmus-Funktionen

Exponential- und Logarithmusfunktionen sind zueinander inverse mathematische Konzepte, wobei die Exponentialfunktion schnelle Wachstums- oder Zerfallsprozesse modelliert, während die Logarithmusfunktion deren Skalierung und Umkehrung zur Analyse exponentieller Zusammenhänge ermöglicht.

2.4.1 Exponentialfunktionen

Eine Funktion der Form

$$f(x) = a^x \quad \text{mit} \quad a > 0 \quad \text{und} \quad a \neq 1$$

wird als **Exponentialfunktion** bezeichnet. Die Basis a ist eine positive reelle Zahl, wobei $a = 1$ ausgeschlossen wird, da $f(x) = 1^x$ eine konstante Funktion wäre. Exponentialfunktionen zeichnen sich durch die Eigenschaft aus, dass die Änderungsrate der Funktion proportional zu ihrem Funktionswert ist.

Ein besonders wichtiger Spezialfall ist die **Exponentialfunktion zur Basis** e, wobei $e \approx 2{,}71828$ die Eulersche Zahl ist. Diese Funktion, $f(x) = e^x$, tritt in vielen Bereichen der Mathematik und Naturwissenschaften auf und kann auf verschiedene Weisen definiert werden.

Exponentialfunktion zur Basis e:

- **Darstellung als Potenzreihe**
  Die Exponentialfunktion kann durch ihre Potenzreihe, die **Exponentialreihe**, dargestellt werden. Diese ist für alle $x \in \mathbb{R}$ konvergent:

$$\exp(x) = \sum_{n=0}^{\infty} \frac{x^n}{n!}$$

  Hierbei steht $n!$ für die Fakultät von n, also $n! = 1 \cdot 2 \cdot \ldots \cdot n$.
- **Definition als Grenzwert einer Folge**
  Eine alternative Definition der Exponentialfunktion erfolgt durch den Grenzwert einer speziellen Folge. Diese Definition lautet:

$$\exp(x) = \lim_{n \to \infty} \left(1 + \frac{x}{n}\right)^n$$

Eigenschaften der Exponentialfunktion $f(x) = a^x$:

- Sie ist für alle $x \in \mathbb{R}$ definiert (Tab. 2.1).
- $f(x) = a^x$ ist streng monoton wachsend, wenn $a > 1$, und streng monoton fallend, wenn $0 < a < 1$.
- Der Graph von $f(x) = a^x$ verläuft durch den Punkt $(0, 1)$, da $a^0 = 1$ für alle $a > 0$ gilt.
- Für $a = e$ gilt $f'(x) = e^x$.
- Der Grenzwert der Funktion für $x \to \infty$ ist unendlich, während für $x \to -\infty$ die Funktion gegen 0 strebt.

2.4 Exponential- und Logarithmus-Funktionen

Tab. 2.1 Eigenschaften der Exponentialfunktionen

	$y = a^x$ $(0 < a < 1)$	$y = a^x$ $(a > 1)$
Definitionsbereich	$-\infty < x < \infty$	$-\infty < x < \infty$
Wertebereich	$0 < y < \infty$	$0 < y < \infty$
Monotonie	streng monoton fallend	streng monoton wachsend
Asymptoten	$y = 0$ (für $x \to \infty$)	$y = 0$ (für $x \to -\infty$)

Zusammenhang mit der natürlichen Logarithmusfunktion: Die natürliche Exponentialfunktion $f(x) = e^x$ ist die Umkehrfunktion des natürlichen Logarithmus $f(x) = \ln(x)$. Das bedeutet, dass gilt:

$$e^{\ln(x)} = x \quad \text{für alle} \quad x > 0.$$

Rechenregeln für Exponentialfunktionen:

- $a^0 = 1$ und $a^1 = a$
- $a^{x+y} = a^x \cdot a^y$
- $a^{x-y} = \dfrac{a^x}{a^y}$
- $a^{x \cdot y} = (a^x)^y$
- $a^{-x} = \dfrac{1}{a^x} = \left(\dfrac{1}{a}\right)^x$
- $a^x \cdot b^x = (a \cdot b)^x$

Exponentialfunktionen

Skizziere den Graphen von: $y = \left(\dfrac{1}{3}\right)^x$

sn.pub/uw70ym

Skizziere den Graphen von: $y = 2^x$

sn.pub/i3h9tr

2.4.2 Logarithmusfunktionen

Die **Logarithmusfunktion** zur Basis a, mit $a > 0$ und $a \neq 1$, ist die Umkehrfunktion der Exponentialfunktion $f(x) = a^x$. Das bedeutet, dass die Logarithmusfunktion

$y = \log_a(x)$ diejenige Funktion ist, die für gegebenes $x > 0$ den Exponenten y angibt, sodass $a^y = x$ gilt:

$$y = \log_a(x) \quad \Leftrightarrow \quad a^y = x.$$

Die Basis a der Logarithmusfunktion gibt also die Basis der zugehörigen Exponentialfunktion an. Der natürliche Logarithmus ist der Spezialfall für die Basis e, d. h.:

$$\ln(x) = \log_e(x).$$

Die Logarithmusfunktion ist nur für positive Werte von x definiert, d. h. $\log_a(x)$ ist definiert für $x > 0$. Sie bildet den Definitionsbereich $x > 0$ auf den gesamten Wertebereich $y \in \mathbb{R}$ ab.

Eigenschaften der Logarithmusfunktion:

- Die Funktion $\log_a(x)$ ist streng monoton steigend für $a > 1$ und streng monoton fallend für $0 < a < 1$.
- Der Graph der Logarithmusfunktion verläuft durch den Punkt $(1, 0)$, da $\log_a(1) = 0$ für alle $a > 0$ gilt.
- Für $x \to \infty$ strebt $\log_a(x)$ gegen ∞, während für $x \to 0^+$ die Funktion gegen $-\infty$ strebt.
- Die Logarithmusfunktion ist die Umkehrfunktion der Exponentialfunktion, d. h.:

$$a^{\log_a(x)} = x \quad \text{und} \quad \log_a(a^x) = x \quad \text{für alle} \quad x > 0.$$

Basisumrechnung: Logarithmen können zur Umrechnung zwischen verschiedenen Basen verwendet werden. Wenn man den Logarithmus zur Basis b eines Werts x kennt, kann dieser mithilfe des Logarithmus zu einer beliebigen Basis a berechnet werden. Der Zusammenhang lautet:

$$\log_b(x) = \frac{\log_a(x)}{\log_a(b)}.$$

Dieser Zusammenhang wird als **Basiswechselsatz** bezeichnet und ist insbesondere nützlich, um Logarithmen zur Basis b über bekannte Logarithmen zur Basis a, wie dem natürlichen Logarithmus $\ln(x) = \log_e(x)$ oder dem dekadischen Logarithmus $\log_{10}(x)$, zu berechnen.

Zusammenhang mit Exponentialfunktionen: Da die Logarithmusfunktion die Umkehrfunktion der Exponentialfunktion ist, gilt für a^x und $\log_a(x)$ die Beziehung:

$$a^{\log_a(x)} = x \quad \text{und} \quad \log_a(a^x) = x \quad \text{für alle} \quad x > 0.$$

Rechenregeln für Logarithmen:

- $\log_b(x \cdot y) = \log_b x + \log_b y$
- $\log_b \frac{x}{y} = \log_b x - \log_b y$
- $\log_b \frac{1}{x} = -\log_b x$
- $\log_b (x^r) = r \log_b x$.
- $\log_b \sqrt[n]{x} = \log_b \left(x^{\frac{1}{n}}\right) = \frac{1}{n} \log_b x$.

Exponentialfunktion und Logarithmen

Bestimme die Lösung: $\ln\left(\dfrac{81}{72}\right) = ?$
sn.pub/469pb3

Bestimme die Lösungen:
$\ln 4,765 = 1,5613; \quad \lg 4,765 = ?$
sn.pub/1jsuzc

Bestimme die Lösungen:
$\lg 144,08 = 2,1586; \quad \ln 144,08 = ?$
sn.pub/tbjg2x

Löse folgende Gleichung: $2^x + 4 \cdot 2^{-x} - 5 = 0$
sn.pub/d66ev5

Löse folgende Gleichung: $\lg(4x - 5) = 1,5$
sn.pub/f49hwa

Löse folgende Gleichung: $\ln(x^2 - 1) = \ln x + 1$
sn.pub/5skekp

2.5 Trigonometrische und hyperbolische Funktionen

Trigonometrische und hyperbolische Funktionen sind eng verwandt, da sie beide aus Potenzreihen mit ähnlicher Struktur entstehen: Trigonometrische Funktionen beschreiben periodische Bewegungen wie Schwingungen und Rotationen, während hyperbolische Funktionen exponentielles Wachstum, Flächenhyperbeln und physikalische Phänomene wie die Kettenlinie $\cosh(x)$ modellieren.

2.5.1 Trigonometrische Funktionen

Mit **trigonometrischen Funktionen** (auch Winkelfunktionen oder seltener Kreisfunktionen oder goniometrische Funktionen genannt) bezeichnet man mathematische Zusammenhänge zwischen Winkeln und Seitenverhältnissen in rechtwinkligen Dreiecken sowie bei der Betrachtung des Einheitskreises.

Trigonometrische Funktionen im rechtwinkligen Dreieck: In einem rechtwinkligen Dreieck definieren sich die trigonometrischen Funktionen als Seitenverhältnisse (Abb. 2.9). Diese Definition gilt für Winkel α zwischen 0° und 90°.

$$\sin\alpha = \frac{\text{Gegenkathete von } \alpha}{\text{Hypotenuse}} = \frac{a}{c}$$

$$\cos\alpha = \frac{\text{Ankathete von } \alpha}{\text{Hypotenuse}} = \frac{b}{c}$$

$$\tan\alpha = \frac{\text{Gegenkathete von } \alpha}{\text{Ankathete von } \alpha} = \frac{a}{b}$$

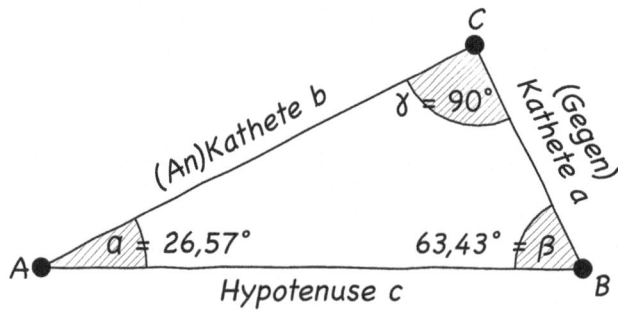

Abb. 2.9 Trigonometrische Funktionen im rechtwinkligen Dreieck. Die Seite a ist die Gegenkathete zum Winkel α, die Seite b ist die Ankathete zum Winkel α

2.5 Trigonometrische und hyperbolische Funktionen

Die übrigen Winkelfunktionen sind die Kehrwerte:

$$\csc \alpha = \frac{1}{\sin \alpha}, \quad \sec \alpha = \frac{1}{\cos \alpha}, \quad \cot \alpha = \frac{1}{\tan \alpha}$$

Radiant: Das Radiant (Einheitenzeichen: rad) ist ein Winkelmaß, das den Winkel durch die Länge des entsprechenden Kreisbogens im Einheitskreis angibt. Da die Länge eines Kreisbogens proportional zum Radius ist, gilt für einen Winkel von 1 rad, dass er auf einem Kreis mit Radius r einen Bogen von der Länge r markiert.

Der Umfang eines Vollkreises beträgt $U = 2\pi r$, sodass der Vollwinkel 360° einem Winkel von 2π rad entspricht.

Umrechnung zwischen Radiant und Grad: Die Umrechnung zwischen Gradmaß und Radiantmaß erfolgt über folgende Beziehungen:

$$2\pi \text{ rad} = 360°$$

$$1 \text{ rad} = \frac{360°}{2\pi} = \frac{180°}{\pi} \approx 57{,}29577951°$$

$$1° = \frac{2\pi}{360} \text{ rad} = \frac{\pi}{180} \text{ rad} \approx 0{,}017453293 \text{ rad}$$

Additionstheoreme: Die **Additionstheoreme** beschreiben Beziehungen zwischen Winkeln bei Addition oder Subtraktion zweier Winkel.

- **Trigonometrischer Pythagoras:**

$$\sin^2 x + \cos^2 x = 1$$

- **Additionstheoreme für Sinus und Kosinus:**

$$\sin(x \pm y) = \sin x \cos y \pm \cos x \sin y$$

$$\cos(x \pm y) = \cos x \cos y \mp \sin x \sin y$$

- **Additionstheoreme für doppelte Winkel:**

$$\sin(2x) = 2 \sin x \cos x$$

$$\cos(2x) = \cos^2 x - \sin^2 x = 1 - 2\sin^2 x = 2\cos^2 x - 1$$

Additionstheoreme für Sinus und Kosinus

Dieses Video erklärt das Additionstheorem für Sinus und Kosinus anschaulich anhand des Einheitskreises und leitet die Formeln geometrisch her.

sn.pub/aqsxnm

Eigenschaften von Sinus, Kosinus und Tangens: Die trigonometrischen Funktionen sin, cos und tan sind periodische Funktionen (Abb. 2.10). Sie sind über den Einheitskreis definiert, wobei ein Winkel θ gegen den Uhrzeigersinn vom Punkt $(1, 0)$ gemessen wird. Dabei stellen $\sin(\theta)$ die y-Koordinate und $\cos(\theta)$ die x-Koordinate eines Punktes auf dem Kreis dar. Die Funktion $\tan(\theta)$ ergibt sich als Verhältnis von $\sin(\theta)$ zu $\cos(\theta)$, sofern $\cos(\theta) \neq 0$ (Tab. 2.2).

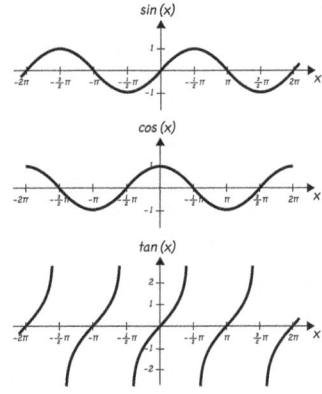

Abb. 2.10 Funktionsgraphen von Sinus, Kosinus und Tangens

Tab. 2.2 Eigenschaften von Sinus, Kosinus und Tangens

	$y = \sin x$	$y = \cos x$	$y = \tan x$
Definitionsbereich	$-\infty < x < \infty$	$-\infty < x < \infty$	$x \in \mathbb{R}$ mit Ausnahme $x_k = \frac{\pi}{2} + k \cdot \pi$
Wertebereich	$-1 \leq y \leq 1$	$-1 \leq y \leq 1$	$-\infty \leq y \leq \infty$
Periode	2π	2π	π
Symmetrie	ungerade	gerade	ungerade
Nullstellen	$x_k = k \cdot \pi$	$x_k = \frac{\pi}{2} + k \cdot \pi$	$x_k = k \cdot \pi$

Eigenschaften der allgemeinen Sinusfunktion: Die allgemeine Form einer Sinusfunktion lautet:

$$y = a \cdot \sin(bx + c)$$

2.5 Trigonometrische und hyperbolische Funktionen

- **Periode:** Die Periode p der Funktion gibt den Abstand zwischen zwei aufeinanderfolgenden Wellenbergen oder -tälern an. Im Vergleich zur Standard-Sinusfunktion ($y = \sin(x)$) mit der Periode $p = 2\pi$ hat die allgemeinen Sinusfunktion eine um den Faktor b verkürzte oder verlängerte Periode:

$$p = \frac{2\pi}{b}$$

- **Nullstellen:** Im Vergleich zur Standard-Sinusfunktion ($y = \sin(x)$) mit der Nullstelle $x_0 = 0$ hängt die **erste Nullstelle** x_0 der allgemeinen Sinusfunktion sowohl von b als auch von c ab:

$$x_0 = -\frac{c}{b}$$

- **Wertebereich:** Im Vergleich zur Standard-Sinusfunktion ($y = \sin(x)$) mit dem Wertebereich $-1 \leq y \leq 1$ wird der Funktionswert hier um den Faktor a vergrößert oder verkleinert:

$$-a \leq y \leq a$$

Harmonische Schwingungen: Eine Schwingung wird als **harmonisch** bezeichnet, wenn sie durch eine Sinusfunktion beschrieben werden kann. Dies ist der Fall, wenn die Rückstellkraft, die auf ein schwingendes Objekt wirkt, proportional zu dessen Auslenkung ist.

Die mathematische Beschreibung einer harmonischen Schwingung erfolgt durch die Funktion:

$$y(t) = y_0 \cdot \sin(2\pi f t + \varphi_0)$$

Dabei gilt:

- $y(t)$: Die **Auslenkung** zum Zeitpunkt t.
- y_0: Die **Amplitude**, also der maximale Wert der Auslenkung.
- f: Die **Frequenz** der Schwingung, die angibt, wie oft die Schwingung pro Sekunde auftritt. Die Frequenz ist der Kehrwert der Periodendauer T, also $f = \frac{1}{T}$.
- φ_0: Der **Nullphasenwinkel**, der den Anfangswinkel der Schwingung beschreibt.

Periodendauer und Frequenz: Die Periodendauer T ist die Zeit, die für eine vollständige Schwingung benötigt wird. Der Kehrwert der Periodendauer ist die Frequenz f, mit der die Schwingung auftritt:

$$f = \frac{1}{T}$$

Die Einheit der Frequenz ist **Hertz** (1 Hz = $1\,\text{s}^{-1}$).

Kreisfrequenz: Die Kreisfrequenz ω ist das 2π-fache der Frequenz f. Sie gibt an, wie schnell die Schwingung durchläuft:

$$\omega = 2\pi f$$

Die harmonische Schwingung lässt sich auch mit der Kreisfrequenz ausdrücken (Abb. 2.11):

$$y(t) = y_0 \cdot \sin(\omega t + \varphi_0)$$

Abb. 2.11 Harmonische Schwingung

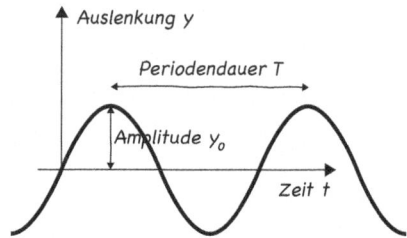

2.5.2 Arkusfunktionen

Trigonometrische Funktionen wie Sinus, Kosinus und Tangens sind aufgrund ihrer periodischen Natur nicht auf ihrem gesamten Definitionsbereich umkehrbar. Um die Umkehrfunktionen zu definieren, müssen sie auf Intervalle beschränkt werden, in denen sie **streng monoton** verlaufen. In diesen Intervallen nehmen die Funktionen alle möglichen Werte an und sind somit umkehrbar.

Die Umkehrfunktionen heißen **Arkusfunktionen** oder **zyklometrische Funktionen**. Sie geben den Winkel zurück, für den die ursprüngliche trigonometrische Funktion einen bestimmten Wert hat. Die Funktionswerte können im Bogenmaß (Radiant) oder im Gradmaß dargestellt werden (Tab. 2.3).

Tab. 2.3 Eigenschaften der Arcusfunktionen

Funktion	Def.bereich	Wertebereich	Ableitung
$\arcsin(x)$	$[-1, 1]$	$\left[-\dfrac{\pi}{2}, \dfrac{\pi}{2}\right]$	$\dfrac{1}{\sqrt{1-x^2}}$ für $x \in (-1, 1)$
$\arccos(x)$	$[-1, 1]$	$[0, \pi]$	$-\dfrac{1}{\sqrt{1-x^2}}$ für $x \in (-1, 1)$
$\arctan(x)$	$\mathbb{R}$	$\left(-\dfrac{\pi}{2}, \dfrac{\pi}{2}\right)$	$\dfrac{1}{1+x^2}$ für $x \in \mathbb{R}$

2.5 Trigonometrische und hyperbolische Funktionen

Arcussinus (arcsin): Die Umkehrfunktion der Sinusfunktion, die **Arcussinusfunktion**, ist definiert, wenn man den Definitionsbereich der Sinusfunktion auf das Intervall $[-\frac{\pi}{2}, \frac{\pi}{2}]$ beschränkt, da die Sinusfunktion in diesem Intervall bijektiv (alle Funktionswerte im Bereich $[-1, 1]$) ist. Die **Arcussinusfunktion** gibt den Winkel x zurück, für den $\sin(x) = y$ gilt:

$$y = \sin(x) \quad \Leftrightarrow \quad x = \arcsin(y)$$

Arcuskosinus (arccos): Die Umkehrfunktion der Kosinusfunktion, die als **Arcuskosinus** bezeichnet wird, ist definiert, wenn man den Definitionsbereich der Kosinusfunktion auf das Intervall $[0, \pi]$ beschränkt, da die Kosinusfunktion in diesem Intervall streng monoton ist und alle Werte im Bereich $[0, \pi]$ durchläuft. Die **Arcuskosinusfunktion** gibt den Winkel x zurück, für den $\cos(x) = y$ gilt:

$$y = \cos(x) \quad \Leftrightarrow \quad x = \arccos(y)$$

Arcustangens (arctan): Die Tangensfunktion hat Asymptoten bei $\pm \frac{\pi}{2}$ und ist auf dem Intervall $(-\frac{\pi}{2}, \frac{\pi}{2})$ streng monoton. Daher ist die **Arcustangensfunktion** auf dem gesamten Definitionsbereich $\mathbb{R}$ definiert. Die **Arcustangensfunktion** gibt den Winkel x zurück, für den $\tan(x) = y$ gilt:

$$y = \tan(x) \quad \Leftrightarrow \quad x = \arctan(y)$$

Trigonometrische Gleichungen

Löse folgende Gleichung: $2 \cdot \sin x - 1{,}5 = 0$.

sn.pub/x1ph82

2.5.3 Hyperbelfunktionen

Hyperbelfunktionen sind das Analogon zu den klassischen trigonometrischen Funktionen, jedoch im Kontext der Hyperbel anstelle des Einheitskreises. Sie parametrisieren die Einheitshyperbel $x^2 - y^2 = 1$, während die trigonometrischen Funktionen den Einheitskreis $x^2 + y^2 = 1$ parametrisieren (Abb. 2.12). Die Haupt-Hyperbelfunktionen sind der *Sinus hyperbolicus* (sinh), der *Kosinus hyperbolicus* (cosh), der *Tangens hyperbolicus* (tanh) und der *Kotangens hyperbolicus* (coth).

- Parametrisierung der **Einheitshyperbel** $x^2 - y^2 = 1$:

$$x = \cosh(t), \quad y = \sinh(t)$$

Abb. 2.12 Eine Gerade aus dem Ursprung schneidet die Hyperbel $x^2 - y^2 = 1$ im Punkt (cosh A, sinh A), wobei A die Fläche zwischen der Geraden, ihrem Spiegelbild an der x-Achse, und der Hyperbel ist

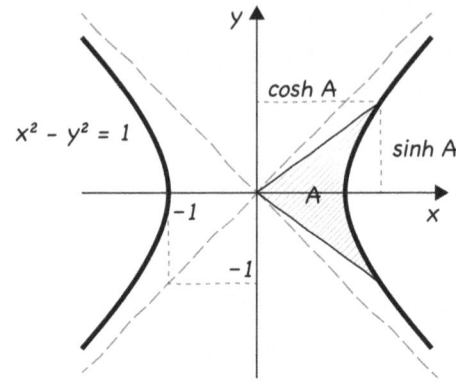

- Parametrisierung des **Einheitskreises** $x^2 + y^2 = 1$:

$$x = \cos(t), \quad y = \sin(t)$$

Hyperbelfunktionen tauchen häufig in der Lösung von Differentialgleichungen, bei der Beschreibung von Kettenlinien (die Form einer frei hängenden Kette wird durch die Kosinus-Hyperbelfunktion beschrieben: $y(x) = a \cdot \cosh\left(\frac{x}{a}\right)$), in der speziellen Relativitätstheorie und in der Theorie der Transmission von Wärme und Elektrizität auf. Im Gegensatz zu den trigonometrischen Funktionen, die mit periodischen Phänomenen assoziiert werden, sind Hyperbelfunktionen besonders geeignet für exponentielle Wachstums- und Zerfallsprozesse sowie für andere hyperbolische Geometrien.

Definitionen mittels der Exponentialfunktion: Die Hyperbelfunktionen lassen sich elegant über die Exponentialfunktion definieren:

- **Sinus hyperbolicus**:

$$\sinh(x) = \frac{e^x - e^{-x}}{2}$$

- **Kosinus hyperbolicus**:

$$\cosh(x) = \frac{e^x + e^{-x}}{2}$$

- **Tangens hyperbolicus**:

$$\tanh(x) = \frac{\sinh(x)}{\cosh(x)} = \frac{e^x - e^{-x}}{e^x + e^{-x}} = \frac{e^{2x} - 1}{e^{2x} + 1} = 1 - \frac{2}{e^{2x} + 1}$$

2.5 Trigonometrische und hyperbolische Funktionen

- **Kotangens hyperbolicus**:

$$\coth(x) = \frac{\cosh(x)}{\sinh(x)} = \frac{e^x + e^{-x}}{e^x - e^{-x}} = \frac{e^{2x} + 1}{e^{2x} - 1} = 1 + \frac{2}{e^{2x} - 1}$$

Eigenschaften der Hyperbelfunktionen:

- **Symmetrien:** $\sinh(x)$ ist eine ungerade Funktion, da $\sinh(-x) = -\sinh(x)$, während $\cosh(x)$ eine gerade Funktion ist, da $\cosh(-x) = \cosh(x)$.
- **Identität**:

$$\cosh^2(x) - \sinh^2(x) = 1$$

Diese Identität entspricht der Pythagoräischen Identität bei den trigonometrischen Funktionen, $\cos^2(x) + \sin^2(x) = 1$.

- **Hyperbolische Additionstheoreme:**

$$\sinh(x + y) = \sinh(x)\cosh(y) + \cosh(x)\sinh(y)$$
$$\cosh(x + y) = \cosh(x)\cosh(y) + \sinh(x)\sinh(y)$$

Ableitungen der Hyperbelfunktionen: Die Ableitungen der hyperbolischen Funktionen weisen eine elegante Symmetrie zu ihren trigonometrischen Gegenstücken auf: So gilt beispielsweise $\frac{d}{dx}\sinh(x) = \cosh(x)$ und $\frac{d}{dx}\cosh(x) = \sinh(x)$, was ihre enge Verbindung zu exponentiellen Funktionen widerspiegelt (Tab. 2.4).

Tab. 2.4 Ableitungen der Hyperbelfunktionen

Funktion	Ableitung
$\sinh(x)$	$\frac{d}{dx}\sinh(x) = \cosh(x)$
$\cosh(x)$	$\frac{d}{dx}\cosh(x) = \sinh(x)$
$\tanh(x)$	$\frac{d}{dx}\tanh(x) = 1 - \tanh^2(x) = \frac{1}{\cosh^2(x)}$
$\coth(x)$	$\frac{d}{dx}\coth(x) = 1 - \coth^2(x) = -\frac{1}{\sinh^2(x)}$

Hyperbolischer Pythagoras

In diesem Video wird leicht verständlich die Relation $\cos^2(x) - \sin^2(x) = 1$ bewiesen. Dabei kommen die Definitionen von Sinus hyperbolicus und Kosinus hyperbolicus zum Einsatz.

sn.pub/yg0h43

Differentialrechnung 3

Dieses Kapitel behandelt die Differentialrechnung mit Fokus auf Änderungsraten und Extremwerte. Zunächst wird die Differentiation von Funktionen einer Variablen eingeführt, einschließlich des Differentialquotienten, grundlegender Ableitungsregeln und höherer Ableitungen.

Ein Schwerpunkt liegt auf der Kurvendiskussion zur systematischen Analyse von Nullstellen, Extrem- und Wendepunkten sowie Symmetrie, Monotonie und Krümmung. Die Linearisierung zeigt, wie komplexe Verläufe vereinfacht werden können.

Der zweite Teil widmet sich Funktionen mehrerer Variablen, darunter partielle Ableitungen, totale Differenzierbarkeit und das totale Differential. Abschließend werden Methoden zur Extremwertbestimmung behandelt, einschließlich der Lagrange-Optimierung.

Mathewelten – Infinitesimal – Auf zum Allerkleinsten!

Dieses Video aus der ARTE-Reihe „Mathewelten" behandelt die Geschichte und die Entwicklung der Infinitesimalrechnung. Es erklärt, wie Mathematiker wie Isaac Newton und Gottfried Wilhelm Leibniz unabhängig voneinander die Grundlagen der Differential- und Integralrechnung entwickelten.

sn.pub/mnf973

3.1 Differentiation von Funktionen einer Variablen

Die Differentiation von Funktionen einer Variablen beschreibt die lokale Änderungsrate einer Funktion und ermöglicht die präzise Analyse von Steigung, Tangenten, Extremstellen und Krümmungsverhalten.

3.1.1 Vom Differenzenquotient zum Differentialquotient

Die Ableitung wird durch die Näherung der Tangentensteigung über die **Sekantensteigung** definiert. Gesucht ist die Steigung der Funktion f an einem Punkt $(x_0, f(x_0))$. Zunächst berechnet man die Sekantensteigung von f über ein endliches Intervall:

$$\frac{f(x_0 + \Delta x) - f(x_0)}{(x_0 + \Delta x) - x_0} = \frac{f(x_0 + \Delta x) - f(x_0)}{\Delta x}$$

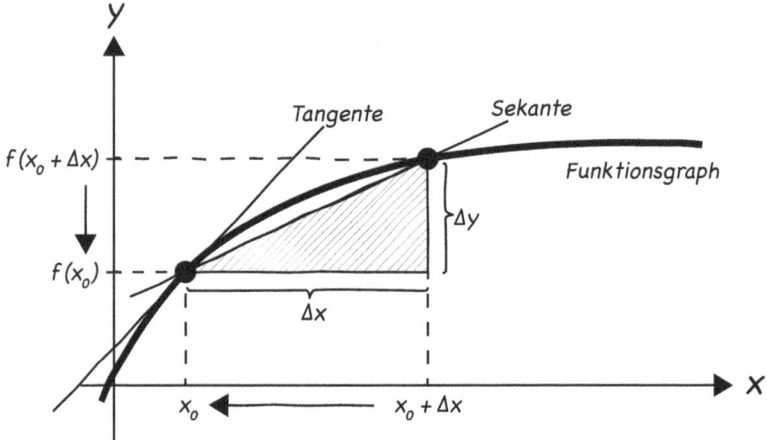

Abb. 3.1 Differenzenquotient

Differenzenquotient: Die Sekantensteigung, auch **Differenzenquotient** genannt, ist der Quotient zweier Differenzen (Abb. 3.1). Mit der Kurznotation $\Delta y = f(x_0 + \Delta x) - f(x_0)$ lässt sie sich als $\frac{\Delta y}{\Delta x}$ darstellen. Um die Tangentensteigung zu berechnen, werden die beiden Punkte, durch die die Sekante verläuft, immer näher aneinander gerückt, wobei Δx und Δy gegen Null gehen. In vielen Fällen bleibt der Quotient $\frac{\Delta y}{\Delta x}$ jedoch endlich. Die Sekantensteigungen gehen für $x_n \to x_0$ in die Steigung der Tangente an der Stelle x_0 über.

Differenzenquotienten bilden zusammen mit dem Grenzwertbegriff eine Grundlage der Differentialrechnung.

3.1 Differentiation von Funktionen einer Variablen

Differentialquotient: Den **Grenzwert** des Differenzenquotienten für $x_1 \to x_0$ bezeichnet man als **Differentialquotienten** oder Ableitung der Funktion an der Stelle x_0, sofern dieser Grenzwert existiert.

$$\lim_{\Delta x \to 0} \frac{f(x_0 + \Delta x) - f(x_0)}{\Delta x} = f'(x_0)$$

Eine Funktion $f: U \to \mathbb{R}$ heißt **differenzierbar** an der Stelle $x_0 \in U$, falls dieser Grenzwert existiert (mit $\Delta x = x - x_0$):

$$\lim_{x \to x_0} \frac{f(x) - f(x_0)}{x - x_0} = \lim_{\Delta x \to 0} \frac{f(x_0 + \Delta x) - f(x_0)}{\Delta x}.$$

Dieser Grenzwert heißt **Differentialquotient** oder **Ableitung** von f nach x an der Stelle x_0 und wird als $f'(x_0)$ oder $\left.\frac{df(x)}{dx}\right|_{x=x_0}$ oder $\frac{df}{dx}(x_0)$ oder $\frac{d}{dx} f(x_0)$ notiert.

Differenzierbarkeit

Bestimme den Differentialquotient von: $f(x) = x$.
sn.pub/migsaf

Bestimme den Differentialquotient von: $f(x) = x^2$.
sn.pub/fxieem

Beispiel einer nicht differenzierbaren Funktion: Ist $f(x) = |x|$ an der Stelle 0 differenzierbar? Es existieren an der Stelle 0 die rechtsseitige Ableitung

$$f'_+(0) = \lim_{x \searrow 0} \frac{f(x) - f(0)}{x - 0} = \lim_{x \searrow 0} \frac{x - 0}{x - 0} = 1$$

und die linksseitige Ableitung

$$f'_-(0) = \lim_{x \nearrow 0} \frac{f(x) - f(0)}{x - 0} = \lim_{x \nearrow 0} \frac{-x - 0}{x - 0} = -1.$$

Da der links- und der rechtsseitige Grenzwert nicht übereinstimmen, existiert der Grenzwert nicht. Die Funktion $f(x) = |x|$ ist somit an der betrachteten Stelle nicht differenzierbar (Abb. 3.2).

Abb. 3.2 Die Absolutbetragsfunktion $f(x) = |x|$ ist in $x = 0$ nicht differenzierbar

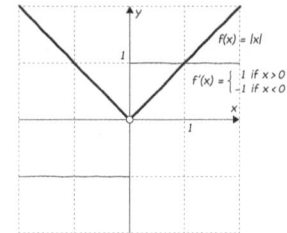

Vollständiges Beispiel zur Ermittlung des Differenzenquotienten: Gesucht sei die Ableitung von $f(x) = x^2 - 3x + 2$ an der Stelle x_0.
Dann berechnet man den Differenzenquotienten als

$$\begin{aligned}
\frac{\Delta y}{\Delta x} &= \frac{f(x_0 + \Delta x) - f(x_0)}{\Delta x} \\
&= \frac{\left((x_0 + \Delta x)^2 - 3(x_0 + \Delta x) + 2\right) - (x_0^2 - 3x_0 + 2)}{\Delta x} \\
&= \frac{x_0^2 + 2x_0 \Delta x + \Delta x^2 - 3x_0 - 3\Delta x + 2 - x_0^2 + 3x_0 - 2}{\Delta x} \\
&= \frac{2x_0 \Delta x + \Delta x^2 - 3\Delta x}{\Delta x} \\
&= 2x_0 + \Delta x - 3.
\end{aligned}$$

und erhält mit dem Grenzwert $\Delta x \to 0$ die Ableitung der Funktion

$$f'(x_0) = \lim_{\Delta x \to 0} (2x_0 + \Delta x - 3) = 2x_0 - 3.$$

3.1.2 Ableitungsregeln

In der folgenden Tabelle finden sich die elementaren Ableitungsregeln (Tab. 3.1).

Tab. 3.1 Elementare Ableitungsregeln

	Funktion $f(x)$	Ableitung $f'(x)$
Potenzregel	x^n	$n \cdot x^{n-1}$
Faktorregel	$a \cdot u(x)$	$a \cdot u'(x)$
Summenregel	$u(x) + v(x)$	$u'(x) + v'(x)$
Produktregel	$u(x) \cdot v(x)$	$u'(x) \cdot v(x) + u(x) \cdot v'(x)$
Quotientenregel	$\dfrac{u(x)}{v(x)}$	$\dfrac{u'(x) \cdot v(x) - u(x) \cdot v'(x)}{(v(x))^2}$
Kettenregel	$u(v(x))$	$u'(v(x)) \cdot v'(x)$

Potenz- und Faktorregel

Bestimme die erste Ableitung von
$f(x) = x^2$ und $f(x) = \dfrac{1}{x^2}$.
sn.pub/k61urh

Bestimme die erste Ableitung von
$f(x) = \sqrt{x^3}$ und $f(x) = \dfrac{1}{\sqrt{x}}$.
sn.pub/k61urh

Bestimme die erste Ableitung von
$f(x) = 5$ und $f(x) = 3x^6$ und $f(x) = \dfrac{4}{\sqrt{x}}$.
sn.pub/2xpx9d

Summenregel

Bestimme die erste Ableitung von
$f(x) = 7x^3 + 2x^2 - 7x + 9$ und $f(x) = 4x^4 - 3x^2 + 2x - 1$.
sn.pub/as99k2

Bestimme die erste Ableitung von
$f(x) = 5x - \dfrac{3}{2x^2}$ und $f(x) = \dfrac{1}{x} + \dfrac{3}{\sqrt{x}} + 9$.
sn.pub/wwol4k

Produktregel

Bestimme die erste Ableitung von
$f(x) = (4x^3 - 3x) \cdot (5x^2 + 6x - 1)$.
sn.pub/0pnl5u

(Fortsetzung)

Bestimme die erste Ableitung von
$f(x) = \sqrt{x} \cdot (9x^4 + 3x^2)$.
sn.pub/j4fqpt

Bestimme die erste Ableitung von $f(x) = \sqrt[3]{x} \cdot \left(3 - \dfrac{1}{x}\right)$.
sn.pub/o96dtu

Quotientenregel

Bestimme die erste Ableitung von $f(x) = \dfrac{x^3 - 4x + 5}{2x^2 - 4x + 1}$.
sn.pub/yoqe78

Bestimme die erste Ableitung von $f(x) = \dfrac{6x^3 + 8x^2}{\sqrt{x}}$.
sn.pub/zsosb3

Bestimme die erste Ableitung von $f(x) = \dfrac{3x - 1}{x^4 + 5x}$.
sn.pub/wjnolj

Kettenregel

Bestimme die erste Ableitung von $f(x) = (3x - 8)^4$.
sn.pub/gmpfgf

Bestimme die erste Ableitung von $f(x) = \sqrt{x^3 + x^2 + 1}$.
sn.pub/b63gsk

(Fortsetzung)

Bestimme die erste Ableitung von
$f(x) = \sqrt[3]{(x^2 - 4x + 10)^2}$.
sn.pub/z5lsdv

Bestimme die erste Ableitung von $f(x) = \dfrac{x^2}{(x^2 + 1)^3}$.
sn.pub/ueb35h

3.1.3 Ableitungen höherer Ordnung

Ist die Ableitung einer Funktion f selbst differenzierbar, so definiert man die **zweite Ableitung** von f als Ableitung der ersten (Tab. 3.2). Ebenso lassen sich dritte, vierte und höhere Ableitungen bestimmen. Eine Funktion kann somit einfach, zweifach oder mehrfach differenzierbar sein. Die zweite Ableitung hat viele physikalische Anwendungen: Die erste Ableitung des Orts $x(t)$ nach der Zeit t gibt die Momentangeschwindigkeit an, die zweite Ableitung die Beschleunigung. Auch in der Politik spricht man von der zweiten Ableitung, wenn es um den *Rückgang des Anstiegs der Arbeitslosenzahl* geht – sie relativiert die Aussage der ersten Ableitung, dem Anstieg der Arbeitslosenzahl.

Mehrfache Ableitungen können auf drei verschiedene Weisen geschrieben werden: $f'' = f^{(2)} = \frac{d^2 f}{dx^2}$, $f''' = f^{(3)} = \frac{d^3 f}{dx^3}, \ldots$ Für die formale Bezeichnung beliebiger Ableitungen $f^{(n)}$ legt man außerdem $f^{(1)} = f'$ und $f^{(0)} = f$ fest.

Tab. 3.2 Elementare Funktionen und deren Ableitungen

Funktion $f(x)$	1. Ableitung $f'(x)$	2. Ableitung $f''(x)$
$\sin(x)$	$\cos(x)$	$-\sin(x)$
$\cos(x)$	$-\sin(x)$	$-\cos(x)$
$\tan(x)$	$1 + \tan^2(x)$	$2 \cdot \tan(x) \cdot (1 + \tan^2(x))$
$\ln(x)$	$\dfrac{1}{x}$	$-\dfrac{1}{x^2}$
$\log_a x$	$\dfrac{1}{x \cdot \ln(a)}$	$-\dfrac{1}{x^2 \cdot \ln(a)}$
a^x	$a^x \cdot \ln(a)$	$a^x \cdot \ln(a) \cdot \ln(a)$
e^x	e^x	e^x

Höhere Ableitungen

Bestimme die 1. und 2. Ableitung von
$f(x) = -3 \cdot e^x + 4 \cdot \sin x + 5 \cdot \ln x$.
sn.pub/g5b4mr

Bestimme die 1. und 2. Ableitung von
$f(x) = 4x^7 + 3 \cdot \cos x - 5 \cdot e^x + \ln x$.
sn.pub/84p3by

Bestimme die 1. und 2. Ableitung von
$f(x) = (4x^3 - 3x) \cdot (2 \cdot e^x - \sin x)$.
sn.pub/4hehgm

3.2 Kurvendiskussion

Unter Kurvendiskussion versteht man in der Mathematik die Untersuchung des Graphen einer Funktion auf dessen **geometrische Eigenschaften**, wie zum Beispiel Schnittpunkte mit den Koordinatenachsen, Hoch- und Tiefpunkte, Wendepunkte, gegebenenfalls Sattel- und Flachpunkte, Asymptoten, Verhalten im Unendlichen usw. (Abb. 3.3).

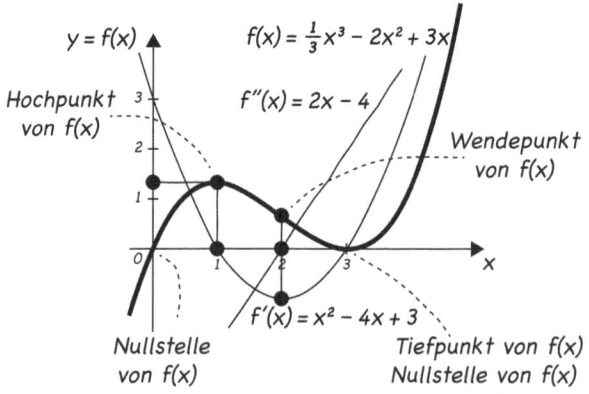

Abb. 3.3 Kurvendiskussion

3.2.1 Definitionsbereich und Nullstellen

Definitionsbereich: Der maximale Definitionsbereich einer Funktion f ist die Menge aller reellen Zahlen x, für die der Funktionswert $f(x)$ definiert ist.

Beispiele von Definitionsbereichen:

1. $f(x) = \frac{1}{x(x-3)}$; $\quad D = \mathbb{R} \setminus \{0; 3\}$
2. $f(x) = \sqrt{25 - x^2}$; $\quad D = \{x \in \mathbb{R} \mid -5 \leq x \leq 5\} = [-5; 5]$
3. $f(x) = \ln(x + 4)$; $\quad D = \{x \in \mathbb{R} \mid x > -4\} = (-4; \infty)$

Nullstellen: Ein Element x_0 der Definitionsmenge D einer Funktion $f: D \to \mathbb{R}$ heißt **Nullstelle** von f, wenn $f(x_0) = 0$ gilt. Die Nullpunkte einer stetigen/differenzierbaren Funktion $f(x)$ lassen sich nur selten direkt berechnen. Meistens konstruiert man eine Folge $x_0, x_1, x_n, \ldots$, die gegen den Nullpunkt x konvergiert.

Newtonverfahren: Mit dem **Newtonverfahren** lassen sich für eine stetig differenzierbare Funktion $f: \mathbb{R} \to \mathbb{R}$ Näherungswerte für die Lösungen der Gleichung $f(x) = 0$ bestimmen. Die **Grundidee**: Die Funktion wird am Ausgangspunkt linearisiert, indem ihre Tangente bestimmt wird. Die Nullstelle der Tangente dient als verbesserte Näherung der Nullstelle der Funktion. Diese Näherung wird als Ausgangspunkt für den nächsten Schritt verwendet. Die **Iteration** wird so lange fortgesetzt, bis die Änderung der Näherungslösung eine festgelegte Schranke unterschreitet (Abb. 3.4).

Abb. 3.4 Newtonverfahren

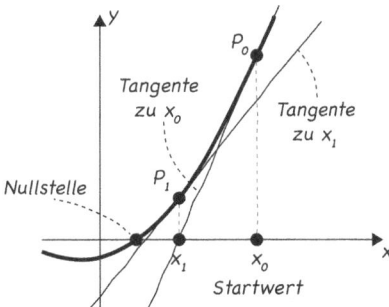

Vorgehensweise des Newtonverfahrens: Ausgehend von Startwert x_0 wird folgende Iteration wiederholt, bis eine hinreichende Genauigkeit erzielt wird.

$$x_{n+1} = x_n - \frac{f(x_n)}{f'(x_n)}$$

Das Newtonverfahren ist ein sogenanntes **lokal konvergentes** Verfahren. Konvergenz der in der Newtoniteration erzeugten Folge zu einer Nullstelle ist also nur garantiert, wenn der Startwert, d. h. das x_0, schon „ausreichend nahe" an der Nullstelle liegt. Ein häufig verwendetes **Konvergenzkriterium** ist:

$$\left| \frac{f(x_0) \cdot f''(x_0)}{[f'(x_0)]^2} \right| < 1$$

Newtonverfahren

Verwende das Newtonverfahren, um eine Nullstelle dieses Polynoms zu finden:

$f(x) = 2,2x^3 - 7,854x^2 + 6,23x - 22,2411.$

sn.pub/ms1gct

3.2.2 Extrempunkte und Wendepunkte

Extrempunkte: Ein **Extremwert** bezeichnet allgemein ein lokales oder globales Maximum oder Minimum. Ein **Extrempunkt** ist die Kombination aus Extremstelle und zugehörigem Funktionswert (Abb. 3.5).

Abb. 3.5 Extrempunkte

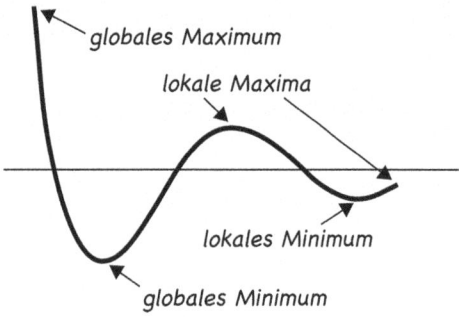

Berechnung des Extrempunkte: Für die Bestimmung von Extremwerten einer Funktion f werden folgende Bedingungen geprüft:

1. **Notwendige Bedingung**: Sei $f : I \subseteq \mathbb{R} \to \mathbb{R}$ im Intervall I definiert und an der Stelle $x_0 \in I$ mindestens zweimal stetig differenzierbar. Wenn f an der Stelle x_0 ein relatives Extremum (Maximum oder Minimum) besitzt, muss die erste Ableitung von f an dieser Stelle verschwinden, also $f'(x_0) = 0$.

3.2 Kurvendiskussion

Diese Bedingung ist notwendig, aber nicht ausreichend, um ein Extremum zu garantieren, da sie auch bei Wendepunkten erfüllt sein kann.

2. **Hinreichende Bedingung**: Um zu entscheiden, ob es sich um ein relatives Maximum oder Minimum handelt, wird die zweite Ableitung von f an der Stelle x_0 betrachtet:

- Wenn $f'(x_0) = 0$ und $f''(x_0) > 0$, dann hat f an der Stelle x_0 ein **relatives Minimum**. Dies bedeutet, dass die Funktion an dieser Stelle lokal von unten nach oben gekrümmt ist (konvex).
- Wenn $f'(x_0) = 0$ und $f''(x_0) < 0$, dann hat f an der Stelle x_0 ein **relatives Maximum**. In diesem Fall ist die Funktion an dieser Stelle lokal von oben nach unten gekrümmt (konkav).

Die zweite Ableitung liefert also eine hinreichende Bedingung für die Art des Extremums, solange $f''(x_0) \neq 0$ gilt.

Extrempunkte

Bestimme die Extrempunkte von
$$f(x) = x^2 \text{ und } f(x) = \frac{x^2}{1+x^2}.$$

sn.pub/tj7l8p

Wendepunkte: Ein Wendepunkt einer Funktion ist ein Punkt $(x_0, f(x_0))$, an dem die Krümmung der Funktion wechselt, was bedeutet, dass die zweite Ableitung $f''(x_0) = 0$ ist und die dritte Ableitung $f'''(x_0) \neq 0$ gelten muss. Für die Bestimmung von Wendepunkten einer Funktion f werden folgende Bedingungen geprüft:

1. **Notwendige Bedingung**: Sei $f : I \subseteq \mathbb{R} \to \mathbb{R}$ im Intervall I definiert und an der Stelle $x_0 \in I$ mindestens dreimal stetig differenzierbar. Wenn der Graph von f an der Stelle x_0 einen Wendepunkt hat, muss die zweite Ableitung an dieser Stelle verschwinden, also $f''(x_0) = 0$. Diese Bedingung allein reicht jedoch nicht aus, da sie auch bei Extrema vorkommen kann.
2. **Hinreichende Bedingung**: Um sicherzustellen, dass x_0 ein Wendepunkt ist, muss zusätzlich die dritte Ableitung von f an der Stelle x_0 ungleich null sein, also $f'''(x_0) \neq 0$. Wenn $f''(x_0) = 0$ und $f'''(x_0) \neq 0$ gilt, liegt an der Stelle x_0 ein **Wendepunkt** vor. Dies bedeutet, dass die Krümmung des Graphen von f an dieser Stelle das Vorzeichen wechselt, entweder von einer konvexen zu einer konkaven Form oder umgekehrt.

Diese Bedingung ist hinreichend, um die Existenz eines Wendepunkts an x_0 festzustellen.

Sattelpunkte: Ein Sattelpunkt einer Funktion ist ein Wendepunkt $(x_0, f(x_0))$, an dem die erste Ableitung $f'(x_0) = 0$ gilt, die Funktion jedoch weder ein lokales Maximum noch ein lokales Minimum besitzt. Für einen Sattelpunkt gilt, dass sowohl $f'(x) = 0$ als auch $f''(x) = 0$ ist. Diese Bedingungen sind jedoch nicht hinreichend, da es auch vorkommen kann, dass $f'(x) = 0$ und $f''(x) = 0$ sind, ohne dass ein Sattelpunkt vorliegt. Ein Sattelpunkt ist erst dann sicher, wenn zusätzlich $f'''(x) \neq 0$ gilt (Abb. 3.6).

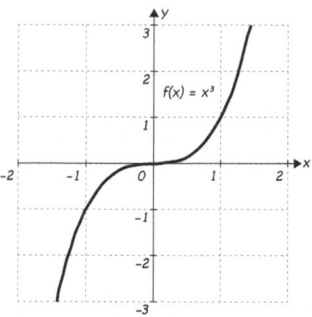

Abb. 3.6 $f(x) = x^3$ hat an der Stelle $x = 0$ einen Sattelpunkt

Bestimmung der Wende- bzw. Sattelpunkte

Bestimme die Wendepunkte von $f(x) = -\frac{2}{3}x^3 + 2x^2 - 2x + 2$.

sn.pub/bwss7u

3.2.3 Vollständige Kurvendiskussion

Eine vollständige Kurvendiskussion wird am besten schrittweise nach folgendem Schema durchgeführt:

1. Definitionsbereich und Definitionslücken;
2. Symmetrie der Funktion (gerade oder ungerade);
3. Nullstellen der Funktion;
4. Pole und Asymptoten (falls vorhanden);
5. Ableitungen, üblicherweise bis zur dritten Ordnung;
6. Relative Extremwerte (Minima und Maxima);
7. Wendepunkte und Sattelpunkte;

8. Verhalten der Funktion für $x \to \pm\infty$;
9. Wertebereich der Funktion;
10. Skizze der Funktion im passenden Maßstab.

Kurvendiskussion

Führe eine Kurvendiskussion durch für
$f(x) = x^3 - 3x^2 + 2$.
sn.pub/scm2p5

Führe eine Kurvendiskussion durch für
$f(x) = \frac{1}{5} \cdot (x^3 - 2x^2 - 15x)$.
sn.pub/vdnp55

Führe eine Kurvendiskussion durch für
$f(x) = x^2 + \frac{15}{x}$.
sn.pub/1le1q6

Umkehraufgabe

Ein Polynom 3. Grades hat in $E(-1; \frac{16}{3})$ einen relativen Extrempunkt, in $W(1; y)$ den Wendepunkt und schneidet die y-Achse bei $\frac{11}{3}$. Bestimme die Koeffizienten dieses Polynoms.
sn.pub/2xwbry

Schnittwinkel zweier Tangenten

Gegeben sei die Parabel $y = 2x^2 - 5x - 12$. Bestimme den Schnittwinkel, den die beiden Tangenten an den Nullstellen der Parabel miteinander einschließen.
sn.pub/qqejzc

3.2.4 Symmetrie, Monotonie, Krümmung

Achsensymmetrie bezüglich der y-Achse: Der Graph einer Funktion f ist achsensymmetrisch zur y-Achse, wenn für alle x-Werte des Definitionsbereichs gilt: $f(-x) = f(x)$. Dies bedeutet, dass der Graph links und rechts der y-Achse gespiegelt verläuft. Beispiele für solche Funktionen sind $f(x) = \cos x$ und Polynome mit ausschließlich geraden Exponenten.

Punktsymmetrie bezüglich des Ursprungs: Der Graph einer Funktion f ist punktsymmetrisch zum Ursprung, wenn für alle x-Werte des Definitionsbereichs gilt: $f(-x) = -f(x)$. In diesem Fall entspricht der Graph bei Spiegelung am Ursprung dem Original. Beispiele sind $f(x) = \sin x$ sowie Polynome mit ausschließlich ungeraden Exponenten.

Monotonie: Eine Funktion $f: D \subseteq \mathbb{R} \to \mathbb{R}$ heißt:

- **Monoton steigend**, wenn $\forall x, y \in D$ mit $x \leq y$ gilt: $f(x) \leq f(y)$.
- **Streng monoton steigend**, wenn $\forall x, y \in D$ mit $x < y$ gilt: $f(x) < f(y)$.
- **Monoton fallend**, wenn $\forall x, y \in D$ mit $x \leq y$ gilt: $f(x) \geq f(y)$.
- **Streng monoton fallend**, wenn $\forall x, y \in D$ mit $x < y$ gilt: $f(x) > f(y)$.

Krümmung: Die Krümmung einer ebenen Kurve beschreibt die **Richtungsänderung** beim Durchlaufen der Kurve. Sie gibt an, wie stark sich die Kurve in einem bestimmten Punkt von einer geraden Linie unterscheidet. Als Maß für die Krümmung eines Kreises wird das Verhältnis von Zentriwinkel $\Delta\varphi$ zur Länge eines Kreisbogens Δs verwendet. Dieses Verhältnis entspricht dem Kehrwert des Radius r, also $\kappa = \frac{1}{r} = \frac{\Delta\varphi}{\Delta s}$.

Um die Krümmung κ an einem Punkt einer beliebigen Kurve zu bestimmen, betrachtet man ein kleines Stück der Kurve der Länge Δs, das diesen Punkt enthält. Die Tangenten an die Kurve in den Endpunkten dieses Abschnitts schneiden sich im Winkel $\Delta\varphi$. Die Krümmung im betrachteten Punkt ist dann der Grenzwert des Verhältnisses $\frac{\Delta\varphi}{\Delta s}$, wenn Δs gegen null geht. Formal ergibt sich die Krümmung als:

$$\kappa := \lim_{\Delta s \to 0} \frac{\Delta\varphi}{\Delta s} = \frac{d\varphi}{ds}$$

Dieser Ausdruck beschreibt die Krümmung κ als Ableitung des Winkels φ der Tangente nach der Bogenlänge s, was die lokale Richtungsänderung der Kurve darstellt.

3.2 Kurvendiskussion

Bestimmung der Krümmung: Die Krümmung im Punkt $P = (x, f(x))$ ergibt sich aus

$$\kappa = \frac{\mathrm{d}\varphi}{\mathrm{d}s} = \frac{f''(x)}{\sqrt{[1 + f'(x)^2]^3}}.$$

$\kappa > 0 \Leftrightarrow$ **Linkskrümmung**, Funktion ist **konvex**
$\kappa < 0 \Leftrightarrow$ **Rechtskrümmung**, Funktion ist **konkav**

Anmerkungen zur Krümmung: Im Allgemeinen variiert die Krümmung einer Kurve von Punkt zu Punkt entlang der Kurve. Die Krümmung gibt an, wie schnell sich der Steigungswinkel der Tangente an die Kurve ändert. Sie ist somit ein Maß für die Änderungs- oder Wachstumsgeschwindigkeit des Winkels, den die Tangente mit der x-Achse bildet, und beschreibt damit, wie stark die Kurve in einem bestimmten Bereich gekrümmt ist (Abb. 3.7).

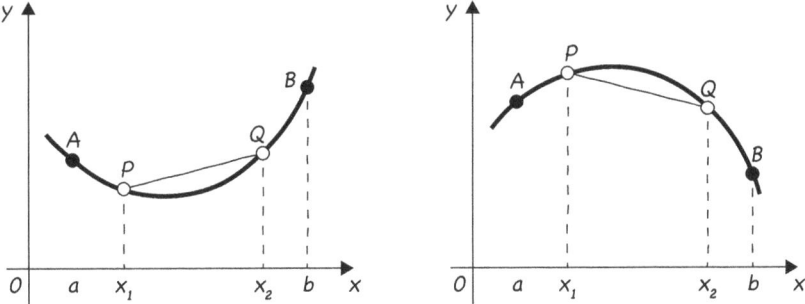

Abb. 3.7 Linke Seite: Beispiel einer konvexen Funktion, $\kappa(x) > 0$; Rechte Seite: Beispiel einer konkaven Funktion, $\kappa(x) < 0$

Krümmung

Bestimme das Krümmungsverhalten von $y = x \cdot e^{-x}$.

sn.pub/qkgcrz

3.2.5 Linearisierung einer Funktion

Bei der **Linearisierung** werden nichtlineare Funktionen durch lineare Approximationen angenähert. Diese Technik ist besonders nützlich in der Elektrotechnik und Regelungstechnik, wo nichtlineare Systeme häufig näherungsweise durch lineare Modelle beschrieben werden, um die Analyse und Steuerung zu vereinfachen.

Ein gängiges Verfahren zur Linearisierung besteht darin, die **Tangente** an den Graphen der Funktion in einem bestimmten Punkt einzuzeichnen. Diese Tangente repräsentiert die lokale lineare Approximation der Funktion in der Umgebung des gewählten Punktes. Die Parameter der Tangente, insbesondere die Steigung und der y-Achsenabschnitt, können anschließend abgelesen werden, um das lineare Modell zu erstellen.

Linearisierung einer Funktion im Punkt x_0:

$$y_t = f(x_0) + f'(x_0) \cdot (x - x_0)$$

Der relative Fehler der Approximation ist

$$F(x) = \left| \frac{f(x) - y_t(x)}{f(x)} \right|$$

Linearisierung einer Funktion

Bestimme die lineare Approximation der Funktion $y = e^x$ in der Umgebung der Stelle $x_0 = 0$.

sn.pub/ulyqjs

3.3 Differentiation von Funktionen mehrerer Variablen

Die Differentiation von Funktionen mehrerer Variablen erfolgt durch partielle Ableitungen, bei denen die Funktion nach einer Variablen abgeleitet wird, während die übrigen Variablen als Konstanten behandelt werden. Sie dient dazu, lokale Änderungsraten zu bestimmen, Tangentialebenen zu berechnen und Optimierungsprobleme in mehreren Dimensionen zu lösen.

3.3.1 Geometrie von Funktionen mehrerer Variablen

Eine **reelle Funktion** f von zwei Variablen x und y ist eine Vorschrift oder Zuordnung, die jedem geordneten Zahlenpaar (x, y) genau eine reelle Zahl z zuweist. Dabei bezeichnet man x und y als die **unabhängigen Variablen**, während z, der durch die Funktion bestimmte Wert, als **Funktionswert** oder **abhängige Variable** bezeichnet wird. Symbolisch wird dies durch die Schreibweise dargestellt:

$$z = f(x, y)$$

3.3 Differentiation von Funktionen mehrerer Variablen

Dies bedeutet, dass z vom Wert der beiden unabhängigen Variablen x und y abhängt, wobei die Funktion f die Beziehung zwischen diesen Variablen beschreibt. Die Menge aller möglichen Wertepaare (x, y), für die die Funktion definiert ist, bildet den **Definitionsbereich** der Funktion. Jeder Punkt (x, y) aus diesem Bereich wird auf einen eindeutigen Funktionswert z abgebildet.

In einem dreidimensionalen Koordinatensystem wird der Funktionsgraph einer Funktion $f: U \subseteq \mathbb{R}^2 \to \mathbb{R}$ betrachtet (Abb. 3.8). Der Definitionsbereich U sei eine offene Teilmenge der xy-Ebene. Ist f differenzierbar, dann ist der Graph der Funktion eine Fläche über dem Definitionsbereich U.

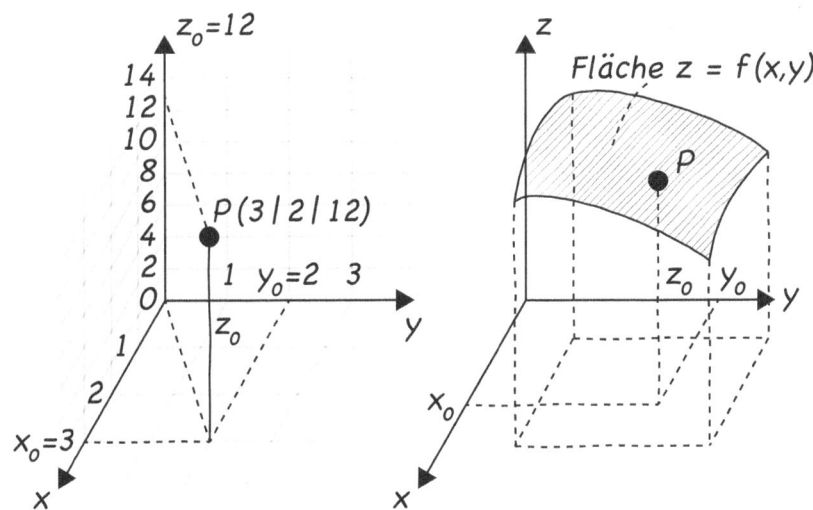

Abb. 3.8 Graphische Darstellung von Funktionen mehrerer Variablen

3.3.2 Partielle Ableitungen

Eine **partielle Ableitung** ist die Ableitung einer Funktion mit mehreren Argumenten nach einem dieser Argumente, wobei die Werte der übrigen Argumente konstant gehalten werden. Die partielle Ableitung beschreibt somit die Änderungsrate der Funktion in Richtung einer bestimmten Koordinatenachse.

Sei P_0 ein Punkt auf der Fläche, der durch $z = f(x_0, y_0)$ gegeben ist. Durch P_0 verläuft die Raumkurve k_1 mit:

$$k_1 : z = f(x, y_0)$$

Dies ist die Kurve auf der Fläche, deren Punkte eine feste y-Koordinate y_0 haben, während x variabel ist. Wenn k_1 im Punkt P_0 eine Tangente t_1 besitzt, so wird die Steigung dieser Tangente als **partielle Ableitung erster Ordnung nach** x

bezeichnet. Diese Steigung entspricht der Änderungsrate von z bezüglich x bei konstantem y_0.

Die partielle Ableitung erster Ordnung nach x wird symbolisch geschrieben als:

$$\frac{\partial f}{\partial x}(x_0, y_0)$$

Dabei werden die übrigen Variablen, in diesem Fall y_0, als konstant behandelt (Abb. 3.9).

Abb. 3.9 Partielle Ableitungen

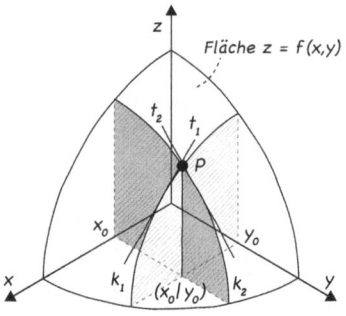

Geometrische Deutung der partiellen Ableitung: Für einen festen Wert von x ist f eine Funktion in y. Bei festem x ergeben die Punkte

$$\{(x, y) : y \in \mathbb{R} \text{ und } (x, y) \in U\}$$

eine Strecke, die parallel zur y-Achse verläuft. Diese Strecke wird durch die Funktion f auf eine gekrümmte Linie auf dem Graphen von f projiziert.

Die **partielle Ableitung** von f nach y beschreibt die Änderungsrate von f in dieser Richtung. Sie entspricht der **Steigung der Tangente** an die projizierte Kurve im Punkt $f(x, y)$. Diese Tangentensteigung gibt an, wie stark sich der Funktionswert in Abhängigkeit von y ändert, während x konstant bleibt.

Partielle Ableitung erster Ordnung: Sei $U \subseteq \mathbb{R}^n$ und $f : U \to \mathbb{R}$ eine Funktion. Sei weiterhin ein Element $A = (a_1, \ldots, a_n)$ in U gegeben. Falls für die natürliche Zahl i mit $1 \leq i \leq n$ der Grenzwert

$$\frac{\partial f}{\partial x_i}(A) := \lim_{h \to 0} \frac{f(a_1, \ldots, a_i + h, \ldots, a_n) - f(a_1, \ldots, a_i, \ldots, a_n)}{h}$$

existiert, dann nennt man ihn die partielle Ableitung von f nach der i-ten Variablen x_i im Punkt A. Die Funktion f ist im Punkt A **partiell differenzierbar**.

3.3 Differentiation von Funktionen mehrerer Variablen

Bestimmung der partiellen Ableitungen: Bei einer Funktion $y = f(x_1; x_2; \ldots; x_n)$ von n unabhängigen Variablen $x_1, x_2, \ldots, x_n$ lassen sich insgesamt n **partielle Ableitungen 1. Ordnung** bilden. Man erhält sie so:

1. In der Funktionsgleichung werden zunächst alle unabhängigen Variablen bis auf die **Differentiationsvariable** x_k als konstante Größen (**Parameter**) betrachtet.
2. Die gegebene Funktion erscheint nun als eine Funktion von **einer** Variablen, nämlich der Differentiationsvariablen x_k, und wird unter Verwendung der bekannten Ableitungsregeln nach dieser Variablen differenziert.
3. Das Ergebnis dieser Differentiation ist die gesuchte **partielle Ableitung 1. Ordnung**.

Partielle Ableitungen 1. Ordnung

Bestimme die partiellen Ableitungen 1. Ordnung von $z = f(x, y) = x^2 y^4 + e^x \cdot \cos y + 10x - 2y^2 + 3$.
sn.pub/ejj4ll

Bestimme die partiellen Ableitungen 1. Ordnung von $z = f(x, y) = xy^2 \cdot (\sin x + \sin y)$.
sn.pub/3j78ih

Bestimme die partiellen Ableitungen 1. Ordnung von $z = f(x, y) = \ln(x^3 + y^2)$.
sn.pub/zdc85n

Bestimme die partiellen Ableitungen 1. Ordnung von $u = f(x, y, z) = \sqrt{x^2 + y^2 + z^2}$.
sn.pub/2zrd2p

Bestimme die partiellen Ableitungen 1. Ordnung von $u = f(x, y, z) = \sin(x - y) \cdot \cos(z + 2y)$.
sn.pub/7mfmr8

Partielle Ableitung höherer Ordnung: Die partielle Ableitung nach x_i ist selbst wieder eine Funktion von U nach $\mathbb{R}$, falls die Funktion f in ganz U nach x_i partiell differenzierbar ist. Die abkürzende Schreibweise für die partielle Ableitung lautet:

$$\frac{\partial f}{\partial x_i} \doteq \partial_{x_i} f \doteq f_{x_i} \doteq D_i f$$

Ist $f: U \to \mathbb{R}$ partiell differenzierbar, so sind die partiellen Ableitungen

$$\frac{\partial f}{\partial x_i} : a \mapsto \frac{\partial f}{\partial x_i}(a)$$

wieder Funktionen von U nach $\mathbb{R}$.

Man kann somit auch **höhere partielle Ableitungen** berechnen. Diese entstehen durch erneute Differentiation der partiellen Ableitung nach einer anderen Variablen x_j oder der gleichen Variablen x_i. Die allgemeinen Formeln für die zweiten partiellen Ableitungen lauten:

$$\frac{\partial^2 f}{\partial x_j \partial x_i} = \frac{\partial}{\partial x_j}\left(\frac{\partial f}{\partial x_i}\right) \quad \text{und} \quad \frac{\partial^2 f}{\partial x_i^2} = \frac{\partial}{\partial x_i}\left(\frac{\partial f}{\partial x_i}\right)$$

Diese höheren Ableitungen geben die Veränderungsrate der Steigung in Richtung der entsprechenden Variablen an und sind zentral in der Analyse des Krümmungsverhaltens und der Optimierung von Funktionen.

Satz von Schwarz: Wenn die zweiten partiellen Ableitungen stetig sind, so kann man die Reihenfolge der Ableitung vertauschen:

$$\frac{\partial^2 f}{\partial x_j \partial x_i} = \frac{\partial^2 f}{\partial x_i \partial x_j}$$

Partielle Ableitungen 2. Ordnung

Bestimme die partiellen Ableitungen 2. Ordnung von $z = f(x, y) = \ln(x^2 + y)$.
sn.pub/jvsjyx

Bestimme die partiellen Ableitungen 2. Ordnung von $z = f(x, y) = \dfrac{x - y}{x + y}$.
sn.pub/s7s628

(Fortsetzung)

3.3 Differentiation von Funktionen mehrerer Variablen

Bestimme die partiellen Ableitungen 2. Ordnung von $u = f(x, y, z) = e^{3x-2y} \cdot \cos(5z)$.

sn.pub/kpmfb9

Tangentialebene: Die Gleichung der Tangentialebene an die Fläche $z = f(x, y)$ im Punkt $P = (x_0, y_0, z_0)$ mit $z_0 = f(x_0, y_0)$ lautet:

$$z - z_0 = f_x(x_0, y_0) \cdot (x - x_0) + f_y(x_0, y_0) \cdot (y - y_0)$$

Dabei sind $f_x(x_0, y_0)$ und $f_y(x_0, y_0)$ die partiellen Ableitungen von f nach x bzw. y an der Stelle (x_0, y_0). Diese Gleichung beschreibt die Ebene, die im Punkt $P = (x_0, y_0, z_0)$ tangential an die Fläche liegt.

Tangentialebene

Bestimme die Gleichung der Tangentialebene im Flächenpunkt $P = (1; 2; 5)$ an die Bildfläche von
$z = f(x, y) = x^2 + y^2$.

sn.pub/gamkf8

Bestimme die Gleichung der Tangentialebene im Flächenpunkt $P = (1; 0; 1)$ an die Bildfläche von
$z = f(x, y) = x^2 \cdot e^{xy}$.

sn.pub/1nacsn

3.3.3 Totale Differenzierbarkeit und das totale Differential

Totale Differenzierbarkeit: Die totale Differenzierbarkeit einer Funktion in einem Punkt bedeutet, dass diese sich dort **lokal** durch eine **lineare Abbildung approximieren** lässt. Die **partielle Differenzierbarkeit** fordert hingegen (in alle Richtungen) nur die **lokale Approximierbarkeit** durch **Geraden** in allen Koordinatenachsenrichtungen, nicht jedoch als eine einzige lineare Abbildung.

Zu einer gegebenen total differenzierbaren Funktion $f: M \subseteq \mathbb{R}^n \to \mathbb{R}$ bezeichnet man mit df das totale Differential:

$$df = \sum_{i=1}^{n} \frac{\partial f}{\partial x_i} dx_i.$$

Totales Differential: Das totale Differential heißt so, weil es die gesamte Information über die Ableitung enthält, während die partiellen Ableitungen nur Information über die Ableitung in Richtung der Koordinatenachsen enthalten.

Die Summanden $\frac{\partial f}{\partial x} dx$ und $\frac{\partial f}{\partial y} dy$ werden gelegentlich auch **partielle Differentiale** genannt.

Zur Unterscheidung von totalen und partiellen Differentialen werden hier unterschiedliche Symbole benutzt: ein „nicht-kursives d" beim totalen Differential und ein „kursives ∂" für die partiellen Ableitungen.

Für eine Funktion $(x, y) \mapsto f(x, y)$ zweier unabhängiger Variablen versteht man unter dem totalen Differential den Ausdruck:

$$df = \frac{\partial f}{\partial x} dx + \frac{\partial f}{\partial y} dy.$$

Bei einer Funktion $z = f(x, y)$ beschreibt das totale Differential die Änderung der Höhenkoordinate bzw. des Funktionswertes z auf der im Berührungspunkt errichteten Tangentialebene.

Unter dem totalen Differential einer Funktion $z = f(x, y)$ an der Stelle (x_0, y_0) versteht man den Ausdruck:

$$dz = f_x(x_0, y_0) \cdot dx + f_y(x_0, y_0) \cdot dy.$$

Das totale Differential dz gibt näherungsweise die Änderung Δz des Funktionswertes $z = f(x, y)$ an der Stelle (x_0, y_0) an, wenn sich x und y geringfügig um $dx = \Delta x$ und $dy = \Delta y$ ändern.

Totales Differential

Für 1 mol eines idealen Gases gilt $p = p(V, T) = \frac{R \cdot T}{V}$, wobei p der Gasdruck, T seine absolute Temperatur, V das Gasvolumen und R die universale Gaskonstante ist. Bestimme näherungsweise die Änderung des Gasdruckes bei einer geringfügigen Volumen- und Temperaturänderung.

sn.pub/1kw0xu

(Fortsetzung)

3.3 Differentiation von Funktionen mehrerer Variablen

Gegeben sei $z = f(x, y) = 4x^2 - 3xy^2 + x \cdot e^y$. Berechne den Zuwachs der Höhenkoordinate z, wenn von der Stelle $x = 1$, $y = 0$ aus die unabhängigen Koordinaten x und y um $dx = \Delta x = -0{,}1$ und $dy = \Delta y = 0{,}2$ geändert werden.

sn.pub/3zmcg7

Jacobi-Matrix: Während die Ableitung $f'(x_0)$ einer Funktion $f: \mathbb{R} \to \mathbb{R}$ an einer Stelle $x_0 \in \mathbb{R}$ üblicherweise als eine Zahl aufgefasst wird, betrachtet man im höherdimensionalen Fall die Ableitung als eine lokale lineare Approximation. Diese lineare Abbildung kann durch eine Matrix dargestellt werden, die als **Ableitungsmatrix**, **Jacobi-Matrix** oder auch **Fundamentalmatrix** bezeichnet wird. Im eindimensionalen Fall ergibt sich dadurch eine 1×1-Matrix, was einer einzelnen Zahl entspricht.

Die **Jacobi-Matrix** (auch als **Funktionalmatrix**, **Ableitungsmatrix** oder **Jacobische** bezeichnet) einer differenzierbaren Funktion $f: \mathbb{R}^n \to \mathbb{R}^m$ ist eine $m \times n$-Matrix, die alle ersten partiellen Ableitungen von f enthält. Die Jacobi-Matrix wird folgendermaßen definiert:

$$J_f(x) = \begin{pmatrix} \frac{\partial f_1}{\partial x_1}(x) & \frac{\partial f_1}{\partial x_2}(x) & \cdots & \frac{\partial f_1}{\partial x_n}(x) \\ \frac{\partial f_2}{\partial x_1}(x) & \frac{\partial f_2}{\partial x_2}(x) & \cdots & \frac{\partial f_2}{\partial x_n}(x) \\ \vdots & \vdots & \ddots & \vdots \\ \frac{\partial f_m}{\partial x_1}(x) & \frac{\partial f_m}{\partial x_2}(x) & \cdots & \frac{\partial f_m}{\partial x_n}(x) \end{pmatrix}$$

Hierbei ist $J_f(x)$ die Jacobi-Matrix der Funktion f an der Stelle x, und $\frac{\partial f_i}{\partial x_j}(x)$ bezeichnet die partielle Ableitung der i-ten Komponente von f nach der j-ten Variablen.

Im Fall der **totalen Differenzierbarkeit** stellt die Jacobi-Matrix die Matrix-Darstellung der linearen Abbildung dar, die die erste Ableitung von f bezüglich der Standardbasen des $\mathbb{R}^n$ und $\mathbb{R}^m$ beschreibt. Diese Matrix liefert somit eine lokale lineare Approximation von f in der Umgebung des Punktes x. Im Allgemeinen wird diese Matrix verwendet, um die lokalen Veränderungen der Funktion in verschiedene Richtungen des Raumes zu analysieren.

$$df(x) = J_f(x)\, dx$$

In dieser Gleichung stellt $df(x)$ das differentielle Bild von f dar, das durch die Jacobi-Matrix $J_f(x)$ in Abhängigkeit von dx, der Änderung der Variablen, beschrieben wird.

Jacobi-Matrix

Bestimme die Jacobi-Matrix der Funktion $f : \mathbb{R}^3 \to \mathbb{R}^2$ mit
$$f(x, y, z) = \begin{pmatrix} x^2 + y^2 + z \cdot \sin x \\ z^2 + z \cdot \sin y \end{pmatrix}.$$

sn.pub/7vw77u

Lineare Fehlerfortpflanzung: Bei vielen Messaufgaben ist eine Größe nicht direkt messbar, sondern wird indirekt aus mehreren messbaren Größen mithilfe einer festgelegten mathematischen Beziehung bestimmt. Da jeder Messwert der einzelnen Größen von seinem wahren Wert abweicht, wird auch das Ergebnis der Berechnung von diesem wahren Wert abweichen. Diese Abweichungen werden durch die sogenannte **Fehlerfortpflanzung** beschrieben, für die es Rechenregeln gibt, um die Abweichung des Ergebnisses zu bestimmen oder abzuschätzen.

Betrachten wir zwei direkt gemessene Größen x und y, die in der Form

$$x = \bar{x} \pm \Delta x \quad \text{und} \quad y = \bar{y} \pm \Delta y$$

vorliegen. Hierbei sind $\bar{x}$ und $\bar{y}$ die **arithmetischen Mittelwerte** und Δx sowie Δy die **Messunsicherheiten** der beiden Größen. In diesem Zusammenhang werden häufig die **Standardabweichungen** $s_{\bar{x}}$ und $s_{\bar{y}}$ der beiden Mittelwerte verwendet, sodass gilt: $\Delta x = s_{\bar{x}}$ und $\Delta y = s_{\bar{y}}$.

Die **indirekte Messgröße** $z = f(x, y)$ ist dann durch den Mittelwert

$$\bar{z} = f(\bar{x}, \bar{y})$$

gegeben.

Für den linear angenäherten Maximalfehler (maximale Messunsicherheit) $\Delta z_{\max}$ des Ergebnisses gilt:

$$\Delta z_{\max} = |f_x(\bar{x}, \bar{y}) \cdot \Delta x| + |f_y(\bar{x}, \bar{y}) \cdot \Delta y|$$

Das Messergebnis für die indirekte Messgröße $z = f(x, y)$ wird dann in der Form

$$z = \bar{z} \pm \Delta z_{\max}$$

angegeben.

Mit einer Eingangsgröße: Bei einer Änderung von Δx verändert sich die Ausgangsgröße Δy. Bei ausreichend kleinem Δx wächst der absolute Fehler Δy proportional zu Δx mit der Steigung der Tangente als Proportionalitätsfaktor c.

Mit zwei Eingangsgrößen: Kleine Änderungen Δx_1 und Δx_2 auf den Flächen $x_1 = $ const und $x_2 = $ const erzeugen kleine Änderungen der Ausgangsgröße, die addiert Δy ergeben.

Lineare Fehlerfortpflanzung

Die Widerstände $R_1 = \bar{R}_1 \pm \Delta R_1 = (100 \pm 1)\Omega$ und $R_2 = \bar{R}_2 \pm \Delta R_2 = (500 \pm 3)\Omega$ sind parallel geschaltet. Berechne den Ersatzwiderstand R unter Angabe des Maximalfehlers.

sn.pub/btmchb

Ein Kreissegment (Radius r, Mittenwinkel α) hat den Flächeninhalt $A = \frac{r^2}{2}(\alpha - \sin\alpha)$ mit α im Bogenmaß. Berechne den Flächeninhalt unter Angabe seines Maximalfehlers, wenn $r = (24,2 \pm 0,1)$ cm und $\alpha = 38° \pm 1°$.

sn.pub/hthhk4

3.3.4 Extremwerte

Bestimmung der relativen Extremwerte bei Funktionen von zwei Variablen:
Um relative Extremwerte einer Funktion $f: \mathbb{R}^2 \to \mathbb{R}$ zu bestimmen, wird eine systematische Analyse unter Verwendung der notwendigen und hinreichenden Bedingungen durchgeführt. Dabei gelten die folgenden Kriterien:

1. **Notwendige Bedingungen:** Sei $f: \mathbb{R}^2 \to \mathbb{R}$ an der Stelle (x_0, y_0) zweimal stetig differenzierbar. Damit f an der Stelle (x_0, y_0) ein relatives Extremum annehmen kann, müssen die partiellen Ableitungen der ersten Ordnung in diesem Punkt verschwinden, d. h.:

$$f_x(x_0, y_0) = 0 \quad \text{und} \quad f_y(x_0, y_0) = 0.$$

Diese Gleichungen legen sogenannte **kritische Punkte** fest, an denen potenziell relative Extremwerte vorliegen können. Allerdings reicht diese Bedingung allein nicht aus, um festzustellen, ob es sich tatsächlich um ein Extremum handelt, weshalb auch hinreichende Bedingungen geprüft werden müssen.

2. **Hinreichende Bedingungen:** Um sicherzustellen, dass f an der Stelle (x_0, y_0) tatsächlich einen relativen Extremwert besitzt, müssen zusätzlich die partiellen Ableitungen der zweiten Ordnung überprüft werden. Dazu wird die sogenannte **Hesse-Determinante** gebildet:

$$D(x_0, y_0) = f_{xx}(x_0, y_0) \cdot f_{yy}(x_0, y_0) - \left(f_{xy}(x_0, y_0)\right)^2.$$

Art des Extremwertes: Für die Entscheidung über das Vorliegen und die Art des Extremums gelten folgende Fälle:

- Wenn $D(x_0, y_0) > 0$ und gleichzeitig:
  - $f_{xx}(x_0, y_0) > 0$, dann liegt an (x_0, y_0) ein **relatives Minimum** vor.
  - $f_{xx}(x_0, y_0) < 0$, dann liegt an (x_0, y_0) ein **relatives Maximum** vor.
- Wenn $D(x_0, y_0) < 0$, handelt es sich um keinen Extremwert, sondern um einen **Sattelpunkt**.
- Wenn $D(x_0, y_0) = 0$, kann keine definitive Aussage über das Vorliegen eines Extremwertes gemacht werden. In diesem Fall sind weiterführende Untersuchungen erforderlich.

Interpretation des Vorzeichens von $f_{xx}(x_0, y_0)$: Das Vorzeichen der zweiten partiellen Ableitung $f_{xx}(x_0, y_0)$ entscheidet über die Art des Extremums:

- Ist $f_{xx}(x_0, y_0) > 0$, dann ist die Krümmung in x-Richtung positiv, was auf ein **relatives Minimum** hinweist.
- Ist $f_{xx}(x_0, y_0) < 0$, dann ist die Krümmung in x-Richtung negativ, was auf ein **relatives Maximum** hinweist.

Sattelpunkt: Ein Sattelpunkt ist ein spezieller Typ von Wendepunkt, der bei der Analyse von Funktionen in mehreren Variablen auftritt. Es handelt sich dabei um einen **kritischen Punkt**, der jedoch **kein Extrempunkt** ist.
Ein Punkt x_0 einer Funktion $f(x)$ wird als kritischer Punkt bezeichnet, wenn die erste Ableitung an dieser Stelle verschwindet, also $f'(x_0) = 0$.
Beim Sattelpunkt erfüllt dieser kritische Punkt zusätzlich die Bedingung, dass die zweite Ableitung ebenfalls verschwindet, also $f''(x_0) = 0$, aber ohne dass ein relatives Maximum oder Minimum vorliegt.
In einer **eindimensionalen Funktion** ist der Sattelpunkt ein **Spezialfall** eines **Wendepunktes**. Der Graph der Funktion wechselt in der Umgebung des Sattelpunktes seine **Krümmung**, und die Tangente im Sattelpunkt ist waagerecht, also $f'(x_0) = 0$, doch im Gegensatz zu einem Extrempunkt hat die Funktion hier weder ein Minimum noch ein Maximum.

3.3 Differentiation von Funktionen mehrerer Variablen

Ein typisches Beispiel ist die Funktion $f(x) = x^3$, deren Sattelpunkt bei $x = 0$ liegt. Hier ist die Ableitung der Funktion an der Stelle $x = 0$ gleich Null, also $f'(0) = 0$, doch es handelt sich weder um ein Maximum noch ein Minimum, da der Funktionswert links und rechts von $x = 0$ sowohl positiv als auch negativ wird. Die zweite Ableitung an der Stelle $x = 0$ ist ebenfalls Null, also $f''(0) = 0$, was das Vorliegen eines Wendepunktes bestätigt.

Mathematische Bedingungen für einen Sattelpunkt: Ein Punkt x_0 ist ein Sattelpunkt einer Funktion f, wenn $f'(x_0) = 0$ und $f''(x_0) = 0$, jedoch keine weiteren Ableitungsbedingungen für ein Extremum erfüllt werden.

Ein Sattelpunkt in mehrdimensionalen Funktionen, wie beispielsweise $f(x, y)$, beschreibt eine Situation, in der sich die Funktion in einer Richtung wie ein Minimum und in einer anderen wie ein Maximum verhält, ähnlich der Form eines Sattels, daher der Name.

Extremwerte

Bestimme die relativen Extremwerte der Funktion
$z = f(x, y) = 3xy - x^3 - y^3$.
sn.pub/utzaew

Bestimme die relativen Extremwerte der Funktion
$z = f(x, y) = \sqrt{1 + x^2 + y^2}$.
sn.pub/o6ba4y

Bestimme die relativen Extremwerte der Funktion
$z = f(x, y) = y^4 - 3xy^2 + x^3$.
sn.pub/1jbzf3

3.3.5 Lagrange-Optimierung

Die Lagrange-Optimierung ist eine Methode zur Lösung von Optimierungsproblemen, bei denen eine oder mehrere Nebenbedingungen berücksichtigt werden müssen.

Ziel: Das Hauptziel dieser Methode besteht darin, ein lokales Extremum (Maximum oder Minimum) einer Funktion $f(x_1, x_2, \ldots, x_n)$ zu finden, die von mehreren Variablen abhängt, während gleichzeitig bestimmte Nebenbedingungen $g_i(x_1, x_2, \ldots, x_n) =$ erfüllt werden müssen. Diese Nebenbedingungen sind als Nullstellen von Funktionen definiert.

Methode: Um das Problem zu lösen, führt man für jede Nebenbedingung eine neue, unbekannte **skalare** Variable ein, die als Lagrange-Multiplikator bezeichnet wird. Diese Multiplikatoren ermöglichen es, die Nebenbedingungen in die Optimierung einzubeziehen. Man bildet eine neue Funktion, die als Lagrange-Funktion $\mathcal{L}$ bezeichnet wird und wie folgt definiert ist:

Lagrange-Funktion $\mathcal{L}$:

$$\mathcal{L}(x_1, x_2, \ldots, x_n, \lambda_1, \lambda_2, \ldots, \lambda_m) =$$
$$f(x_1, x_2, \ldots, x_n) + \sum_{i=1}^{m} \lambda_i g_i(x_1, x_2, \ldots, x_n)$$

Hierbei sind λ_i die Lagrange-Multiplikatoren und g_i die Funktionen, die die Nebenbedingungen darstellen.

Vorgehensweise: Um das lokale **Extremum** zu finden, setzt man die partiellen Ableitungen der Lagrange-Funktion $\mathcal{L}$ bezüglich der Variablen und der Lagrange-Multiplikatoren gleich Null. Dadurch erhält man ein System von Gleichungen, das gelöst werden muss, um die optimalen Werte der Variablen sowie der Multiplikatoren zu bestimmen.

Lagrange-Multiplikator-Verfahren

Optimiere die Zielfunktion $f(x, y) = x + y$ unter der Nebenbedingung $x^2 + y^2 = 1$. Verwende dazu das Lagrange-Multiplikator-Verfahren.
sn.pub/8arcxl

Optimiere die Zielfunktion $(x, y) = x^{0,4} \cdot y^{0,6}$ unter der Nebenbedingung $2000 = 100x + 200y$.
sn.pub/oes8tn

(Fortsetzung)

Optimiere die Zielfunktion $(x, y) = x \cdot y$ unter der Nebenbedingung $8 = 4x^2 + y^2$.

sn.pub/vv3nwe

Optimiere die Zielfunktion $f(x, y) = x^2 + y^2$ unter der Nebenbedingung $\frac{x}{2} + \frac{y}{3} + 1 = 0$.

sn.pub/vweq07

Integralrechnung 4

Die Integralrechnung erfasst Größen wie Flächen, Volumina und physikalische Eigenschaften präzise und stellt die Umkehrung der Differentialrechnung dar: Statt die Ableitung $f'(x)$ einer Funktion $f(x)$ zu bestimmen, wird aus $f'(x)$ die ursprüngliche Funktion rekonstruiert.

Zunächst werden das unbestimmte Integral, Stammfunktionen und Integrationsregeln eingeführt. Anschließend folgt das bestimmte Integral mit dem Hauptsatz der Integralrechnung und dessen Anwendung. Fortgeschrittene Techniken wie Substitution, partielle Integration und Partialbruchzerlegung erweitern das Repertoire, ergänzt durch numerische Methoden wie die Trapezregel und die Simpsonsche Formel.

Das Kapitel schließt mit uneigentlichen Integralen sowie Anwendungen zur Flächen- und Volumenberechnung. Schließlich ermöglichen Doppelintegrale die Integration über zweidimensionale Bereiche.

4.1 Unbestimmtes Integral

Der Prozess der Bestimmung jener Funktion, deren Ableitung mit der gegebenen Funktion übereinstimmt, ist nicht eindeutig und führt auf den Begriff des *unbestimmten Integrals*.

4.1.1 Stammfunktion oder Integral

Stammfunktion: Eine differenzierbare Funktion $F(x)$ heißt eine **Stammfunktion** von $f(x)$, wenn $F'(x) = f(x)$ gilt. Die Stammfunktion weißt folgende Eigenschaften auf:

- Da bei der Differentiation einer Funktion eine additiv auftretende Konstante verschwindet, existieren zu einer gegebenen Funktion **unendlich** viele Stammfunktionen.
- Zwei beliebige Stammfunktionen $F_1(x)$ und $F_2(x)$ von $f(x)$ unterscheiden sich durch eine **additive** Konstante: $F_1(x) - F_2(x) = const$.
- Ist $F_1(x)$ eine **beliebige** Stammfunktion von $f(x)$, so ist auch $F_1(x) + C$ eine Stammfunktion von $f(x)$.
- Daher lässt sich die **Menge aller Stammfunktionen** in der Form $F(x) = F_1(x) + C$ darstellen (C ist dabei eine **beliebige reelle** Konstante).

Integration: Das Aufsuchen der Stammfunktion $F(x)$ zu einer vorgegebenen stetigen Funktion $f(x)$ wird als **Integration** bezeichnet:

$$f(x) \xrightarrow{Integration} F(x) \text{ mit } F'(x) = f(x)$$

Existenz: Jede in einem zusammenhängenden Intervall stetige Funktion besitzt dort eine Stammfunktion. Im Falle von Unstetigkeiten wird das Intervall in Teilintervalle zerlegt, in denen die Ausgangsfunktion stetig ist.

Unbestimmtes Integral: Das unbestimmte Integral einer gegebenen Funktion $f(x)$ ist der allgemeine Ausdruck

$$F(x) + C = \int f(x)\, dx$$

Notation: Die Funktion $f(x)$ unter dem Integralzeichen $\int$ heißt **Integrand**, x ist die **Integrationsvariable**, C die **Integrationskonstante**. Das **Differential** dx gibt an, nach welcher Variable integriert wird, hier also nach x.

Grundintegrale: Die Grundintegrale können unmittelbar aus den Ableitungen bekannter elementarer Funktionen gewonnen werden, da das unbestimmte Integrieren einer Funktion $f(x)$ das Aufsuchen einer Stammfunktion bedeutet. Die unbestimmten Integrale der elementaren Funktionen finden sich in Tab. 4.1.

Tab. 4.1 Integrale der elementaren Funktionen

f(x)	F(x)
a	$a \cdot x + C$
x^n	$\frac{x^{n+1}}{n+1} + C$
$\frac{1}{x}$	$\ln|x| + C$
a^x	$\frac{a^x}{\ln(a)} + C$
$\ln(x)$	$x \cdot \ln(x) - x + C$
$\sin(x)$	$-\cos(x) + C$
$\cos(x)$	$\sin(x) + C$
$\tan(x)$	$-\ln|\cos(x)| + C$
e^x	$e^x + C$

4.1.2 Elementare Integrationsregeln

Elementare Integrationsregeln dienen dazu, Stammfunktionen von Funktionen zu berechnen. Zu den wichtigsten Regeln gehören die Potenzregel, die Faktorregel und die Summen- und Differenzregel.

Potenzregel: Die Potenzregel besagt, dass das Integral einer Potenzfunktion eine um eins erhöhte Potenzfunktion ist, geteilt durch die neue Potenz.

$$\int x^n \, dx = \frac{1}{n+1} x^{(n+1)} + C$$

Vollständige Beispiele zur Potenzregel:

- $\int x^3 \, dx = \frac{1}{3+1} x^{3+1} + C = \frac{1}{4} x^4 + C$
- $\int x^4 \, dx = \frac{1}{4+1} x^{4+1} + C = \frac{1}{5} x^5 + C$

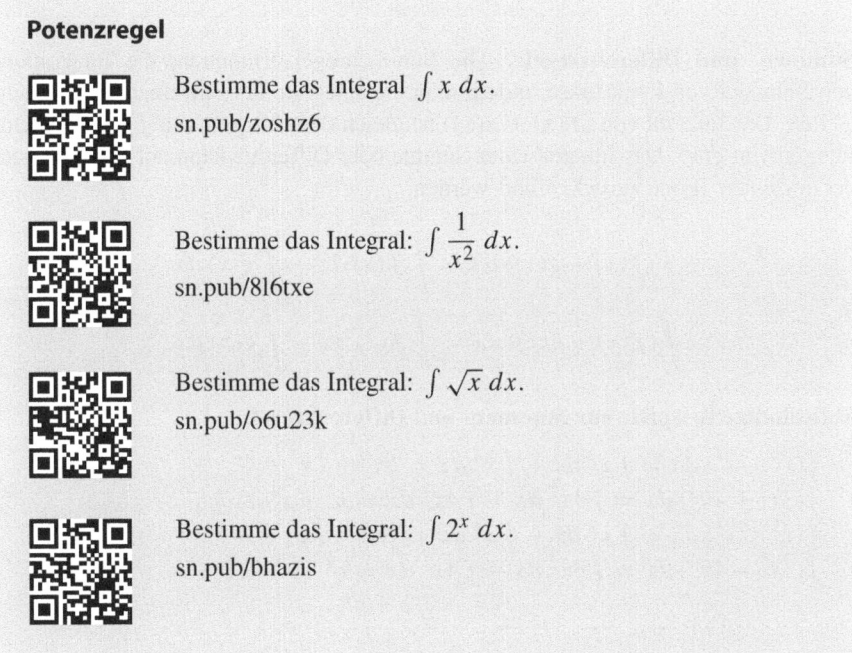

Potenzregel

Bestimme das Integral $\int x \, dx$.
sn.pub/zoshz6

Bestimme das Integral: $\int \frac{1}{x^2} \, dx$.
sn.pub/8l6txe

Bestimme das Integral: $\int \sqrt{x} \, dx$.
sn.pub/o6u23k

Bestimme das Integral: $\int 2^x \, dx$.
sn.pub/bhazis

Faktorregel: Die Faktorregel der Integration erlaubt es, einen konstanten Faktor vor das Integral zu ziehen, sodass das Integral von $k \cdot f(x)$ gleich k mal das Integral von $f(x)$ ist.

$$\int c \cdot f(x) \, dx = c \cdot \int f(x) \, dx$$

Vollständige Beispiele zur Faktorregel:

- $\int 2 \cdot \cos(x)\, dx = 2 \cdot \int \cos(x)\, dx = 2 \cdot \sin(x) + C$
- $\int 4 \cdot x\, dx = 4 \int x\, dx = 4 \cdot \frac{1}{2}x^2 + C = 2x^2 + C$

Videos zur Faktorregel

Bestimme das Integral: $\int 3x^2\, dx$.
sn.pub/limtt9

Bestimme das Integral: $\int \dfrac{3}{\sqrt{x}}\, dx$.
sn.pub/8e00ge

Summen- und Differenzregel: Die Summenregel ermöglicht die Integration von Summen von Funktionen, indem man die Integrale der einzelnen Funktionen addiert. Das Integral von $(f(x) + g(x))$ ist gleich dem Integral von $f(x)$ plus dem Integral von $g(x)$. Das Integral einer Summe oder Differenz kann auf die Integrale der einzelnen Terme zurückgeführt werden.

$$\int (f(x) + g(x))\, dx = \int f(x)\, dx + \int g(x)\, dx$$

$$\int (f(x) - g(x))\, dx = \int f(x)\, dx - \int g(x)\, dx$$

Vollständige Beispiele zur Summen- und Differenzregel:

- $\int (x^3 + x^4)\, dx = \int x^3\, dx + \int x^4\, dx = \frac{1}{4}x^4 + \frac{1}{5}x^5 + C$
- $\int (3x^2 + 4x^3)\, dx = \int 3x^2\, dx + \int 4x^3\, dx = x^3 + x^4 + C$
- $\int (x^3 - x^4)\, dx = \int x^3\, dx - \int x^4\, dx = \frac{1}{4}x^4 - \frac{1}{5}x^5 + C$
- $\int (3x^2 - 4x^3)\, dx = \int 3x^2\, dx - \int 4x^3\, dx = x^3 - x^4 + C$

Summen- und Differenzregel

Bestimme das Integral: $\int (\sin x + \cos x - 1)\, dx$.
sn.pub/1amhaq

(Fortsetzung)

Bestimme das Integral: $\int \dfrac{x^2 - x + 1}{2x}\, dx$.

sn.pub/d8qix1

4.2 Bestimmtes Integral

Das bestimmte Integral $\int_a^b f(x)\, dx$ lässt sich als Flächeninhalt A zwischen der stetigen Funktion $y = f(x)$, der x-Achse und den beiden zur y-Achse parallelen Geraden $x = a$ und $x = b$ deuten, sofern die Kurve im gesamten Intervall $a \leq x \leq b$ oberhalb der x-Achse verläuft (Abb. 4.1).

Abb. 4.1 Das bestimmte Integral

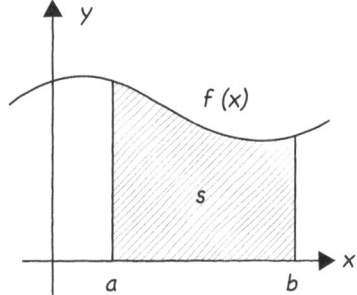

4.2.1 Definition des bestimmten Integrals

Das bestimmte Integral einer in einem abgeschlossenen Intervall $[a, b]$ definierten und beschränkten Funktion $y = f(x)$ ist eine Zahl, die als Grenzwert einer Summe definiert wird. Der Grenzwert, der zum bestimmten Integral führt, wird wie folgt gebildet:

1. Fläche in n Streifen zerlegen mit $\Delta x = \dfrac{b-a}{n}$
2. Jeden Streifen durch ein Rechteck ersetzen.
3. Summieren über alle Rechteckflächen.
4. Untersumme (bei einer monoton wachsenden Funktion) stellt einen Näherungswert für den gesuchten Flächeninhalt dar.
5. $U_n = f(x_0)\cdot\Delta x + f(x_1)\cdot\Delta x + f(x_2)\cdot\Delta x + \ldots\ldots\ldots f(x_{n-1})\cdot\Delta x = \sum\limits_{k=1}^{n} f(x_{k-1})\cdot \Delta x$

6. Beim Grenzübergang $n \to \infty$ und somit $\Delta \to 0$ strebt die Untersumme U_n gegen einen Grenzwert, der als bestimmtes Integral von $f(x)$ in den Grenzen von $x = a$ bis $x = b$ bezeichnet wird und geometrisch als Flächeninhalt A unter der Kurve $y = f(x)$ im Intervall $a \leq x \leq b$ interpretiert werden darf.

7. $\int_a^b f(x)\,dx = \lim_{n \to \infty} U_n = \lim_{n \to \infty} \sum_{k=1}^{n} f(x_{k-1}) \Delta x$

8. Das Integral existiert, wenn $f(x)$ stetig ist oder aber beschränkt ist und nur endlich viele Unstetigkeiten im Integrationsintervall enthält.

Diese Methode zur Präzisierung der anschaulichen Vorstellung des Flächeninhaltes zwischen der x-Achse und dem Graphen einer Funktion wird das **riemannsche Integral** (auch **Riemann-Integral**) genannt. Das dem riemannschen Integral zugrundeliegende Konzept besteht darin, den gesuchten Flächeninhalt mit Hilfe des leicht zu berechnenden Flächeninhalts von Rechtecken anzunähern (Abb. 4.2).

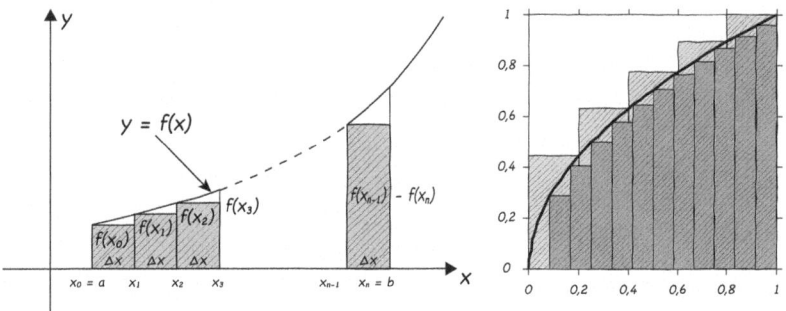

Abb. 4.2 Das Riemannsche Integral einer Funktion f über einem Intervall $[a, b]$ wird durch Ober- und Untersummen approximiert. Dazu wird das Intervall in n Teilintervalle unterteilt. **Untersumme:** $S_n = \sum_{i=1}^{n} m_i \Delta x_i$, wobei m_i das Minimum von f im i-ten Teilintervall ist. **Obersumme:** $S^n = \sum_{i=1}^{n} M_i \Delta x_i$, wobei M_i das Maximum von f im i-ten Teilintervall ist. Das Riemann-Integral existiert, wenn sich Ober- und Untersummen für $n \to \infty$ an denselben Grenzwert annähern

Bestimmtes Integral: Der Grenzwert

$$\int_a^b f(x)\,dx = \lim_{n \to \infty} \sum_{k=1}^{n} f(x_k) \Delta x_k$$

wird als **bestimmtes Integral** der Funktion $f(x)$ über das Intervall $[a, b]$ bezeichnet.

4.2.2 Hauptsatz der Integralrechnung

Der Hauptsatz der Integralrechnung, auch bekannt als Fundamentalsatz der Analysis, ist ein Eckpfeiler der Mathematik und eine fundamentale Erkenntnis, die die Verbindung zwischen Ableitungen und Integralen herstellt. Dieser Satz besteht aus zwei Teilen.

Hauptsatz der Integralrechnung – 1. Teil: Ist $f: [a, b] \subset \mathbb{R} \to \mathbb{R}$ eine reellwertige stetige Funktion, so ist für alle $x_0 \in [a, b]$ die Integralfunktion

$$F: [a, b] \to \mathbb{R} \text{ mit } F(x) = \int_{x_0}^{x} f(t) \, dt$$

differenzierbar und eine Stammfunktion von f, das heißt, für alle $x \in [a, b]$ gilt $F'(x) = f(x)$.

Hauptsatz der Integralrechnung – 2. Teil: Ist $f: [a, b] \to \mathbb{R}$ eine stetige Funktion mit Stammfunktion $F: [a, b] \to \mathbb{R}$, dann gilt die Newton-Leibniz-Formel:

$$\int_{a}^{b} f(x) \, dx = [F(x)]_{a}^{b} = F(b) - F(a)$$

Der Hauptsatz der Integralrechnung revolutionierte die Mathematik, da er es ermöglichte, eine Vielzahl von Problemen in Bereichen wie Physik, Ingenieurwissenschaften und Wirtschaftswissenschaften präzise zu lösen. Er bildet das Fundament für die moderne Analysis und spielt eine zentrale Rolle in der mathematischen Modellierung und Forschung.

Vollständiges Beispiel:

$$\int_{0}^{\pi/2} \cos(x) \, dx = [\sin(x)]_{0}^{\pi/2} = \sin(\pi/2) - \sin 0 = 1 - 0 = 1$$

4.2.3 Integrationsregeln für bestimmte Integrale

Das bestimmte Integral ist ein mathematisches Konzept, das verwendet wird, um den akkumulierten Flächeninhalt zwischen einer Funktion und der x-Achse in einem bestimmten Intervall zu berechnen. Es wird durch das Integralzeichen mit Unter-

und Obergrenzen dargestellt und liefert eine quantitative Darstellung der Fläche, die von der Funktion innerhalb des gegebenen Intervalls eingeschlossen wird.

Faktorregel: Ein konstanter Faktor C darf vor das Integral gezogen werden:

$$\int_a^b C \cdot f(x)\, dx = C \cdot \int_a^b f(x)\, dx$$

Summenregel: Eine endliche Summe von Funktionen darf gliedweise integriert werden:

$$\int_a^b [f_1(x) + \ldots + f_n(x)]\, dx = \int_a^b f_1(x)\, dx + \ldots + \int f_n(x)\, dx$$

Vertauschungsregel: Vertauschen der Integrationsgrenzen bewirkt einen Vorzeichenwechsel des Integrals:

$$\int_a^b f(x)\, dx = - \int_b^a f(x)\, dx$$

Fallen die Integrationsgrenzen zusammen ($a = b$), so ist der Integralwert gleich null:

$$\int_a^a f(x)\, dx = 0$$

Für jede Stelle c aus dem Integrationsintervall gilt:

$$\int_a^b f(x)\, dx = \int_a^c f(x)\, dx + \int_c^b f(x)\, dx$$

Bestimmte Integration

 Bestimme das Integral: $\int_1^3 x\, dx$.

sn.pub/2vsd80

(Fortsetzung)

Bestimme das Integral: $\int_0^\pi \sin x \, dx$.

sn.pub/d9tpjh

Bestimme das Integral: $\int_0^{2\pi} \sin x \, dx$.

sn.pub/wt6glq

Bestimme das Integral: $\int_{-1}^1 t^2 \, dt$.

sn.pub/zdulmm

4.3 Techniken der Integration

4.3.1 Integration durch Substitution

Die Methode der Integration durch Substitution erlaubt die Vereinfachung komplexer Integranden durch die Einführung einer geeigneten Variablensubstitution. Dies ist besonders hilfreich, wenn die ursprüngliche Form der Funktion schwer zu integrieren ist.

Durch Einführung einer **neuen Integrationsvariablen** wird ein Teil des **Integranden** ersetzt, um das Integral zu **vereinfachen** und so letztlich auf ein bekanntes oder einfacher handhabbares Integral zurückzuführen.

Die **Kettenregel** aus der **Differentialrechnung** ist die Grundlage der Substitutionsregel.

Substitutionsregel: Sei I ein reelles Intervall, $f: I \to \mathbb{R}$ eine stetige Funktion und $\varphi: [a, b] \to I$ stetig differenzierbar. Dann ist

$$\int_a^b f(\varphi(t)) \cdot \varphi'(t) \, dt = \int_{\varphi(a)}^{\varphi(b)} f(x) \, dx.$$

Integration durch Substitution

Bestimme das Integral: $\int (3x+2)^4 \, dx$.
sn.pub/q9zja2

Bestimme das Integral: $\int 5e^{-2x} \, dx$.
sn.pub/me11si

Bestimme das Integral: $\int \dfrac{3}{\sqrt{4x+1}} \, dx$.
sn.pub/3lso8h

Bestimme das Integral: $\int \cos(bx) \, dx$.
sn.pub/eyhgi5

Bestimme das Integral: $\int_{2}^{4} \left(1 - e^{-\frac{x}{2}}\right) dx$.
sn.pub/npfrzd

Schrittweises Vorgehen:

1. Aufstellung der Substitutionsgleichungen:

$$u = g(x), \frac{du}{dx} = g'(x), dx = \frac{du}{g'(x)}$$

2. Durchführung der Integralsubstitution:

$$\int f(x) \, dx = \int \varphi(u) \, du$$

3. Integration:

$$\int \varphi(u) \, du = \phi(u) \; (\text{mit } \phi'(u) = \varphi(u))$$

4. Rücksubstitution:

$$\int f(x)\,dx = \int \varphi(u)du = \phi(u) = \phi(g(x)) = F(x)$$

Vollständiges Beispiel: $\int_0^{\pi/2} \sin^4 x \cdot \cos x\, dx$

1. Integraltyp: $\int [f(x)]^n \cdot f'(x)dx$ mit $f(x) = \sin x$, $f'(x) = \cos x$ und $n = 4$
2. Substitution: $u = \sin x$, $\frac{du}{dx} = \cos x$, $dx = \frac{du}{\cos x}$
3. Untere Grenze: $x = 0 \to u = \sin 0 = 0$
4. Obere Grenze: $x = \pi/2 \to u = \sin(\pi/2) = 1$
5. Integration: $\int_0^{\pi/2} \sin^4 x \cdot \cos x\, dx = \int_0^1 u^4 \cdot \cos x \frac{du}{\cos x} = \int_0^1 u^4 du = \left[\frac{1}{5}u^5\right]_0^1 = \frac{1}{5} - 0 = \frac{1}{5}$

Integration durch Substitution

Bestimme das Integral: $\int e^{\sin x} \cdot (\cos x)^3\, dx$.
sn.pub/3z3s9f

Bestimme das Integral: $\int \ln\left((\cos x)^2\right) \cdot \cos x \cdot \sin x\, dx$.
sn.pub/qq7vcw

Bestimme das Integral: $\int_0^{\sqrt{\pi}} x \cdot \sin x^2\, dx$.
sn.pub/1y66a2

Bestimme das Integral: $\int_0^1 \frac{e^x}{(1+e^x)^2}\, dx$.
sn.pub/3xbm2v

Bestimme das Integral: $\int \cos\left(e^{\sin x}\right) \cdot e^{\sin x} \cdot \cos x\, dx$.
sn.pub/5iwp8n

4.3.2 Partielle Integration

Die partielle Integration wird verwendet, um das Integral eines Produkts zweier Funktionen zu berechnen, indem man die Produktregel der Differentialrechnung rückwärts anwendet. Die Methode beinhaltet die Auswahl von jenen Teilen der Funktion, die entweder differenziert und oder integriert werden, und das Anwenden der Produktregel, um das ursprüngliche Integral in ein neues umzuformen und zu vereinfachen.

Partielle Integration:

$$\int u(x) \cdot v'(x)\, dx = u(x) \cdot v(x) - \int u'(x) \cdot v(x)\, dx$$

Bemerkungen: In einigen Fällen muss man mehrmals hintereinander partiell integrieren, ehe man auf ein Grundintegral stößt. Die Formel der partiellen Integration gilt sinngemäß auch für bestimmte Integrale.

Partielle Integration – Vorgehensweise:

1. Vorüberlegung: Die Ableitung welchen Faktors vereinfacht das Integral?
2. Stammfunktion des 1. Faktors berechnen
3. Ableitung des 2. Faktors berechnen
4. Ergebnisse in Formel einsetzen

Vollständiges Beispiel 1: $\int_0^{\pi/2} x \cdot \cos x\, dx$

1. Zerlegung des Integranden $f(x) = x \cdot \cos x$ in zwei Faktoren $u(x)$ und $v'(x)$:
   $u(x) = x \to u'(x) = 1;\ v'(x) = \cos x \to v(x) = \sin x$
2. Partielle Integration (zunächst unbestimmt)
   $\int u'(x) \cdot v(x)\, dx = u(x) \cdot v(x) - \int u'(x) \cdot v(x)\, dx$
   $\int x \cdot \cos x\, dx = x \cdot \sin x - \int 1 \cdot \sin x\, dx = x \cdot \sin x - (-\cos x) + C = x \cdot \sin x + \cos x + C$
3. Berechnung des bestimmten Integrals
   $\int_0^{\pi/2} x \cdot \cos x\, dx = [x \cdot \sin x + \cos x]_0^{\pi/2} = \frac{\pi}{2} \cdot \sin(\pi/2) + \cos(\pi/2) - 0 - \cos 0 = \frac{\pi}{2} - 1$

Vollständiges Beispiel 2: $\int x \cdot e^x\, dx$

1. Zerlegung des Integranden $f(x) = x \cdot e^x$ in zwei Faktoren $u(x)$ und $v'(x)$:
   $u(x) = x \to u'(x) = 1;\ v'(x) = e^x \to v(x) = e^x$

2. Partielle Integration:
$\int u'(x) \cdot v(x)\, dx = u(x) \cdot v(x) - \int u'(x) \cdot v(x)\, dx$
$\int e^x \cdot x\, dx = e^x \cdot x - \int e^x \cdot 1\, dx = e^x \cdot x - \int e^x\, dx = e^x \cdot x - e^x + C = e^x(x-1) + C$

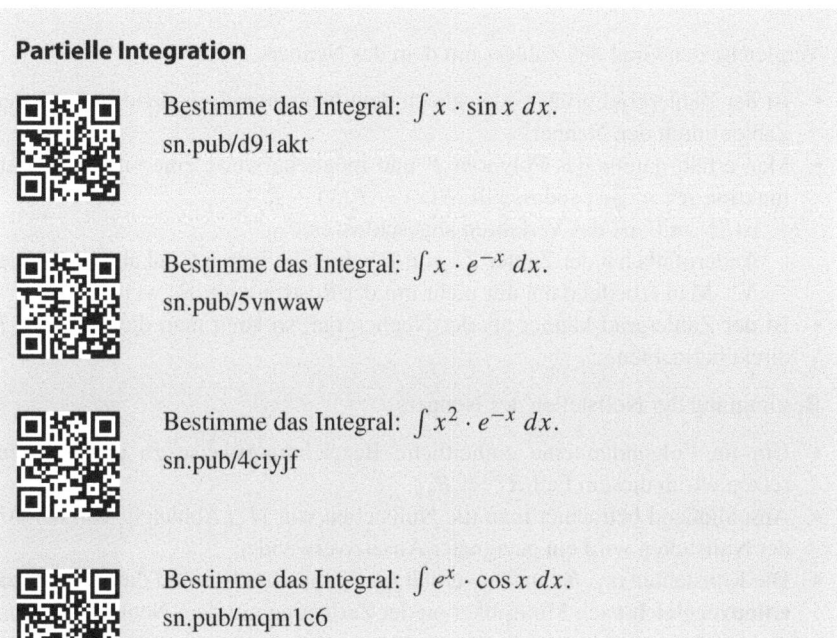

Partielle Integration

Bestimme das Integral: $\int x \cdot \sin x\, dx$.
sn.pub/d91akt

Bestimme das Integral: $\int x \cdot e^{-x}\, dx$.
sn.pub/5vnwaw

Bestimme das Integral: $\int x^2 \cdot e^{-x}\, dx$.
sn.pub/4ciyjf

Bestimme das Integral: $\int e^x \cdot \cos x\, dx$.
sn.pub/mqm1c6

4.3.3 Integration nach Partialbruchzerlegung

Die Partialbruchzerlegung ist eine entscheidende Technik für die Vereinfachung von rationalen Funktionen. Sie ermöglicht die Darstellung einer komplexen rationalen Funktion als Summe von einfacheren Bruchtermen, was die Integration und Analyse solcher Funktionen erheblich erleichtert.

Die Vorgehensweise bei der Partialbruchzerlegung beinhaltet die Aufteilung eines Bruchs in Teilterme, wobei jeder Teilterm einen einfacheren Bruch repräsentiert. Diese Teilterme sind in der Regel Brüche mit linearen oder quadratischen Nennern. Die Koeffizienten in diesen Teiltermen werden durch geeignete Methoden, zum Beispiel mittels Koeffizientenvergleich, ermittelt.

Partialbruchzerlegungen werden oft in der Integralrechnung verwendet, um die Integration von rationalen Funktionen zu ermöglichen, da sie die Berechnung von Integralen deutlich vereinfachen. Sie sind auch in anderen mathematischen Disziplinen von Nutzen, beispielsweise bei der Lösung von Differentialgleichungen und in der Signalverarbeitung.

Vorgehensweise der Partialbruchzerlegung:

1. Vergleiche den Grad des Zählers mit dem des Nenners
   - Ist der Zählergrad größer oder gleich dem Nennergrad, so dividiert man den Zähler durch den Nenner.
   - Man erhält daraus das Polynom P und möglicherweise eine rationale Restfunktion $R^* = \frac{Z^*}{N^*}$, sodass gilt: $R(x) = P(x) + R^*(x)$.
     - Ist $R^* \equiv 0$, ist das Verfahren abgeschlossen.
     - Andernfalls hat der Zähler Z^* von R^* einen kleineren Grad als der Nenner N^*. Man arbeitet dann nur mehr mit der Restfunktion R^* weiter.
   - Ist der Zählergrad kleiner als der Nennergrad, so kann man die Funktion R direkt betrachten.

2. Bestimmung der Nullstellen des Nenners
   - Um im Folgenden eine einheitliche Bezeichnungsweise zu ermöglichen, setzen wir in diesem Fall $R^* := R$.
   - Anschließend betrachtet man die Nullstellen von N^*. Abhängig von der Art der Nullstellen wird ein geeigneter Ansatz verwendet.
   - Die Konstanten a_{ij}, b_{ij} und c_{ij} erhält man dann zum Beispiel durch **Koeffizientenvergleich** nach Multiplikation der Zerlegung mit dem Nennerpolynom.

3. Ansatz
   - Sind die n verschiedenen Nullstellen x_i es Nennerpolynoms N^* und ihr jeweiliger Grad r_i bekannt, so kann das Nennerpolynom auf folgende Form gebracht werden:
   $N^*(x) = (x - x_1)^{r_1} \cdot (x - x_2)^{r_2} \cdots (x - x_n)^{r_n}$
   - Für jede einfache reelle Nullstelle x_i enthält der Ansatz einen Summanden $\frac{a_{i1}}{x-x_i}$.
   - Für jede r_i-fache reelle Nullstelle x_i enthält der Ansatz r_i Summanden $\frac{a_{i1}}{x-x_i} + \frac{a_{i2}}{(x-x_i)^2} + \cdots + \frac{a_{ir_i}}{(x-x_i)^{r_i}}$.

4. Koeffizientenvergleich
   - Um die Konstanten a_{ij}, zu ermitteln, wird R^* mit dem Ansatz gleichgesetzt und diese Gleichung mit dem Nennerpolynom N^* multipliziert.

4.3 Techniken der Integration

- Auf der einen Seite der Gleichung steht dann nur noch das Zählerpolynom Z^*, auf der anderen ein Ausdruck mit allen Unbekannten, der ebenfalls ein Polynom in x ist und entsprechend nach den Potenzen von x geordnet werden kann.
- Ein Koeffizientenvergleich der linken und rechten Seite ergibt dann ein lineares Gleichungssystem, aus dem sich die unbekannten Konstanten berechnen lassen.

Fälle der Partialbruchzerlegung: Gegeben sei eine gebrochenrationale Funktion $\frac{P(x)}{Q(x)}$, wobei $P(x)$ und $Q(x)$ teilerfremde Polynome vom Grad m bzw. n sind. Bei der Bestimmung der Polstellen des Nenners $Q(x)$ können folgende Fälle auftreten:

1. **Einfache Polstellen**

   Alle Wurzeln des Nenners sind **reell** und **einfach**.
   Linearfaktorenzerlegung des Nennerpolynoms: $Q(x) = (x - x_1) \cdot (x - x_2) \ldots (x - x_n)$
   Form der Zerlegung: $\frac{P(x)}{Q(x)} = \frac{A}{x - x_1} + \frac{B}{x - x_2} + \ldots \frac{C}{x - x_n}$

2. **Mehrfache Polstellen**

   Alle Wurzeln des Nenners sind **reell**, einige von ihnen gleich **mehrfach**.
   Linearfaktorenzerlegung des Nennerpolynoms: $Q(x) = (x - x_1)^l \cdot (x - x_2)^m \ldots$
   Form der Zerlegung: $\frac{P(x)}{Q(x)} = \frac{A_1}{(x - x_1)} + \frac{A_2}{(x - x_1)^2} + \ldots + \frac{A_l}{(x - x_1)^l} + \frac{B_1}{(x - x_2)} + \frac{B_2}{(x - x_2)^2} + \ldots + \frac{B_m}{(x - x_2)^m}$

3. **Komplexe Polstellen**

   Einige Wurzeln des Nenners sind **komplex**. Zerlegung des Nennerpolynoms in lineare und quadratische Faktoren: $Q(x) = (x - x_1)^l \cdot (x - x_2)^m \ldots (x^2 + px + q)(x^2 + p'x + q') \ldots$ mit $\frac{p^2}{4} < q$, $\frac{p'^2}{4} < q', \ldots$
   Form der Zerlegung: $\frac{P(x)}{Q(x)} = \frac{A_1}{(x - x_1)} + \frac{A_2}{(x - x_1)^2} + \ldots + \frac{A_l}{(x - x_1)^l} + \frac{B_1}{(x - x_2)} + \frac{B_2}{(x - x_2)^2} + \ldots + \frac{B_m}{(x - x_2)^m} + \frac{Cx + D}{x^2 + px + q} + \frac{Ex + F}{x^2 + p'x + q'} + \ldots$

Partialbruchzerlegung

Zerlege die Funktion $f(x)$ in Partialbrüche. Beachte, dass die Funktion einfache Polstellen bei $x = 1$ und $x = -1$ hat.
$$f(x) = \frac{x}{x^2 - 1}$$
sn.pub/boqw4a

Zerlege die Funktion $f(x)$ in Partialbrüche. Beachte, dass die Funktion eine doppelte Polstelle bei $x = 1$ hat.
$$f(x) = \frac{x^2}{x^2 - 2x + 1}$$
sn.pub/kajqcc

Zerlege die Funktion $f(x)$ in Partialbrüche. Beachte, dass die Funktion komplexe Polstellen hat.
$$f(x) = \frac{5x^2 + 2x + 1}{x^3 + x}$$
sn.pub/lua5rc

Zerlege die Funktion $f(x)$ in Partialbrüche. Beachte, dass der Nenner einen irreduziblen quadratischen Faktor x^2+4 enthält.
$$f(x) = \frac{2x^3 + 8x^2 + 8x + 292}{(x^2 + 4) \cdot (x + 3) \cdot (x + 1)}$$
sn.pub/1s8dku

Integration gebrochenrationaler Funktionen $\int \frac{P(x)}{Q(x)}\, dx$: Seien $P(x)$ und $Q(x)$ Polynome vom Grad m bzw. n. Diese werden algebraisch mit der folgenden Vorgehensweise auf eine leicht integrierbare Form gebracht:

1. **Kürzung des Bruches** bis $P(x)$ und $Q(x)$ keine gemeinsamen Teiler mehr enthalten.
2. **Abspaltung des ganzrationalen Teiles**, wenn $m \geq n$ ist, indem $P(x)$ durch $Q(x)$ mittels Polynomdivision geteilt wird. Zu integrieren verbleiben dann ein Polynom und ein Bruch mit $m < n$.
3. **Zerlegung des Nenners** $Q(x)$ in lineare und quadratische Faktoren: $Q(x) = (x-x_1)^l \cdot (x-x_2)^m \ldots (x^2+px+q)(x^2+p'x+q') \ldots$ mit $\frac{p^2}{4} < q$, $\frac{p'^2}{4} < q', \ldots$
4. **Vorziehen des konstanten Koeffizienten** a_0 vor das Integralzeichen.

5. **Zerlegung in eine Summe von Partialbrüchen**: Der so erhaltene echte Bruch, der nicht mehr gekürzt werden kann und dessen Nenner in seine irreduziblen Faktoren zerlegt ist, wird in eine Summe von Partialbrüchen zerlegt, die leicht integriert werden können.

Integration nach Partialbruchzerlegung

Berechne das Integral durch Partialbruchzerlegung:
$$\int \frac{3x+4}{x^2+x-6}\,dx$$
sn.pub/73zest

Berechne das Integral durch Partialbruchzerlegung:
$$\int \frac{2x^3 - 14x^2 + 14x + 30}{x^2 - 4}\,dx$$
sn.pub/klrs4d

Berechne das Integral durch Partialbruchzerlegung:
$$\int \frac{4x-2}{x^2 - 2x - 63}\,dx$$
sn.pub/1azzph

Berechne das Integral durch Partialbruchzerlegung:
$$\int \frac{3x}{x^3 + 3x^2 - 4}\,dx$$
sn.pub/1bebkl

4.4 Numerische Integration

Die numerische Auswertung des bestimmten Integrals $I(f) = \int_a^b f(x)\,dx$ muss näherungsweise erfolgen, wenn der Integrand $f(x)$ sich nicht elementar integrieren lässt, sehr kompliziert ist oder nur an ausgewählten Stellen x_i, den *Stützstellen*, aus dem Integrationsintervall $[a, b]$ bekannt ist. Zur genäherten Berechnung werden sogenannte *Quadraturformeln* benutzt. Die Anwendung von Quadraturformeln setzt voraus, dass die benötigten Werte des Integranden $f(x)$ an den Stützstellen als numerische Werte verfügbar sind.

Die in den folgenden Kapiteln aufgeführten Formeln stellen sogenannte **Interpolationsquadraturen** dar. Dabei wird der Integrand $f(X)$ bezüglich einiger (möglichst weniger) Stützstellen durch ein Polynom $p(x)$ entsprechenden Grades interpoliert, und das Integral über $f(x)$ wird durch das über $p(x)$ ersetzt. Die Formel für das Integral über das gesamte Integrationsintervall ergibt sich dann durch Summation. Es werden im Folgenden nur die praktisch relevanten Formeln für den Fall angegeben, dass die Stützstellen *gleichabständig* sind. Man erhält n gleiche Teilintervalle der Breite $\Delta x = \dfrac{b-a}{n}$.

4.4.1 Trapezformel

Bei der Trapezformel nähert man den gesuchten Flächeninhalt durch Trapezflächen an, deren Höhe Δx und deren Parallelseiten die Funktionswerte an der linken und rechten Grenze der Teilintervalle sind (Abb. 4.3).

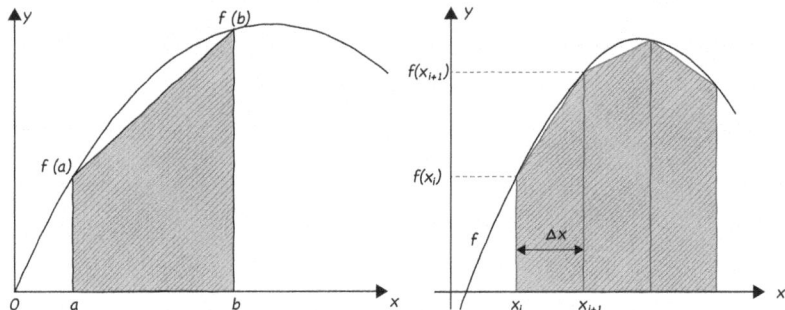

Abb. 4.3 Trapezformel für die numerische Integration

Trapezformel: Im Intervall $x_0, x_0 + \Delta x$ wird $f(x)$ durch ein Polynom 1. Grades ersetzt, das $f(x)$ an den Stützstellen x_0 und $x_1 = x_0 + \Delta x$ interpoliert. Man erhält: $\int\limits_{x_0}^{x_0+\Delta x} f(x)dx \approx \dfrac{\Delta x}{2}(y_0+y_1)$. Durch Summation ergibt sich die sogenannte zusammengesetzte Trapezformel oder Trapezsumme:

$$\int\limits_a^b f(x)\,dx \approx \frac{\Delta x}{2} \cdot [f(x_0) + 2f(x_1) + 2f(x_2) + \ldots + 2f(x_{n-1}) + f(x_n)]$$

Numerische Integration mit Trapezformel

Berechne mithilfe der Trapezformel einen Näherungswert für das Integral $\int_0^2 x^2\,dx$, wenn das Integrationsintervall in $n = 4$ gleich breite Teilintervalle zerlegt wird.

sn.pub/ifpd2k

4.4.2 Keplersche Formel

Bei der Keplerschen Formel wird der Graph einer Funktion $y = f(x)$ im Intervall $[a, b]$ durch eine **Parabel** (2. Ordnung) angenähert. Sie ist dadurch bestimmt, dass sie durch die drei Punkte geht, deren x-Koordination a, b und die Intervallmitte sind (Abb. 4.4).

Abb. 4.4 Keplersche Formel für die numerische Integration

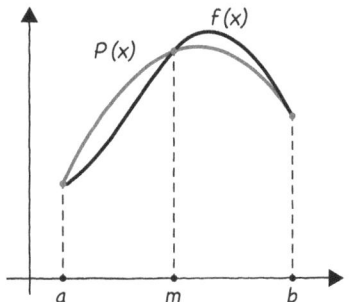

Keplersche Formel: Die Keplersche Formel liefert eine Näherung für das bestimmte Integral einer Funktion $f(x)$ über das Intervall $[a, b]$. Sie basiert auf einer **Parabelapproximation** und lautet:

$$\int_a^b f(x)\,dx \approx \frac{b-a}{6}\left[f(a) + 4f\left(\frac{a+b}{2}\right) + f(b)\right].$$

Diese Methode liefert besonders gute Ergebnisse, wenn $f(x)$ durch eine quadratische Funktion gut angenähert werden kann.

> **Numerische Integration mit der Keplerschen Formel**
>
>
> Berechne näherungsweise mithilfe der Keplerschen Formel:
> $$\int_0^3 (x^3 - 4x^2 + 4x + 1)\, dx.$$
> sn.pub/ba5dsi

4.4.3 Simpsonsche Formel

Die Simpsonsche Formel entsteht durch mehrfache Anwendung der Keplerformel in mehreren Teilintervallen n. Zu beachten ist, dass hier die Anzahl **n gerade** sein muss. Die Simsponsche Formel gilt in der Praxis als eine der besten Formeln der numerischen Integration (Abb. 4.5).

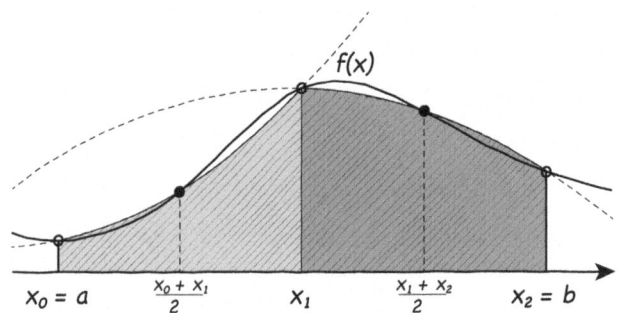

Abb. 4.5 Simpsonsche Formel für die numerische Integration

Simpsonsche Formel: Die Simpsonsche Formel ist eine numerische Integrationsmethode, die das bestimmte Integral einer Funktion $f(x)$ über das Intervall $[a, b]$ durch eine Parabelinterpolation approximiert. Sie lautet:

$$\int_a^b f(x)\, dx \approx \frac{b-a}{3n}[f(x_0) + 4f(x_1) + 2f(x_2) + 4f(x_3) + \cdots + 4f(x_{n-1}) + f(x_n)].$$

Diese Regel liefert besonders präzise Ergebnisse für glatte Funktionen und erfordert eine gerade Anzahl von Teilintervallen n.

Numerische Integration mit der Simpsonschen Formel

Berechne näherungsweise mithilfe der Simpsonschen Formel:
$\int_0^1 \sqrt{1-x^2}\, dx$, wenn das Integrationsintervall in $n=4$ gleich breite Teilintervalle zerlegt wird.

sn.pub/yry6rb

4.5 Uneigentliche Integrale

Der Begriff des bestimmten Integrals wurde unter der Voraussetzung einer beschränkten Funktion $f(x)$ und eines endlichen Integrationsintervalls eingeführt. Die uneigentlichen Integrale stellen eine Erweiterung dieses Begriffs auf unbeschränkte Funktionen und unbeschränkte Integrationsintervalle dar (Abb. 4.6).

4.5.1 Integrale mit unendlichen Integrationsgrenzen

Uneigentliche Integrale werden durch Grenzwertbildung bestimmt. Ist der jeweilige Grenzwert vorhanden, so heißt das unendliche Integral **konvergent**, sonst **divergent**.

Abb. 4.6 Das Integrationsgebiet ist die abgeschlossene Halbachse $[0, \infty)$

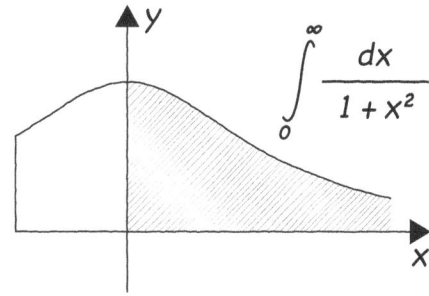

Fallunterscheidung nach Integrationsgrenze: Bei Integralen mit unendlichen Integrationsgrenzen, wie $\int_a^\infty f(x)\, dx$ oder $\int_{-\infty}^b f(x)\, dx$, erfolgt eine Fallunterscheidung, indem das unendliche Integral als Grenzwert eines bestimmten Integrals betrachtet wird:

$$\int_a^\infty f(x)\, dx = \lim_{b \to \infty} \int_a^b f(x)\, dx \quad \text{bzw.} \quad \int_{-\infty}^b f(x)\, dx = \lim_{a \to -\infty} \int_a^b f(x)\, dx.$$

Wenn das Definitionsgebiet einer Funktion die **gesamte Zahlengerade** $(-\infty, +\infty)$ ist, definiert man ebenso:

$$\int_{-\infty}^{\infty} f(x)\, dx = \lim_{\gamma \to -\infty} \int_{\gamma}^{c} f(x)\, dx + \lim_{\lambda \to \infty} \int_{c}^{\lambda} f(x)\, dx$$

Dabei streben die beiden Zahlen λ und γ unabhängig von einander gegen unendlich.

Unendliche Integrationsintervalle

Berechne das uneigentliche Integral $\int_{1}^{\infty} \dfrac{1}{x^3}\, dx$.

sn.pub/njh1wf

Berechne das uneigentliche Integral $\int_{0}^{\infty} \sqrt{x}\, dx$.

sn.pub/izph96

Berechne das uneigentliche Integral $\int_{-\infty}^{\infty} \dfrac{1}{1+x^2}\, dx$.

sn.pub/x7suqz

4.5.2 Integrale mit unbeschränktem Integranden

Die geometrische Bedeutung der Integrale unstetiger Funktionen besteht darin, dass mit ihnen Flächen von Figuren ermittelt werden, die sich längs einer vertikalen Asymptote ins Unendliche erstrecken (Abb. 4.7).

Abb. 4.7 Die Funktion $f(x)$ besitzt an der oberen Integrationsgrenze $x = c$ einen Pol

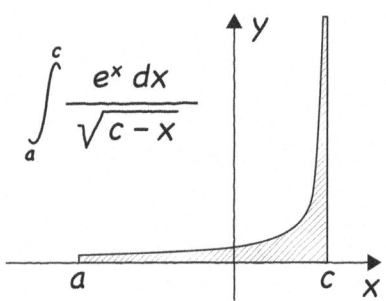

Fallunterscheidung nach Integrationsgrenze:

1. Die Funktion $f(x)$ besitzt an der **oberen Integrationsgrenze** $x = b$ einen Pol.
   Lösung: Man setzt $\lambda > 0$. Dann: $\int_a^b f(x)\,dx = \lim_{\lambda \to 0} \int_a^{b-\lambda} f(x)\,dx$
2. Die Funktion $f(x)$ besitzt an der **unteren Integrationsgrenze** $x = a$ einen Pol.
   Lösung: Man setzt $\mu > 0$. Dann: $\int_a^b f(x)\,dx = \lim_{\mu \to 0} \int_{a+\mu}^b f(x)\,dx$
3. Die Funktion $f(x)$ besitzt einen **Pol im Inneren des Integrationsintervalls** (an der Stelle $x = c$ mit $a < c < b$)
   Lösung: $\int_a^b f(x)\,dx = \lim_{\mu \to 0} \int_a^{c-\mu} f(x)\,dx + \lim_{\mu \to 0} \int_{c+\mu}^b f(x)\,dx$

Integration mit einer Polstelle an der oberen Integrationsgrenze

 Berechne das uneigentliche Integral $\int_0^1 \frac{1}{\sqrt{1-x}}\,dx$.

sn.pub/ytla62

Achtung! Die Berechnung uneigentlicher Integrale kann bei mechanischer Anwendung der Formel $\int_a^b f(x)dx = [F(x)]_a^b$ mit $F'(x) = f(x)$ ohne Berücksichtigung der singulären Punkte im Inneren des Intervalls $[a,b]$ zu groben Fehlern führen. So erhält man durch Anwendung des Fundamentalsatzes der Analysis am Beispiel $\int_{-2}^{2} \frac{2x}{x^2-1}\,dx = \ln(x^2-1)|_{-2}^{2} = \ln 3 - \ln 3 = 0$, während dieses Integral in Wirklichkeit divergiert.

Allgemeine Regel: Der Hauptsatz der Integralrechnung darf nur angewendet werden, wenn die Stammfunktion von $f(x)$ im singulären Punkt stetig ist.

4.6 Anwendungen der Integralrechnung

4.6.1 Berechnung von Flächeninhalten

Wenn eine Kurve teils oberhalb, teils unterhalb der x-Achse verläuft, muss die Fläche in Teilflächen zerlegt werden (Abb. 4.8). Dazu werden die Nullstellen von $f(x)$ im Intervall $[a,b]$ benötigt. Wenn die Kurve unterhalb der x-Achse verläuft, ist $A = \left| \int_a^b f(x)\,dx \right|$.

Abb. 4.8 Positiver und negativer Flächeninhalt beim bestimmten Integral

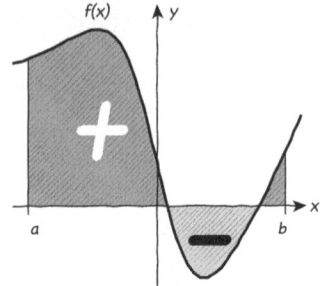

Flächeninhalte

Berechne den Flächeninhalt zwischen der Polynomfunktion $f(x) = x^3 - 3x^2 - 6x + 8$, der x-Achse und den Parallelen $x = -2,5$ und $x = 3$.
sn.pub/l6mlin

Berechne den Flächeninhalt zwischen der Polynomfunktion $f(x) = -\dfrac{x^2}{4} + 3$, der x-Achse und den Parallelen $x = -1$ und $x = 3$.
sn.pub/ot4gzn

Berechne den Flächeninhalt zwischen der Polynomfunktion $f(x) = -\dfrac{x^2}{2} + 2x$, der x-Achse und den Parallelen $x = 0$ und $x = 5$.
sn.pub/erolax

Berechne den Flächeninhalt zwischen der Polynomfunktion $f(x) = \dfrac{x^4}{2} - 2x^2 + 3$, der x-Achse und den Parallelen $x = -2$ und $x = 2$.
sn.pub/gf5fqn

Berechne den Flächeninhalt zwischen der Polynomfunktion $f(x) = -\dfrac{x^3}{2} + 3x$, der x-Achse und den Parallelen $x = -2$ und $x = 2$.
sn.pub/qedr9n

4.6 Anwendungen der Integralrechnung

Der Flächeninhalt zwischen zwei Kurven beträgt $A = \int_a^b [g(x) - f(x)]\, dx$, wobei $g(x)$ die Gleichung der oberen Randkurve und $f(x)$ die Gleichung der unteren Randkurve darstellt (Abb. 4.9).

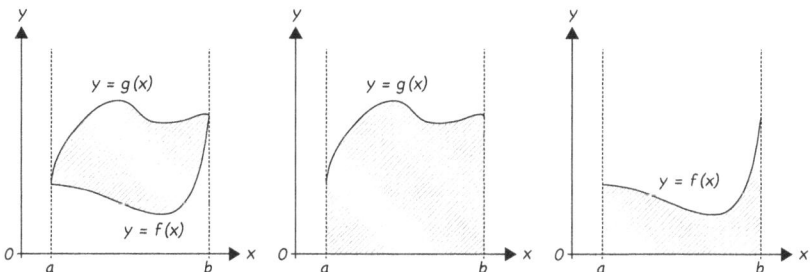

Abb. 4.9 Berechnung des Flächeninhalts zwischen zwei Kurven mit dem bestimmten Integral

Flächeninhalt zwischen zwei Kurven

Bestimme den Flächeninhalt zwischen der Parabel $f(x) = -x^2 + 4x + 2$ und der Geraden $g(x) = -x + 6$.
sn.pub/0oewn3

Bestimme den Flächeninhalt zwischen der Parabel $f(x) = 2,5x^2 - 8,75x$ und der Kurve $g(x) = 2x^3 - 12x^2 + 16x$.
sn.pub/ab6pax

4.6.2 Volumen eines Rotationskörpers

Rotationskörper wird in der Geometrie ein Körper genannt, dessen Oberfläche durch Rotation einer erzeugenden Kurve um eine Rotationsachse gebildet wird.

Volumen bei Rotation um die x-Achse: Bei Drehung einer Kurve mit der Gleichung $y = f(x), a \leq x \leq b$ um die x-Achse entsteht ein Rotationskörper vom Volumen (Abb. 4.10)

$$V = \pi \cdot \int_a^b [f(x)]^2 dx = \pi \cdot \int_a^b y^2 dx.$$

Abb. 4.10 Rotationskörper, der durch Drehung einer Kurve $y = f(x)$ um die x-Achse entsteht

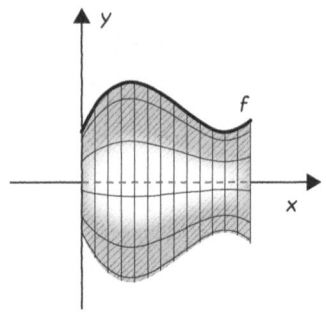

Volumen bei Rotation um die x-Achse

Bestimme das Volumen des Rotationskörpers, der durch Drehung der Kosinuskurve $y = \cos x$ im Intervall $0 \leq x \leq \frac{\pi}{2}$ um die x-Achse entsteht.

sn.pub/9v5lzj

Bestimme das Volumen des Rotationskörpers, der durch Drehung der Geraden $y = \dfrac{R}{H}x$ im Intervall $0 \leq x \leq H$ um die x-Achse entsteht.

sn.pub/cx5aa5

Volumen bei Rotation um die y-Achse: Bei der Rotation einer Fläche um die y-Achse, die durch den Graphen der Funktion $f(x)$ im Intervall $[a, b]$ sowie die beiden Linien $y = \min(f(a), f(b)) = c$ und $y = \max(f(a), f(b)) = d$ begrenzt wird, muss die Funktion $y = f(x)$ zur Umkehrfunktion $x = f^{-1}(y) = g(y)$ umgeformt werden. Diese Umkehrfunktion existiert, wenn f stetig und streng monoton ist. Wird nun die Kurve $x = g(y)$ im Intervall $c \leq y \leq d$ um die y-Achse rotiert, entsteht ein Rotationskörper mit dem Volumen

$$V = \pi \int_c^d [g(y)]^2 \, dy = \pi \int_c^d x^2 \, dy,$$

wie in Abb. 4.11 gezeigt.

4.6 Anwendungen der Integralrechnung

Abb. 4.11 Rotationskörper, der durch Drehung einer Kurve $x = g(y)$ um die y-Achse entsteht

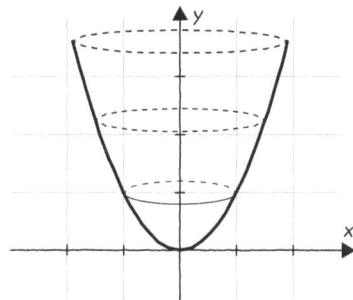

Volumen bei Rotation um die y-Achse

Bestimme das Volumen des Rotationskörpers, der durch Drehung der Parabel $y = 0{,}5x^2 + 10$ im Intervall $-4 \leq x \leq 4$ um die y-Achse entsteht.

sn.pub/19u8ga

Bestimme das Volumen des Rotationskörpers, der durch Drehung der Wurzelfunktion $y = \sqrt{x}$ im Intervall $0 \leq y \leq 2$ um die y-Achse entsteht.

sn.pub/mqhiaz

4.6.3 Linearer Mittelwert

Der lineare Mittelwert einer Funktion, auch als arithmetisches Mittel oder Durchschnitt bezeichnet, wird verwendet, um die zentrale Tendenz einer Funktion über einem bestimmten Intervall zu quantifizieren. Mathematisch wird der lineare Mittelwert einer Funktion $f(x)$ über dem Intervall $[a, b]$ durch das Integral des Funktionswerts von a bis b dividiert durch die Länge des Intervalls berechnet (Abb. 4.12).

Der lineare Mittelwert besitzt Eigenschaften wie die Additivität, die es erlauben, den Mittelwert von zusammengesetzten Funktionen zu berechnen. Darüber hinaus spielt der lineare Mittelwert in zahlreichen Anwendungen eine entscheidende Rolle, sei es in der Finanzmathematik zur Berechnung von Renditen oder in der Physik zur Ermittlung des Schwerpunkts von Massenverteilungen.

Abb. 4.12 Der Mittelwertsatz der Integralrechnung

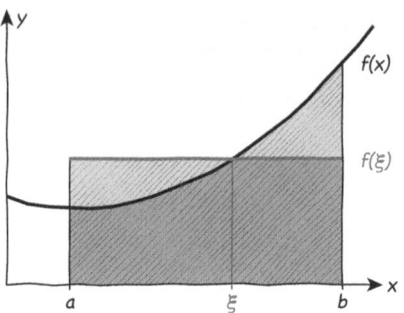

Mittelwerte stetiger Funktionen: Um den Mittelwert m einer gegebenen stetigen Funktion f auf einem Intervall $[a, b]$ zu berechnen, benutzt man die Formel

$$m = \frac{1}{b-a} \int_a^b f(x)\, dx.$$

Mittelwertsatz der Integralrechnung: Geometrische Deutung: Die Fläche unter der Kurve zwischen a und b ist gleich dem Inhalt eines Rechtecks mittlerer Höhe.

$$\int_a^b f(x)\,dx = f(\xi)(b-a)$$

Linearer Mittelwert einer Funktion

 Bestimme den linearen Mittelwert der Funktion $f(x) = \dfrac{x^2}{2}$ im Intervall $1 \leq x \leq 3$.
sn.pub/h3orxm

4.7 Doppelintegrale

Das Doppelintegral einer Funktion $u = f(x, y)$ über ein Flächenstück B wird wie folgt definiert:

$$\int_B f(x, y)\, dB = \iint_B f(x, y)\, dy\, dx.$$

4.7 Doppelintegrale

Dabei ist $u = f(x, y)$ eine Funktion, die über dem Bereich $B = [a, b] \times [c, d] = \{(x, y) : a \leq x \leq b, c \leq y \leq d\}$ definiert ist, mit $f(x, y) \geq 0$ auf B. Gesucht wird das Volumen zwischen der x, y-Ebene und der Fläche $u = f(x, y)$. Ist $f(x, y)$ stetig auf B, gilt:

$$\iint\limits_B f(x, y)\, dy\, dx = \int\limits_{y=c}^{d} \left(\int\limits_{x=a}^{b} f(x, y)\, dx \right) dy = \int\limits_{x=a}^{b} \left(\int\limits_{y=c}^{d} f(x, y)\, dy \right) dx.$$

Geometrisch betrachtet entspricht dies der Berechnung des Rauminhalts eines Körpers, der vom Flächenstück B in der x, y-Ebene, einer Mantelfläche parallel zur z-Achse und einem Teil der Fläche $u = f(x, y)$ begrenzt wird. Das Vorzeichen des Gesamtvolumens ist positiv, wenn die Fläche $u = f(x, y)$ über der x, y-Ebene liegt, und negativ, wenn sie darunter liegt. Schneidet die Fläche die x, y-Ebene, ist das Volumen eine algebraische Summe der Teilvolumina.

Doppelintegrale

Bestimme das Doppelintegral: $\int\limits_{x=0}^{1} \int\limits_{y=0}^{\frac{\pi}{4}} x \cdot \cos(2y)\, dy\, dx$.

sn.pub/7l3hjh

Bestimme das Doppelintegral: $\int\limits_{x=0}^{1} \int\limits_{y=0}^{\sqrt{x}} x \cdot y\, dy\, dx$.

sn.pub/dq6pxz

Bestimme das Doppelintegral: $\int\limits_{y=0}^{1,5} \int\limits_{x=1}^{5y} y \cdot e^x\, dx\, dy$.

sn.pub/rt7eiz

Komplexe Zahlen 5

Das Kapitel über komplexe Zahlen eröffnet einen faszinierenden mathematischen Raum, der weit über die Grenzen der reellen Zahlen hinausgeht. Es beginnt mit der Definition imaginärer und komplexer Zahlen sowie ihrer geometrischen Veranschaulichung in der komplexen Ebene. Unterschiedliche Darstellungsformen – von der kartesischen bis zur polar-exponentiellen Form – machen deutlich, wie vielseitig diese Zahlen sind.

Ein Schwerpunkt liegt auf den Rechenoperationen mit komplexen Zahlen: Addition, Subtraktion, Multiplikation, Division und Potenzieren werden detailliert erklärt. Der Fundamentalsatz der Algebra wird eingeführt, um die Bedeutung komplexer Zahlen als Lösungsmöglichkeit für jede Polynomgleichung aufzuzeigen. Darüber hinaus wird die Berechnung der n-ten Wurzeln komplexer Zahlen sowie die elegante Eulersche Formel behandelt.

Ein praxisnaher Abschnitt widmet sich der Anwendung komplexer Zahlen in der Elektrotechnik, was ihre Relevanz in technischen und naturwissenschaftlichen Feldern verdeutlicht.

> **Mathewelten – Die komplexe Ebene**
>
>  Dieses Video aus der ARTE-Reihe „Mathewelten" erklärt auf unterhaltsame Weise die Grundlagen der komplexen Zahlen und ihre Darstellung in der komplexen Ebene.
> sn.pub/wh6rd3

5.1 Definition und Darstellung

Als **imaginäre Einheit** wird eine Zahl j eingeführt, deren Quadrat „ − 1" ist. Die Einführung der imaginären Einheit führt zu einer Verallgemeinerung des Zahlenbegriffs, zu den komplexen Zahlen, welche mit dem Zeichen $\mathbb{C}$ signalisiert werden (Abb. 5.1).

Abb. 5.1 Die komplexen Zahlen stellen eine Erweiterung des reellen Zahlbegriffs dar und beinhalten als Untermenge alle realen Zahlenbereiche

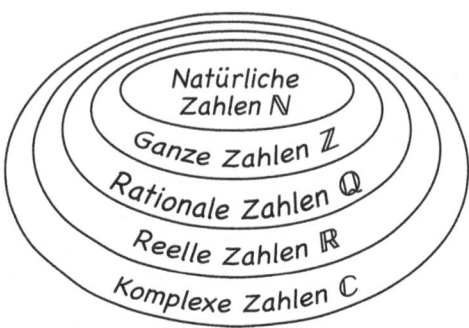

Die komplexen Zahlen – eine Einführung

Am Beispiel der Gleichung $x^2 = -1$, für welche in $\mathbb{R}$ keine Lösung existiert, wird das Konzept der komplexen Zahlen vorgestellt.

sn.pub/itsm0y

5.1.1 Imaginäre und komplexe Zahlen

Eine komplexe Zahl z wird als $z = a + bj$ mit $a, b \in \mathbb{R}$ und der imaginären Einheit j definiert, wobei $j^2 = -1$ gilt; sie kann in der gaußschen Zahlenebene als Punkt (a, b) oder in polarer Form als $z = re^{j\varphi}$ mit $r = |z|$ und $\varphi = \arg(z)$ dargestellt werden.

Allgemeine Form: Die allgemeine Form einer komplexen Zahl lautet:

$$z = a + j \cdot b.$$

Bei j handelt es sich um die komplexe Einheit $j := \sqrt{-1}$. Die Zahl a wird Realteil, die Zahl b Imaginärteil der komplexen Zahl z genannt:

$$a = \mathrm{Re}(z); \quad b = \mathrm{Im}(z)$$

5.1 Definition und Darstellung

Eine komplexe Zahl ist ein Tupel, also ein geordnetes Paar (a, b) aus zwei reellen Zahlen a und b. Wenn a und b alle möglichen reellen Werte durchlaufen, dann werden alle möglichen komplexen Zahlen z erzeugt. Für $b = 0$ wird $z = a$, sodass die reellen Zahlen zum Spezialfall der komplexen Zahlen werden. Für $a = 0$ wird $z = j \cdot b$ eine „rein imaginäre Zahl".

5.1.2 Geometrische Veranschaulichung

Gaußsche Zahlenebene: In Analogie zur Darstellung der reellen Zahlen auf der Zahlengeraden können die komplexen Zahlen als Punkte einer Ebene, der sogenannten **Gaußschen Zahlenebene**, dargestellt werden: Eine Zahl $z = a + j \cdot b$ ist dann ein Punkt mit der Abszisse a und der Ordinate b. Die reellen Zahlen liegen auf der Abszissenachse, die auch reelle Achse genannt wird, die imaginären auf der Ordinatenachse, der imaginären Achse. In der so vorgegebenen Ebene ist jeder Punkt durch einen Radiusvektor eindeutig bestimmt, so dass jeder komplexen Zahl ein bestimmter Vektor entspricht, der in dieser Ebene liegt und vom Koordinatenursprung zu dem betreffenden Punkt führt. Die komplexen Zahlen können also sowohl durch Punkte als auch durch Vektoren dargestellt werden.

Gleichheit und Betrag von komplexen Zahlen:
Zwei komplexe Zahlen sind genau dann gleich, wenn sowohl der Imaginärteil als auch der Realteil gleich sind

$$z_1 = z_2 \Leftrightarrow a_1 = a_2 \wedge b_1 = b_2$$

Betrag: Der Betrag $|z|$ einer **komplexen Zahl** z ist die Länge ihres Vektors in der Gaußschen Zahlenebene:

$$|z| = |a + b \cdot j| = \sqrt{a^2 + b^2}$$

Konjugiert komplexe Zahl: Die komplexe Zahl

$$z^* = (a + jb)^* = a + j(-b) = a - jb$$

heißt die zu $z = a + jb$ konjugiert komplexe Zahl.

Eine konjugiert komplexe Zahl z^* ist durch einen Vorzeichenwechsel im Imaginärteil definiert. Der Vektor wird dabei immer über die reelle Achse gespiegelt (Abb. 5.2).

Beispiel:
$$z = 5 + 3 \cdot j$$
$$z^* = 5 - 3 \cdot j$$

Abb. 5.2 Die Konjugation einer komplexen Zahl verändert deren Betrag nicht

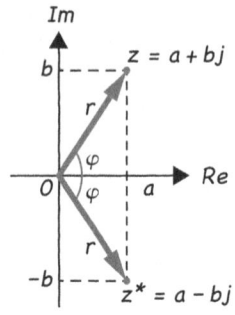

Komponentenform einer komplexen Zahl

Bestimme den Realteil, den Imaginärteil, den Betrag und die komplex konjugierte Zahl zu den folgenden komplexen Zahlen: $z_1 = 1 + 2j$; $z_2 = -2 - 3j$; $z_3 = 5$; $z_4 = 3j$.

sn.pub/0wmi0j

Gaußsche Zahlenebene

Stelle die folgenden Zahlen als Bildpunkte und als Zeiger in der Gaußschen Zahlenebene dar: $z_1 = 3 + 2j$; z_1^*; $z_2 = 2$; $z_3 = -2 + j$
$z_4 = -1 - 2j$; $z_5 = -j$.
sn.pub/268zqb

5.1.3 Darstellungsformen

Algebraische Form: Bei der algebraischen Form (auch Normalform oder kartesische Form genannt) handelt es sich um die Angabe der Abszissen- und Ordinaten-Abstände zum Koordinatenursprung, also die Angabe von Real- und Imaginärteil (Abb. 5.3).

$$z = a + b \cdot j$$

5.1 Definition und Darstellung

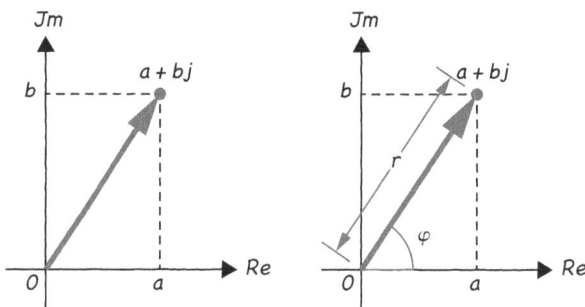

Abb. 5.3 Kartesische Form einer komplexen Zahl (links) und deren Absolutbetrag und Argument (links)

Trigonometrische Form: Wenn Polarkoordinaten anstelle der kartesischen Koordinaten verwendet werden, dann ergibt sich die trigonometrische Form der komplexen Zahlen:

$$z = r \cdot (\cos(\varphi) + j \cdot \sin(\varphi))$$

Die Länge des Radiusvektors eines Punktes $r = |z|$ wird Absolutbetrag der komplexen Zahl genannt, der Winkel φ, gemessen im Bogenmaß, das Argument der komplexen Zahl $arg(z)$:

$$r = |z|; \quad \varphi = \arctan\left(\frac{b}{a}\right)$$

Trigonometrische Darstellung komplexer Zahlen

Stelle die folgenden komplexen Zahlen in der Gaußschen Zahlenebene dar: $z_1 = 2 \cdot (\cos 30° + j \cdot \sin 30°)$; $z_2 = 3 \cdot \left[\cos(\frac{3\pi}{4}) + j \cdot \sin(\frac{3\pi}{4})\right]$
$z_3 = 5 \cdot (\cos \pi + j \cdot \sin \pi)$; $z_4 = 3 \cdot (\cos 250° + j \cdot \sin 250°)$
$z_5 = 3 \cdot \left[\cos(\frac{\pi}{2}) + j \cdot \sin(\frac{\pi}{2})\right]$
$z_6 = 4 \cdot \left[\cos(-45°) + j \cdot \sin(-45°)\right]$.
sn.pub/4u5ntx

Exponentialform: Die Exponentialform stellt eine komplexe Zahl sehr kompakt als e-Funktion dar.

$$z = r \cdot e^{j \cdot \varphi}$$

Es gilt die **Eulersche Relation**:

$$e^{j\varphi} = \cos\varphi + j\sin\varphi$$

Polarform: Die Exponentialform und die trigonometrische Form werden unter dem Begriff der **Polarform** zusammengefasst (Abb. 5.4). In der Polarform verhält sich die **komplexe Konjugation** wie folgt:

$$z = a + jb = r \cdot (\cos(\varphi) + j \cdot \sin(\varphi)) = r \cdot e^{j \cdot \varphi}$$

$$z^* = a - jb = r \cdot (\cos(\varphi) - j \cdot \sin(\varphi)) = r \cdot e^{-j \cdot \varphi}$$

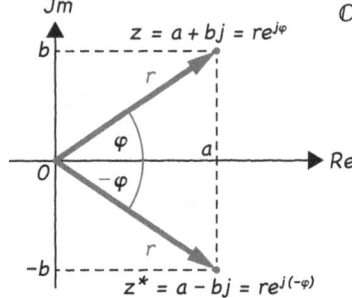

Abb. 5.4 Kartesische und Exponentialform einer komplexen Zahl und deren komplex Konjugierte

---

Komplexe Zahlen in Exponentialform

Stelle die komplexen Zahlen in der Gaußschen Zahlenebene dar: $z_1 = 3 \cdot e^{j45°}$; $z_2 = 4 \cdot e^{j\frac{2\pi}{3}}$; $z_3 = 4 \cdot e^{j\frac{3\pi}{2}}$
$z_4 = 3 \cdot e^{-j110°}$; $z_5 = 6 \cdot e^{j\pi}$; $z_6 = 4 \cdot e^{j340°}$.
sn.pub/8hvrse

Komplexe Zahlen in Polarform

Stelle die komplexen Zahlen in der Gaußschen Zahlenebene dar: $z_1 = 3 \cdot (\cos(30°) + j \cdot \sin(30°))$
$z_2 = 2 \cdot e^{j \cdot \frac{\pi}{2}}$; $z_3 = 4 \cdot e^{-j \cdot 120°}$.
sn.pub/4jfr33

Umrechnung von Polarform in die algebraische Form: Gegeben sei eine komplexe Zahl in Polarform:

$$z = r \cdot e^{j \cdot \varphi} = r \cdot (cos(\varphi) + j \cdot sin(\varphi))$$

5.1 Definition und Darstellung

Daraus errechnet sich die algebraische Form wie folgt:

$$a = r \cdot cos(\varphi); \quad b = r \cdot sin(\varphi) \quad \Rightarrow z = a + b \cdot j$$

Umrechnung von der algebraischen Form in die Polarform: Gegeben sei eine komplexe Zahl in algebraischer Form:

$$z = a + b \cdot j$$

Daraus errechnet sich die Polarform wie folgt:

$$r = |z| = \sqrt{a^2 + b^2}; \quad tan(\varphi) = \frac{b}{a} \quad \Rightarrow z = r \cdot e^{j \cdot \varphi} = r \cdot (cos(\varphi) + j \cdot sin(\varphi))$$

Allgemein ergeben sich für den Hauptwert des Winkels φ in Abhängigkeit vom Quadranten die folgenden Berechnungsformeln (Winkelangabe im Bogenmaß; bei Verwendung des Gradmaßes muss π durch 180° ersetzt werden) (Tab. 5.1):

Tab. 5.1 Berechnung des Hauptwerts des Winkels φ in Abhängigkeit vom Quadranten

Quadrant	I	II, III	IV
$\varphi =$	$\arctan\left(\frac{b}{a}\right)$	$\arctan\left(\frac{b}{a}\right) + \pi$	$\arctan\left(\frac{b}{a}\right) + 2\pi$

Umrechnung von Polarform in algebraische Form

Berechne die kartesische Form der komplexen Zahlen:
$z_1 = 2 \cdot (\cos 30° + j \cdot \sin 30°); z_2 = 3 \cdot e^{j\frac{3\pi}{4}}$
$z_3 = 5 \cdot (\cos \pi + j \cdot \sin \pi); z_4 = 3 \cdot e^{j250°}$
$z_5 = 4 \cdot [\cos(\frac{\pi}{2}) + j \cdot \sin(\frac{\pi}{2})]; z_6 = 4 \cdot e^{-j45°}$.
sn.pub/4mk6d4

Umrechnung von algebraischer Form in Polarform

Bestimme die Exponentialform der komplexen Zahlen und stelle diese als Zeiger dar: $z_1 = 2+4j; z_2 = -3+j; z_3 = 5-j$.
sn.pub/3gg74k

Bestimme die trigonometrische Form und die Exponentialform der komplexen Zahlen und stelle diese als Zeiger dar:
$z_1 = 3 + 2j; z_2 = 4j; z_3 = -3 + 2j$.
sn.pub/rnjscq

(Fortsetzung)

Bestimme die Exponentialform der komplexen Zahlen und stelle diese als Zeiger dar: $z_1 = 3 + 4j$; $z_2 = -4 + 2j$; $z_3 = -8 - 3j$; $z_4 = 4 - 4j$.

sn.pub/myeas3

5.2 Rechnen mit komplexen Zahlen

Die Rechnung mit komplexen Zahlen umfasst Addition und Subtraktion komponentenweise, Multiplikation nach der Distributivregel unter Beachtung von $j^2 = -1$, Division durch Multiplikation mit dem konjugierten Wert sowie die Darstellung in Polarform zur vereinfachten Berechnung von Potenzen und Wurzeln mithilfe der Formel von de Moivre.

5.2.1 Addition und Subtraktion

Die Summe oder Differenz einer komplexe Zahl ergibt sich durch die Summe oder Differenz der Real- und Imaginärteile beider Zahlen. Diese Berechnung wird in der algebraischen Form durchgeführt (Abb. 5.5).

$$z_1 \pm z_2 = (a_1 \pm a_2) + j \cdot (b_1 \pm b_2)$$

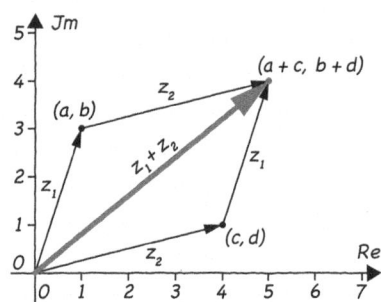

Abb. 5.5 In der geometrischen Interpretation werden zur Summen- bzw. Differenzbildung die Vektoren der betreffenden komplexen Zahlen addiert bzw. subtrahiert. Dabei werden die üblichen Regeln der Vektorrechnung angewendet

Addition und Subtraktion von komplexen Zahlen

Berechne Summe und Differenz der beiden komplexen Zahlen: $z_1 = 3 + j$; $z_2 = 1 + 2j$.

sn.pub/nuhmpd

(Fortsetzung)

 Berechne Summe und Differenz der komplexen Zahlen:
$z_1+z_2, z_1-z_2, z_3+z_4$ und z_3-z_4 mit $z_1 = 4-5j; z_2 = 2+11j$;
$z_3 = 3 \cdot e^{j30°}$
$z_4 = 2 \cdot \left[\cos(\frac{\pi}{4}) + j \cdot \sin(\frac{\pi}{4})\right]$.
sn.pub/70nj44

5.2.2 Multiplikation

Unter dem Produkt $z_1 \cdot z_2$ zweier komplexer Zahlen $z_1 = a_1+jb_1$ und $z_2 = a_2+jb_2$ wird die komplexe Zahl

$$z_1 \cdot z_2 = (a_1 a_2 - b_1 b_2) + j(a_1 b_2 + a_2 b_1)$$

verstanden. Es ist zu berücksichtigen, dass die Multiplikation einer komplexen Zahl z mit j eine Drehung ihres Vektors um den Winkel $\pi/2$ bedeutet, während die Länge des Vektors gleich bleibt (Abb. 5.6).

Multiplikation in Exponentialform:

$$z_1 \cdot z_2 = (r_1 \cdot r_2) \cdot e^{j \cdot (\varphi_1 + \varphi_2)}$$

In der geometrischen Interpretation wird der Produktvektor, der das Produkt von z_1 und z_2 darstellt, durch Drehung des Vektors z_1 im entgegengesetzten Uhrzeigersinn um den Winkel, der dem Argument von z_2 entspricht, gedreht und durch Multiplikation dieses Vektors mit dem Faktor $|z_2|$ gestreckt. Das Produkt $z_1 z_2$ kann auch durch Konstruktion eines ähnlichen Dreiecks gewonnen werden.

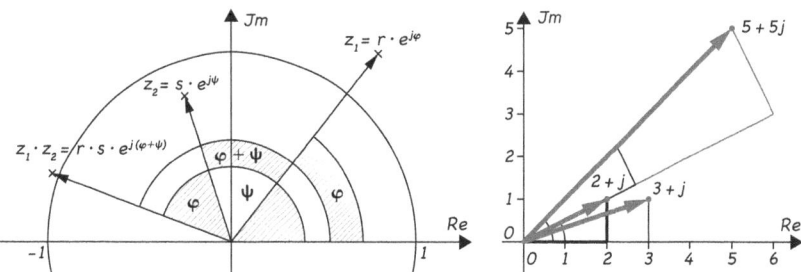

Abb. 5.6 Die Multiplikation von zwei komplexen Zahlen entspricht dem Addieren der Winkel und dem Multiplizieren der Beträge

Multiplikation von komplexen Zahlen

Bestimme das Produkt der komplexen Zahlen $z_1 \cdot z_2$, $z_2 \cdot z_3$ und $z_4 \cdot z_5$ mit $z_1 = 2 - 4j$; $z_2 = -3 + 5j$; $z_3 = -1 + 2j$; $z_4 = 3 \cdot e^{j30°}$; $z_5 = 2 \cdot e^{j80°}$.
sn.pub/uwdmlr

Bestimme die Summe und das Produkt der komplexen Zahlen $z_1 = 5 + 7j$ und $z_2 = 4 - 2j$.
sn.pub/sg2w35

Bestimme das Produkt der komplexen Zahlen $z_1 \cdot z_2$ und $z_3 \cdot z_3^*$ mit $z_1 = 5 + 4j$; $z_2 = 2 - 3j$; $z_3 = a + bj$.
sn.pub/9nrg91

Bestimme das Produkt der komplexen Zahlen $z_1 \cdot z_2$ mit $z_1 = 2 \cdot e^{j \cdot 20°}$ und $z_2 = 3 \cdot e^{j \cdot 50°}$.
sn.pub/ds10w4

Multipliziere die komplexe Zahle $z_1 = 1 + 2j$ mit j.
sn.pub/6w5cwp

5.2.3 Division

Die Division zweier komplexer Zahlen wird als die zur Multiplikation inverse Operation definiert (Abb. 5.7).

Für die Division der komplexen Zahl $z_1 = a + bj$ durch die komplexe Zahl $z_2 = c + dj$ mit $z_2 \neq 0$ erweitert man den Bruch mit der zum Nenner z_2 konjugiert komplexen Zahl $z_2^* = c - dj$. Der Nenner wird dadurch reell (und ist gerade das Quadrat des Betrages von $c + dj$)

$$\frac{z_1}{z_2} = \frac{(a + bj)(c - dj)}{(c + dj)(c - dj)} = \frac{ac + bd}{c^2 + d^2} + \frac{bc - ad}{c^2 + d^2}j$$

5.2 Rechnen mit komplexen Zahlen

Abb. 5.7 Die Division von zwei komplexen Zahlen entspricht dem Subtrahieren der Winkel und dem Dividieren der Beträge

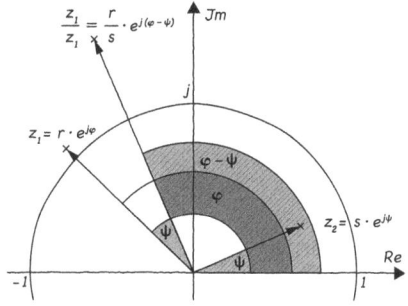

Division in Exponentialform: Die Division zweier komplexer Zahlen in Exponentialform $z_1 = r_1 e^{j\varphi_1}$ und $z_2 = r_2 e^{j\varphi_2}$ erfolgt durch Division der Beträge und Subtraktion der Argumente:

$$\frac{z_1}{z_2} = \frac{r_1}{r_2} e^{j(\varphi_1 - \varphi_2)}$$

Division von komplexen Zahlen

Berechne den Quotienten der komplexen Zahlen $z_1 = 5 - 7j$ und $z_2 = 2 + 3j$.
sn.pub/zuztgq

Dividiere die komplexe Zahl $z_1 = -4 + 3j$ durch j.
sn.pub/uupsfo

Berechne die Quotienten: $\dfrac{1 + 5j}{3 + 2j}$, $\dfrac{1}{2 - j}$ und $\dfrac{1}{j}$.
sn.pub/2qoosy

Bilde den Kehrwert der komplexen Zahl $z_1 = 0,8 + 1,4j$.
sn.pub/wnktsd

(Fortsetzung)

Gegeben sind die komplexen Zahlen $z_1 = 6 + 8j$ und $z_2 = 3 + 4j$. Bestimme: $|z_1|$; $|z_2|$; $|z_1 \cdot z_2|$; $\left|\dfrac{z_1}{z_2}\right|$

sn.pub/now29x

Berechne den Quotienten $\dfrac{1+5j}{3+2j}$ in Expontentialform.

sn.pub/heibz4

Berechne die Quotienten $\dfrac{4-8j}{3+4j}$ und $\dfrac{4 \cdot e^{j140°}}{2 \cdot e^{j90°}}$.

sn.pub/4lr359

Berechne: $z_1 = 1 + \dfrac{j \cdot (-5+3j)^*}{(1+j) \cdot (3+20j)}$.

sn.pub/rhcj4t

5.2.4 Potenzieren einer komplexen Zahl

Für natürliche Zahlen n berechnet sich die n-te Potenz in der polaren Form $z = re^{j\varphi}$ zu

$$z^n = r^n \cdot e^{jn\varphi} = r^n \cdot (\cos n\varphi + j \cdot \sin n\varphi)$$

Eine komplexe Zahl wird die die **n-te Potenz** erhoben, indem man ihren Betrag r in die **n-te Potenz** erhebt und ihr Argument (ihren Winkel) φ mit dem Exponenten n **multipliziert**.

Für die **Potenzen** der imaginären Einheit j gilt:

$$j^2 = j \cdot j = -1; \quad j^3 = -j; \quad j^4 = +1$$

Potenzen der imaginären Einheit *j*

Bestimme j^1; j^2; j^3; j^4.

sn.pub/p5jak0

Satz von de Moivre: Der Satz von de Moivre besagt, dass für eine komplexe Zahl $z = re^{j\varphi}$ und eine natürliche Zahl n gilt:

$$(z^n) = (re^{j\varphi})^n = r^n e^{jn\varphi}$$

bzw.

$$(\cos x + j \sin x)^n = \cos(nx) + j \sin(nx)$$

wodurch Potenzen komplexer Zahlen in Polarform besonders einfach berechnet werden können.

Potenzieren von komplexen Zahlen

Bestimme die Potenzen der komplexen Zahlen
$z_1 = 2 \cdot [\cos(\frac{\pi}{3}) + j \cdot \sin(\frac{\pi}{3})]$, $z_1^3 = ?$ und
$z_2 = 1,2 - 2,5 \cdot j$, $z_2^6 = ?$.
sn.pub/6lc0wz

Gegeben: $z = 1 + 2j$; bestimme: $z^3 = ?$.
sn.pub/m45gs4

Gegeben: $z_1 = 1 + j$; bestimme: $z_1^{12} = ?$
Gegeben: $z_2 = 3 - 4j$; bestimme: $z_2^6 = ?$
sn.pub/9vk5tv

5.2.5 Fundamentalsatz der Algebra

Eine algebraische Gleichung n-ten Grades

$$a_n z^n + a_{n-1} z^{n-1} + \ldots + a_1 z + a_0 = 0$$

besitzt in $\mathbb{C}$ stets genau n Lösungen, wobei mehrfache Lösungen entsprechend oft gezählt werden.

Fundamentalsatz der Algebra

Bestimme die Lösungen deralgebraische Gleichung 3. Grades $z^3 - z^2 + 4z - 4 = 0$.
sn.pub/el2bp2

Bestimme die Lösungen der algebraischen Gleichung 2. Grades $\frac{1}{2}x^2 - x + \frac{5}{2} = 0$.
sn.pub/5n7gll

5.2.6 Ziehen der *n*-ten Wurzel aus einer komplexen Zahl

Das Wurzelziehen ist eine zum Potenzieren inverse Operation. Während Addition, Subtraktion, Multiplikation, Division und Potenzieren mit ganzzahligen Exponenten zu eindeutigen Ergebnissen führen, liefert das Ziehen der *n*-ten Wurzel stets n verschiedene Lösungen z_k.

Fasst man $\mathbb{C}$ als Ebene $\mathbb{R} \times \mathbb{R}$ auf, in der die reellen Zahlen als eine ausgezeichnete Gerade $\mathbb{R} \times 0$ die Ebene in zwei Halbebenen teilt und die positiven Zahlen sich rechts befinden, dann wird die Zahl j in die obere und $-$j in die untere Halbebene platziert.

Gleichzeitig mit dieser Orientierung wird der Nullpunkt 0×0 durch die Funktion $e^{j\varphi}$ für wachsendes reelles φ im mathematisch positiven Sinn (also entgegen dem Uhrzeigersinn) umlaufen, so dass $e^{\pm \frac{\pi}{2} j} = \pm j$ ist. Mit dieser Maßgabe lassen sich inhärent mehrdeutige Wurzeln im Komplexen auf eindeutige Real- und Imaginärteile (Hauptwerte) festlegen.

Als die *n*-ten Wurzeln einer komplexen Zahl $a \in \mathbb{C}$ bezeichnet man die Lösungen der Gleichung ($a_0 > 0; n = 2, 3, 4, \ldots$)

$$z^n = a = a_0 \cdot e^{j\alpha}$$

welche im Komplexen genau *n* verschiedene Lösungen (Wurzeln) besitzt:

$$z_k = r \cdot (\cos \varphi_k + j \cdot \sin \varphi_k) = r \cdot e^{j\varphi_k}$$

mit

$$r = \sqrt[n]{a_0}; \quad \varphi_k = \frac{\alpha + k \cdot 2\pi}{n}; \quad k = 0, 1, 2, \ldots n-1$$

Die zugehörigen Bildpunkte liegen in der Gaußschen Zahlenebene auf dem Mittelpunktskreis mit dem Radius $R = \sqrt[n]{a_0}$ und bilden die Ecken eines regelmäßigen n-Ecks (Abb. 5.8).

Abb. 5.8 Die fünf fünften Wurzeln aus $1 + j \cdot \sqrt{3} = 2 \cdot e^{\pi \cdot \frac{j}{3}}$

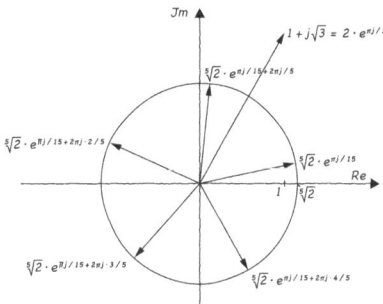

Einheitswurzeln: Der Sonderfall $a = 1$ wird als n-te Kreisteilungsgleichung bezeichnet, die Lösungen als n-te **Einheitswurzeln**. Die Bezeichnung **Kreisteilungsgleichung** erklärt sich, wenn man ihre Lösungen in der Gaußschen Ebene betrachtet: Die n-ten Einheitswurzeln teilen den Kreis mit dem Radius 1 und dem Koordinatenursprung als Mittelpunkt in n gleiche Teile, sie bilden die Eckpunkte eines in den Kreis einbeschriebenen regulären n-Ecks.

Wurzeln aus komplexen Zahlen

 Bestimme alle sechsten Wurzeln aus 1 und stelle sie in der Gaußschen Zahlenebene dar!
sn.pub/q2cqio

 Bestimme alle fünften Wurzeln aus $4 - 4j$ und stelle sie in der Gaußschen Zahlenebene dar!
sn.pub/2qcfde

 Ermittle die Lösungen der folgenden Gleichungen:
$z^6 = 1$
$z^4 = 3 + 2j$
sn.pub/t7gwt2

5.2.7 Eulersche Formel

Die Eulersche Formel (**Eulersche Relation**) ist eine Gleichung, die eine grundsätzliche Verbindung zwischen den trigonometrischen Funktionen und den komplexen Exponentialfunktionen mittels komplexer Zahlen darstellt.

$$e^{jx} = \cos(x) + j\sin(x)$$

Herleitung der Eulerschen Formel: Die eulersche Formel lässt sich aus Taylor-Reihen mit Entwicklungsstelle $x_0 = 0$ der Funktionen e^x, $\sin x$ und $\cos x$, $x \in \mathbb{R}$, herleiten

$$\begin{aligned}
e^{jx} &= 1 + jx + \frac{(jx)^2}{2!} + \frac{(jx)^3}{3!} + \frac{(jx)^4}{4!} + \ldots \\
&= \left(1 - \frac{x^2}{2!} + \frac{x^4}{4!} - \ldots\right) + j \cdot \left(x - \frac{x^3}{3!} + \frac{x^5}{5!} - \ldots\right) \\
&= \cos(x) + j \cdot \sin(x)
\end{aligned}$$

Herleitung der Eulerschen Formel

Hier wird die Herleitung der Eulerschen Formel $e^{jx} = \cos(x) + j\sin(x)$ mithilfe von Taylor-Reihen erklärt.
sn.pub/w6bbhf

5.3 Komplexe Zahlen in der Elektrotechnik

Elektrische Stromkreise mit sinusförmigen Wechselströmen im stationären Zustand können wie Gleichstromkreise behandelt werden, wenn für die Schaltelemente Ohm'scher, induktiver und kapazitiver Widerstand komplexe Widerstände eingeführt werden (Abb. 5.9).

Diese **symbolische Methode** der Elektrotechnik ermöglicht die Rechnung mit zeitunabhängigen Größen anstelle zeitabhängiger sinusförmiger Signale.

Voraussetzung dafür sind rein sinusförmige Wechselspannungen und -ströme **gleicher** Frequenz.

5.3 Komplexe Zahlen in der Elektrotechnik

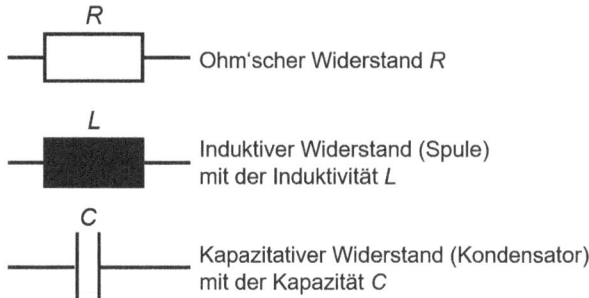

Abb. 5.9 Grundschaltelemente

Komplexer Widerstand (Impedanz) Z: Der komplexe Widerstand (Impedanz) $\underline{Z}$ beschreibt das Verhältnis zwischen der sinusförmigen Wechselspannung $\underline{u}(t)$ und dem zugehörigen Wechselstrom $\underline{i}(t)$ und ermöglicht die Analyse von Wechselstromkreisen mit komplexen Zahlen.

$$\underline{Z} = \frac{\underline{u}(t)}{\underline{i}(t)}$$

wobei: $\underline{u}(t)$ – sinusförmige Wechselspannung $\underline{i}(t)$ – sinusförmiger Wechselstrom

Ersatzwiderstand einer Parallelschaltung: Bei einer **Parallelschaltung** sind die Komponenten (z. B. Widerstände) nebeneinander angeordnet, sodass sich der Strom auf mehrere Zweige aufteilt. Die Spannung ist an allen Elementen gleich, während sich die Ströme addieren (Abb. 5.10).

$$\frac{1}{\underline{Z}_P} = \frac{1}{\underline{Z}_1} + \frac{1}{\underline{Z}_2} \Leftrightarrow \underline{Z}_P = \frac{\underline{Z}_1 \cdot \underline{Z}_2}{\underline{Z}_1 + \underline{Z}_2}$$

Abb. 5.10 Parallelschaltung

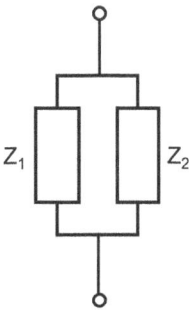

Ersatzwiderstand einer Serienschaltung: Bei einer **Serienschaltung** sind die Komponenten hintereinander angeordnet, sodass alle vom gleichen Strom durchflossen werden. Die Gesamtspannung ergibt sich als Summe der Teilspannungen, und der Gesamtwiderstand entspricht der Summe der Einzelwiderstände (Abb. 5.11).

$$\underline{Z}_S = \underline{Z}_1 + \underline{Z}_2$$

Abb. 5.11 Serienschaltung

Komplexe Rechnung in der Elektrotechnik

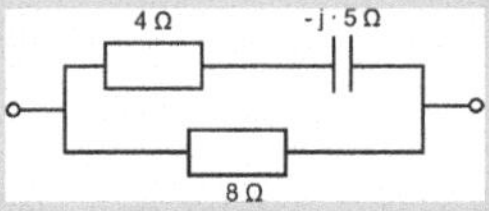

Bestimme Betrag Z und Winkel φ des komplexen Ersatzwiderstandes $\underline{Z}$.
sn.pub/t013mx

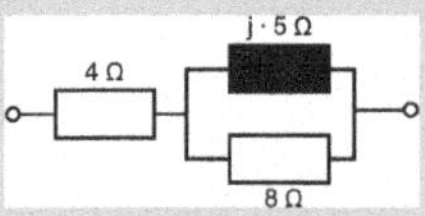

Bestimme Betrag Z und Winkel φ des komplexen Ersatzwiderstandes $\underline{Z}$.
sn.pub/bgfb7q

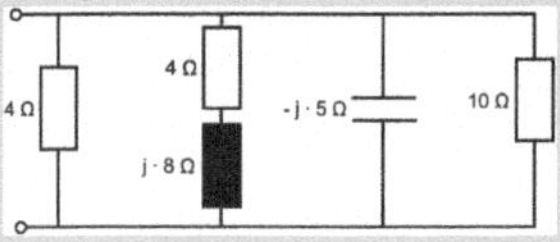

Bestimme Betrag Z und Winkel φ des komplexen Ersatzwiderstandes $\underline{Z}$.
sn.pub/v71wjj

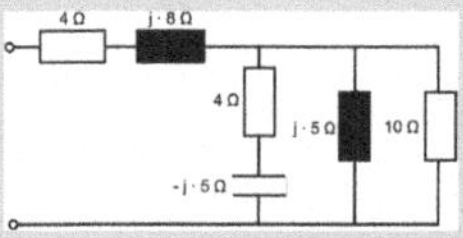

Bestimme Betrag Z und Winkel φ des komplexen Ersatzwiderstandes $\underline{Z}$.
sn.pub/36jt43

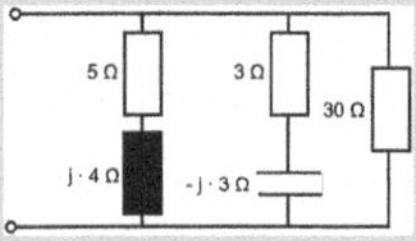

Bestimme Betrag Z und Winkel φ des komplexen Ersatzwiderstandes $\underline{Z}$.
sn.pub/ybyv5b

Unendliche Reihen 6

Das Kapitel über unendliche Reihen führt in die Welt unendlich vieler Summen und ihrer Anwendungen ein. Zunächst werden Zahlenfolgen hinsichtlich ihrer Bildung, Monotonie und Beschränktheit untersucht, wobei der Grenzwert eine zentrale Rolle spielt.

Zahlenreihen entstehen durch Summieren von Zahlenfolgen. Wichtige Konzepte sind Konvergenzkriterien und das Abschätzen des Reihenrestes, um den Fehler zu quantifizieren.

Potenzreihen, die in Mathematik und Physik bedeutend sind, werden hinsichtlich ihrer Definition, Konvergenz und Taylor-Reihenentwicklung erklärt.

Ein Highlight des Kapitels ist die Einführung in Fourierreihen, die periodische Funktionen als Summe von Sinus- und Kosinusfunktionen darstellen, einschließlich der Bestimmung der Koeffizienten und der komplexen Darstellung.

6.1 Zahlenfolgen

Zahlenfolgen sind geordnete Mengen von Zahlen, die nach einem bestimmten Gesetz gebildet werden und deren Konvergenz, Monotonie und Beschränktheit zu analysieren sind.

6.1.1 Bildungsgesetze, Monotonie und Beschränktheit

Ist eine unendliche Menge von Zahlen

$$a_1, a_2, \ldots, a_n, \ldots$$

in einer bestimmten Reihenfolge angeordnet, dann spricht man von einer **unendlichen Zahlenfolge**. Die Zahlen der Zahlenfolge werden **Glieder der Zahlenfolge** genannt. Unter den Gliedern einer Zahlenfolge können auch gleiche Zahlen auftreten. Eine Folge gilt als gegeben, wenn das **Bildungsgesetz der Zahlenfolge**, d. h. eine Regel, bekannt ist, nach der jedes beliebige Glied der Zahlenfolge bestimmt werden kann. Häufig lässt sich eine Formel für das allgemeine Glied a_n angeben.

Man nennt eine Folge $a_1, a_2, \ldots, a_n, \ldots$ **monoton wachsend**, wenn gilt:

$$a_1 \leq a_2 \leq a_3 \leq \ldots \leq a_n \leq \ldots$$

und **monoton fallend**, wenn gilt

$$a_1 \geq a_2 \geq a_3 \geq \ldots \geq a_n \geq \ldots.$$

Eine Folge $a_1, a_2, \ldots, a_n, \ldots$ ist **streng monoton wachsend**, wenn gilt:

$$a_1 < a_2 < a_3 < \ldots < a_n < \ldots$$

und **streng monoton fallend**, wenn gilt

$$a_1 > a_2 > a_3 > \ldots > a_n > \ldots.$$

Eine Folge heißt **beschränkt**, wenn für alle ihre Glieder gilt

$$|a_n| < K,$$

wobei $K > 0$ ist. Existiert eine solche Zahl nicht, dann spricht man von einer **unbeschränkten Folge**.

Beispiele von Folgen:

1. Die Folge $\langle a_n \rangle = \langle (-1)^n \rangle = (-1, 1, -1, 1, -1, 1, \ldots)$ ist weder monoton wachsend noch fallend, also auch nicht monoton.
2. Die Folge $\langle a_n \rangle = \langle \frac{1}{n} \rangle = (1, \frac{1}{2}, \frac{1}{3}, \ldots)$ ist streng monoton fallend, denn bildet man die Differenz zweier aufeinander folgender Folgenwerte $a_n - a_{n+1} = \frac{1}{n(n+1)}$, so ist diese immer echt positiv, demnach ist $a_n > a_{n+1}$. Damit ist diese Folge insbesondere auch monoton fallend und damit auch monoton.
3. Die Folge $\langle a_n \rangle = \langle 3 - \frac{1}{2^{n-2}} \rangle = 1, 2, 2\frac{1}{2}, 2\frac{3}{4}, 2\frac{7}{8}, \ldots$ ist streng monoton wachsend.

6.1.2 Grenzwert einer Folge

Eine unendliche Zahlenfolge hat den **Grenzwert** A, wenn mit unbegrenzt wachsendem Index n die Differenz $a_n - A$ dem Betrag nach sehr klein wird. Genauer formuliert bedeutet das, dass sich zu jeder beliebig kleinen Zahl ϵ ein Index $n_0(\epsilon)$ bestimmen lässt, sodass für alle $n > n_0$ gilt:

$$|a_n - A| < \epsilon.$$

Konvergenz einer Folge: Eine Zahlenfolge $\langle a_n \rangle$, für die ein Grenzwert A existiert, heißt **konvergent** gegen A. Man schreibt dann:

$$\lim_{n \to \infty} a_n = A.$$

Nicht-konvergente Zahlenfolgen heißen **divergent**. Man schreibt dann:

$$\lim_{n \to \infty} a_n = \infty \quad \text{bzw.} \quad \lim_{n \to \infty} a_n = -\infty.$$

Gesetzmäßigkeiten für die Konvergenz von Folgen: Wenn die Folgen $\{a_n\}$ und $\{b_n\}$ konvergieren, gelten folgende Gesetzmäßigkeiten:

$$\lim_{n \to \infty}(a_n + b_n) = \lim_{n \to \infty} a_n + \lim_{n \to \infty} b_n,$$

$$\lim_{n \to \infty}(a_n \cdot b_n) = \left(\lim_{n \to \infty} a_n\right) \cdot \left(\lim_{n \to \infty} b_n\right),$$

$$\lim_{n \to \infty} \frac{a_n}{b_n} = \frac{\lim_{n \to \infty} a_n}{\lim_{n \to \infty} b_n} \quad \text{falls } \lim_{n \to \infty} b_n \neq 0.$$

Grenzwerte von Zahlenfolgen

Bestimme den Grenzwert der Folge $\langle a_n \rangle = \langle \frac{1}{n} \rangle$.
sn.pub/xssrkn

Bestimme den Grenzwert der Folge $\langle a_n \rangle = \langle 1 - \frac{1}{n} \rangle$.
sn.pub/237cx1

Bestimme den Grenzwert der Folge $\langle a_n \rangle = \langle 3 - \frac{1}{n} \rangle$.
sn.pub/0j49mk

(Fortsetzung)

Bestimme den Grenzwert der Folge
$$\langle a_n \rangle = \langle \frac{3n^2 - 4n + 5}{2n^2 + 6n - 1} \rangle.$$
sn.pub/0j49mk

Berechne, wie viele Glieder der Folge mit dem Bildungsgesetz $\langle \frac{1}{n+1} \rangle$ außerhalb der Umgebung $U\left(0; \frac{1}{10}\right)$ liegen!
sn.pub/grrdhb

6.2 Zahlenreihen

Aus den Gliedern a_n einer **unendlichen Zahlenfolge** $\langle a_n \rangle$ kann formal der Ausdruck

$$a_1 + a_2 + \ldots + a_n + \ldots = \sum_{n=1}^{\infty} a_n$$

gebildet werden, der eine **unendliche Reihe** genannt wird Abb. 6.1). Die Summen

$$S_1 = a_1, \quad S_2 = a_1 + a_2, \ldots, S_n = \sum_{k=1}^{n} a_k$$

nennt man **Partialsummen**.

Die Folge $\langle S_n \rangle$ der n-ten Partialsummen heißt Reihe.

Abb. 6.1 Die Reihe $\sum_{n=1}^{\infty} \frac{1}{2n} = \frac{1}{2} + \frac{1}{4} + \frac{1}{8} + \cdots$ konvergiert gegen 1

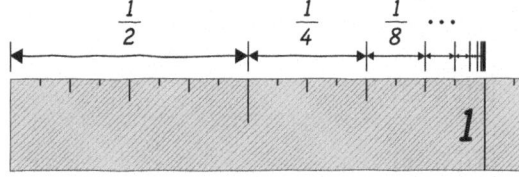

Beispiele von Reihen:

- Aus der Zahlenfolge $\left\langle a_n = \frac{1}{n} \right\rangle = 1, \frac{1}{2}, \frac{1}{3}, \ldots, \frac{1}{n}, \ldots (n \in \mathbb{N})$ entsteht durch Partialsummenbildung die sog. **harmonische Reihe**
$$\sum_{n=1}^{\infty} \frac{1}{n} = 1 + \frac{1}{2} + \frac{1}{3} + \ldots + \frac{1}{n} + \ldots$$

- Aus der geometrischen Folge $\langle a_n = a \cdot q^{n-1} \rangle = a, aq, aq^2, \ldots, aq^{n-1}, \ldots$ ($n \in \mathbb{N}$) entsteht durch Partialsummenbildung die sog. **geometrische Reihe**
$$\sum_{n=1}^{\infty} a \cdot q^{n-1} = a + aq + aq^2 + \ldots + aq^{n-1} + \ldots$$

6.2.1 Konvergenzkriterien

Man spricht von einer **konvergenten Reihe**, wenn die Folge $\langle S_n \rangle$ der Partialsummen konvergiert. Den Grenzwert

$$S = \lim_{n \to \infty} S_n = \sum_{i=0}^{\infty} a_n$$

nennt man **Wert der Reihe** oder **Summe der Reihe**. Wenn der Grenzwert nicht existiert, spricht man von einer divergenten Reihe. In diesem Fall können die Partialsummen unbegrenzt wachsen oder oszillieren. Die Frage nach der Konvergenz einer unendlichen Reihe wird somit auf die Existenz eines Grenzwertes der Folge $\langle S_n \rangle$ zurückgeführt.

Beispiele zur Konvergenz von Reihen:

- Die **geometrische Reihe** $\sum_{n=1}^{\infty} q^{n-1} = 1 + q^1 + q^2 + q^3 + \ldots + q^n + \ldots$ mit der n-ten Partialsumme $S_n = \dfrac{1 - q^n}{1 - q}$ ($q \neq 1$) konvergiert für $|q| < 1$ mit dem Wert $\sum_{n=1}^{\infty} q^{n-1} = \dfrac{1}{1-q}$
- Die **harmonische Reihe** $1 + \frac{1}{2} + \frac{1}{3} + \frac{1}{4} + \ldots \frac{1}{n} + \ldots$ ist divergent.

Konvergenz der geometrischen Reihe

Zeige, dass die geometrische Reihe konvergiert:
$$\sum_{n=0}^{\infty} q^n$$
sn.pub/1zlqwv

Allgemeine Sätze über die Konvergenz von Reihen:
1. **Weglassen von Anfangsgliedern**: Werden endlich viele Anfangsglieder einer Reihe weggelassen oder endlich viele Glieder einer Reihe hinzugefügt, dann ändert sich das Konvergenzverhalten der Reihe nicht.
2. **Multiplikation aller Glieder**: Werden alle Gleider einer konvergenten Reihe mit ein und demselben Faktor c multipliziert, dann bleibt die Konvergenz der Reihe ungestört; ihre Summe ist mit dem Faktor c zu multiplizieren.
3. **Gliedweise Addition oder Subtraktion**: Konvergente Reihen dürfen gliedweise addiert oder subtrahiert werden. Aus der Konvergenz der Reihen $a_1 + a_2 + \ldots + a_n + \ldots = \sum_{k=1}^{\infty} a_k = S_1$ und $b_1 + b_2 + \ldots + b_n + \ldots = \sum_{k=1}^{\infty} b_k = S_2$ folgt die Konvergenz und die Summe der Reihe $(a_1 \pm b_1) + (a_2 \pm b_2) + \ldots + (a_n \pm b_n) + \ldots = S_1 \pm S_2$.
4. **Absolute Konvergenz**: Eine Reihe $\sum_{n=0}^{\infty} a_n$ heißt **absolut konvergent**, wenn die Reihe ihrer Absolutglieder $\sum_{n=0}^{\infty} |a_n|$ konvergiert.

Nullfolgenkriterium: Wenn die Reihe S konvergiert, dann konvergiert die Folge $\langle a_n \rangle$ der Summanden für $n \to \infty$ gegen 0.

$$\lim_{n \to \infty} a_n = 0$$

Anders formuliert: Ist a_n keine Nullfolge, so divergiert die entsprechende Reihe. Das Nullfolgenkriterium ist **notwendig**, aber **nicht hinreichend** (ein Gegenbeispiel ist die harmonische Reihe).

Nullfolgenkriterium

Zeige die Divergenz der unendlichen Reihe:
$$\sum_{n=1}^{\infty} \frac{2n+5}{(3n-2)}$$
sn.pub/zjidg3

Quotientenkriterium von d'Alembert:
Wenn eine Konstante $C < 1$ und ein Index N existieren, sodass für alle $n \geq N$ gilt:

$$\lim_{n \to \infty} \left| \frac{a_{n+1}}{a_n} \right| \leq C < 1,$$

dann konvergiert die Reihe S absolut. Das Quotientenkriterium ist **hinreichend**, aber **nicht notwendig** für die Konvergenz einer Reihe.

6.2 Zahlenreihen

Quotientenkriterium

Zeige, dass die unendliche Reihe konvergiert:
$$\sum_{n=1}^{\infty} \frac{1}{(2n)!}$$
sn.pub/snfv9h

Zeige, dass das Quotientenkriterium bei der harmonischen Reihe versagt.
$$\sum_{n=1}^{\infty} \frac{1}{n}$$
sn.pub/i5bcma

Zeige, dass die folgende Reihe konvergiert, obwohl das Quotientenkriterium versagt:
$$\sum_{n=1}^{\infty} \frac{1}{n \cdot (n+1)}$$
sn.pub/uf8f6r

Zeige, dass die unendliche Reihe konvergiert:
$$\sum_{n=1}^{\infty} \frac{2n^2}{5^n}$$
sn.pub/gz0cak

Wurzelkriterium von Cauchy: Wenn eine Konstante $C < 1$ und ein Index N existiert, sodass für alle $n \geq N$ gilt:

$$\lim_{n \to \infty} \sqrt[n]{|a_n|} \leq C < 1,$$

dann konvergiert die Reihe S absolut. Das Wurzelkriterium ist **hinreichend**, aber **nicht notwendig** für die Konvergenz einer Reihe.

Wurzelkriterium

Zeige, dass die unendliche Reihe konvergiert:
$$\sum_{n=1}^{\infty} \frac{1}{n^n}$$
sn.pub/bmdmym

Integralkriterium von Cauchy: Eine Reihe mit dem allgemeinen Glied $a_n = f(n)$ ist konvergent, wenn $f(x)$ eine monoton fallende Funktion ist und das uneigentliche Integral $\int\limits_{c}^{\infty}$ konvergiert. Eine Reihe mit dem allgemeinen Glied $a_n = f(n)$ ist divergent, wenn dieses Integral divergiert. Die untere Integrationsgrenze c ist zwar beliebig, sie ist jedoch so zu wählen, dass die Funktion $f(x)$ für $c < x < \infty$ definiert und frei von Unstetigkeiten ist.

Integralkriterium

Zeige, dass die unendliche Reihe konvergiert:
$$\sum_{n=1}^{\infty} \frac{1}{n^2}$$
sn.pub/1p39cy

Majorantenkriterium: Das Konvergenzverhalten einer unendlichen Reihe $\sum_{n=1}^{\infty} a_n$ mit positiven Gliedern lässt sich oft mit Hilfe einer geeigneten, konvergenten **Vergleichsreihe** $\sum_{n=1}^{\infty} b_n$ nach dem Majorantenkriterium bestimmen.

Wenn alle Glieder $\langle a_n \rangle$ der Reihe S nicht-negative reelle Zahlen sind, S konvergiert und für alle n gilt $a_n \geq |b_n|$, dann konvergiert auch die Reihe $T = \sum_{n=0}^{\infty} b_n$ absolut, und es ist $|T| \leq S$.

Majorantenkriterium

Zeige, dass die unendliche Reihe konvergiert:
$$\sum_{n=1}^{\infty} \frac{1}{n!}$$
sn.pub/6lr6ek

Minorantenkriterium: Das Konvergenzverhalten einer unendlichen Reihe $\sum_{n=1}^{\infty} a_n$ mit positiven Gliedern lässt sich oft mit Hilfe einer geeigneten divergenten **Vergleichsreihe** $\sum_{n=1}^{\infty} b_n$ nach dem Minorantenkriterium bestimmen.

Wenn alle Glieder $\langle a_n \rangle$ der Reihe S nicht-negative reelle Zahlen sind, S divergiert und für alle n mit nicht-negativen reellen Zahlen b_n gilt $a_n \leq b_n$, dann divergiert auch die Reihe $\sum_{n=0}^{\infty} b_n$.

Minorantenkriterium

Zeige, dass die harmonische Reihe divergiert:
$$\sum_{n=1}^{\infty} \frac{1}{n}$$
sn.pub/pw09x5

Leibniz-Kriterium für alternierende Reihen: Eine Reihe der Form $S = \sum_{n=0}^{\infty}(-1)^n a_n$ mit nicht-negativen a_n wird **alternierende** Reihe genannt. Eine solche Reihe konvergiert, wenn die Folge a_n **monoton** gegen 0 konvergiert, also $\lim_{n\to\infty} a_n = 0$. Das Leibniz-Kriterium ist **hinreichend**, aber **nicht notwendig** für die Konvergenz einer alternierenden Reihe.

Leibniz-Kriterium

Zeige, dass die alternierende Reihe konvergiert:
$$\sum_{n=1}^{\infty}(-1)^{n+1}\frac{1}{n!}$$
sn.pub/lbga2m

Zeige, dass die alternierende Reihe konvergiert:
$$\sum_{n=1}^{\infty}(-1)^n \frac{1}{n^2+2}$$
sn.pub/hctzpo

6.2.2 Abschätzung des Reihenrestes

Unter dem **Rest** oder dem **Restglied** einer konvergenten Reihe $S = \sum_{k=1}^{\infty} a_k$ versteht man die Differenz zwischen ihrer Summe S und der Partialsumme S_n.

$$R_n = S - S_n = \sum_{k=n+1}^{\infty} a_k = a_{n+1} + a_{n+2} + \ldots$$

Um festzustellen, mit welcher Genauigkeit die Summe einer Reihe durch ihre n-te Teilsumme angenähert wird, versucht man, den Betrag des Restausdrucks

$$|S - S_n| = |R_n| = \left| \sum_{k=n+1}^{\infty} a_k \right| \leq \sum_{k=n+1}^{\infty} |a_k|$$

der Reihe $\sum_{k=1}^{\infty} a_k$ abzuschätzen. Dazu benutzt man als Majorante für $\sum_{k=n+1}^{\infty} |a_k|$ eine geometrische oder eine andere Reihe, die sich leicht summieren oder abschätzen lässt.

6.3 Potenzreihen

Potenzreihen werden verwendet, um Funktionen wie e^x, $\sin(x)$ oder $\ln(1 + x)$ zu approximieren, da diese Funktionen in vielen praktischen Anwendungen nicht in geschlossener Form berechnet werden können. Durch die Approximation mittels Potenzreihen können diese Funktionen für beliebige Werte von x mit beliebiger Genauigkeit näherungsweise dargestellt werden, was insbesondere in der numerischen Berechnung und der Lösung von Differentialgleichungen von großer Bedeutung ist. Beispielsweise lässt sich e^x als unendliche Reihe schreiben, die für kleine x schnell konvergiert und eine effiziente Berechnung ermöglicht.

6.3.1 Definition

Eine Potenzreihe $P(x)$ ist eine unendliche Reihe der Form

$$P(x) = \sum_{n=0}^{\infty} a_n (x - x_0)^n$$

mit $(a_n)_{n \in \mathbb{N}_0}$ eine Folge reeller oder komplexer Zahlen und dem Entwicklungspunkt x_0. Funktionen, die sich durch eine Potenzreihe darstellen lassen, werden auch analytische Funktionen genannt.
Einige wichtige Potenzreihen sind:

- **Exponentialfunktion**: $e^x = \exp(x) = \sum_{n=0}^{\infty} \frac{x^n}{n!} = \frac{x^0}{0!} + \frac{x^1}{1!} + \frac{x^2}{2!} + \frac{x^3}{3!} + \cdots$
- **Sinus**: $\sin(x) = \sum_{n=0}^{\infty} (-1)^n \frac{x^{2n+1}}{(2n+1)!} = \frac{x}{1!} - \frac{x^3}{3!} + \frac{x^5}{5!} \mp \cdots$
- **Kosinus**: $\cos(x) = \sum_{n=0}^{\infty} (-1)^n \frac{x^{2n}}{(2n)!} = \frac{x^0}{0!} - \frac{x^2}{2!} + \frac{x^4}{4!} \mp \cdots$

6.3.2 Konvergenzverhalten einer Potenzreihe

Konvergenzradius: Der **Konvergenzradius** ist eine Eigenschaft einer Potenzreihe der Form

6.3 Potenzreihen

$$f(x) = \sum_{n=0}^{\infty} a_n (x - x_0)^n,$$

die angibt, in welchem Bereich der reellen Gerade oder der komplexen Ebene für die Potenzreihe Konvergenz garantiert ist (Abb. 6.2).

Der Konvergenzradius ist als das **Supremum** aller Zahlen $r \geq 0$ definiert, für welche die Potenzreihe für (mindestens) ein x mit $|x - x_0| = r$ **konvergiert**:

$$r := \sup \left\{ |x - x_0| \; \Big| \; \sum_{n=0}^{\infty} a_n (x - x_0)^n \text{ konvergiert} \right\}$$

Falls die Potenzreihe für alle reellen Zahlen bzw. auf der ganzen komplexen Zahlenebene konvergiert, also diese Menge der r (nach oben) unbeschränkt ist, sagt man, der Konvergenzradius ist unendlich: $r = \infty$. Zu jeder Potenzreihe $\sum_{n=0}^{\infty} a_n x^n$ gibt es also eine positive Zahl r, **Konvergenzradius** genannt, mit den folgenden Eigenschaften:

- Die Potenzreihe konvergiert überall im Intervall $|x| < r$
- Die Potenzreihe divergiert überall im Intervall $|x| > r$
- An den Randpunkten $|x| = r$ lassen sich keine allgemeinen Aussagen machen.

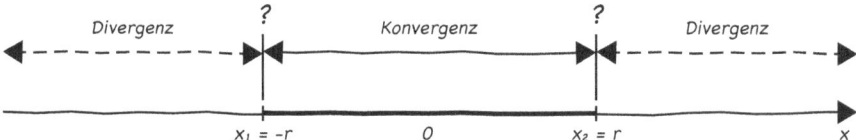

Abb. 6.2 Konvergenzradius einer Potenzreihe

Bestimmung des Konvergenzradius: Der Konvergenzradius lässt sich mit der Formel von **Cauchy-Hadamard** berechnen:

$$r = \frac{1}{\limsup\limits_{n \to \infty} \left(\sqrt[n]{|a_n|} \right)}.$$

Dabei gilt $r = 0$, falls der Limes superior im Nenner gleich $+\infty$ ist, und $r = +\infty$, falls er gleich 0 ist.

Wenn ab einem bestimmten Index alle a_n von 0 verschieden sind und der folgende Limes existiert oder unendlich ist, dann kann der Konvergenzradius einfacher berechnet werden durch:

$$r = \lim_{n\to\infty} \left|\frac{a_n}{a_{n+1}}\right|$$

Diese Formel ist aber nicht immer anwendbar, zum Beispiel bei der Koeffizientenfolge $a_{2n} = 1$, $a_{2n+1} = 1/n$: Die zugehörige Reihe hat den Konvergenzradius 1, aber der angegebene Limes existiert nicht. Die Formel von Cauchy-Hadamard ist dagegen immer anwendbar.

Konvergenzradius

Bestimme den Konvergenzradius von: $\sum_{n=0}^{\infty} x^n$.

sn.pub/6i755g

Bestimme den Konvergenzradius von: $\sum_{n=0}^{\infty} \frac{x^n}{n!}$.

sn.pub/ys6fgo

Bestimme den Konvergenzradius von: $\sum_{n=0}^{\infty} \frac{(-1)^n}{n^2} \cdot 5^n \cdot (x-4)^n$.

sn.pub/hxtzhl

6.3.3 Entwicklung in Potenzreihen (Taylorreihen)

Taylorreihen: Taylorreihen werden verwendet, um eine glatte Funktion in der Umgebung einer Stelle durch eine Potenzreihe darzustellen, welche der Grenzwert der Taylorpolynome ist (Abb. 6.3).

Sei $f: I \subseteq \mathbb{R} \to \mathbb{R}$ eine glatte Funktion und $a \in I$. Dann heißt die unendliche Reihe

$$Tf(x;a) = \sum_{n=0}^{\infty} \frac{f^{(n)}(a)}{n!}(x-a)^n =$$

$$= f(a) + f'(a)(x-a) + \frac{f''(a)}{2}(x-a)^2 + \frac{f'''(a)}{6}(x-a)^3 + \ldots$$

die **Taylorreihe** von f mit **Entwicklungsstelle** a.

6.3 Potenzreihen

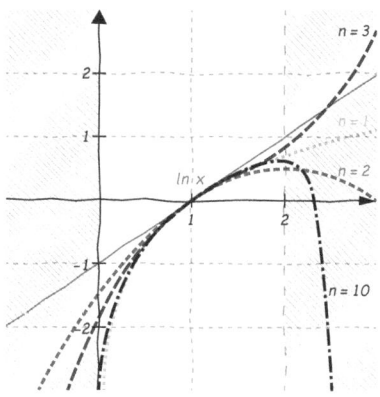

Abb. 6.3 Approximation von ln(x) durch Taylorpolynome der Grade 1, 2, 3 bzw. 10 um die Entwicklungsstelle 1. Die Polynome konvergieren nur im Intervall (0, 2], daher ist der Konvergenzradius = 1

Die Summe der ersten beiden Terme der Taylorreihe

$$T_1 f(x; a) := f(a) + f'(a) \cdot (x - a)$$

nennt man auch **Linearisierung** von f an der Stelle a.
Allgemeiner nennt man die Partialsumme

$$T_N f(x; a) := \sum_{n=0}^{N} \frac{f^{(n)}(a)}{n!} (x - a)^n,$$

das N-**te Taylorpolynom**.

Restglied nach Lagrange: Nach Anwendung der Taylorschen Formel ergibt sich ein Restglied:

$$f(x) = f_n(x) + R_n(x),$$

wobei $f_n(x)$ das Taylorpolynom vom Grad n und $R_n(x)$ das Restglied sind. Die Reihenentwicklung ist für die x-Werte richtig, für die das Restglied $R_n = f(x) - S_n$ beim Übergang $n \to \infty$ gegen Null strebt. Für das Restglied gilt:

$$R_n(x) = \frac{(x - a)^{n+1}}{(n + 1)!} \cdot f^{(n+1)}(\vartheta) \quad (0 < \vartheta < x)$$

Taylor-Reihen

Entwickle die Funktion $f(x) = \ln x$ in eine Taylor-Reihe mit Entwicklungszentrum $x_0 = 1$.
sn.pub/9sodyr

Berechne die Eulersche Zahl e näherungsweise für $n = 5$ mit Hilfe der Taylor-Reihe $\exp(x) = \sum_{n=0}^{\infty} \frac{x^n}{n!}$. Wie groß ist der Fehler?
sn.pub/x9fzn8

Mac Laurinsche Reihe: Die Mac Laurinsche Reihe ist ein Spezialfall einer Taylor-Reihe mit Entwicklungsstelle $x_0 = 0$:

$$f(x) = \sum_{j=0}^{\infty} \frac{f^{(j)}(0)}{j!} x^j = f(0) + f'(0) \cdot x + \frac{1}{2!} f''(0) \cdot x^2 + \ldots$$

Das Betrachten nur endlich vieler Glieder der obigen Reihe liefert die Mac Laurinsche Formel als Spezialfall der Taylor-Formel:

$$f(x) = f(0) + f'(0) \cdot x + \frac{f''(0)}{2!} x^2 + \cdots + \frac{f^{(n)}(0)}{n!} x^n + R_n$$

mit dem Restglied

$$R_n = \frac{x^{n+1}}{(n+1)!} f^{(n+1)}(\theta x) \qquad 0 < \theta < 1$$

Mac Laurinsche Reihe

Entwickle in eine Mac Laurinsche Reihe: $f(x) = e^x$.
sn.pub/eqvqve

Entwickle in eine Mac Laurinsche Reihe: $f(x) = \cos x$.
sn.pub/0awbcq

6.4 Fourierreihen

Als Fourierreihe (nach dem Mathematiker Joseph Fourier) bezeichnet man die Reihenentwicklung einer periodischen, abschnittsweise stetigen Funktion in eine Funktionenreihe aus Sinus- und Kosinusfunktionen. Ist f eine T-periodische Funktion, und ist das Periodenintervall $[0; T]$ in endlich viele Teilintervalle zerlegbar, in denen **f** sowohl **stetig** als auch **monoton** ist, dann kann diese Funktion in eine sogenannte **Fourierreihe** in **Sinus-Kosinus-Form** zerlegt werden. Die Koeffizienten $a_0, a_1, a_2, \ldots, b_1, b_2, \ldots$ heißen **Fourier-Koeffizienten**.

$$s_n(x) = \frac{a_0}{2} + a_1 \cos(\omega x) + a_2 \cos(2\omega x) + \ldots a_n \cos(n\omega x) +$$
$$+ b_1 \sin(\omega x) + b_2 \sin(2\omega x) + \ldots b_n \sin(n\omega x)$$

Dabei gilt für die Kreisfrequenz $\omega = \frac{2\pi}{T}$. Im Fall $T = 2\pi$ ist $\omega = 1$.

6.4.1 Gleichanteil

Das konstante Glied $\frac{a_0}{2}$ hat keinen Einfluss auf die Periodizität; es bedeutet nur eine Verschiebung der Reihe in y-Richtung. $\frac{a_0}{2}$ ist der **lineare Mittelwert von f** über eine Periode und wird in technischen Anwendungen auch als **Gleichanteil** bezeichnet.
Der Gleichanteil $\frac{a_0}{2}$ eines periodischen Signals u ist durch den arithmetischen Mittelwert m_1 über eine Periode T gegeben. Der Flächeninhalt, der oberhalb m_1 liegt, muss gleich dem Flächeninhalt sein, der unterhalb m_1 liegt.

Geometrische Betrachtung des Gleichanteils

Bestimme den Gleichanteil des gegebenen Signals:

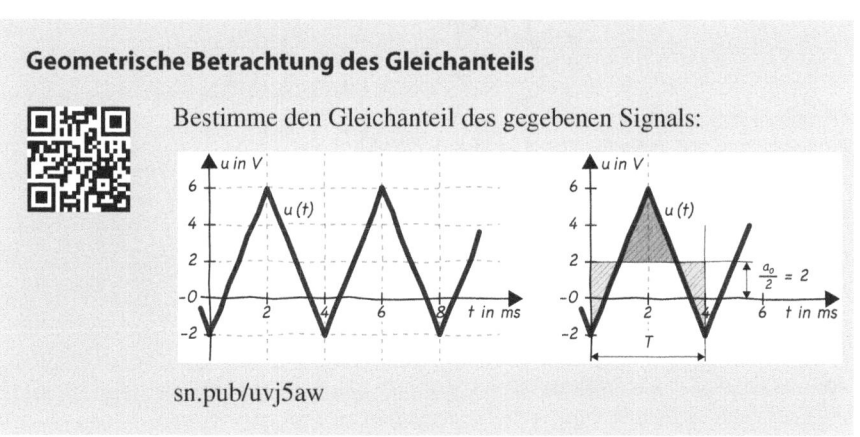

sn.pub/uvj5aw

6.4.2 Koeffizientenbestimmung

Die Koeffizienten einer Fourierreihe werden durch Integration der zu approximierenden Funktion mit den Basisfunktionen Sinus und Kosinus über eine Periode bestimmt. Für eine periodische Funktion $f(x)$ mit Periode T werden die Fourier-Koeffizienten a_0, a_n und b_n wie folgt berechnet:

$$a_0 = \frac{1}{T} \int_0^T f(x)\, dx$$

$$a_n = \frac{2}{T} \int_0^T f(x) \cos\left(\frac{2\pi n x}{T}\right) dx$$

$$b_n = \frac{2}{T} \int_0^T f(x) \sin\left(\frac{2\pi n x}{T}\right) dx$$

Diese Koeffizienten beschreiben die Amplituden der entsprechenden Sinus- und Kosinusfunktionen, die die Funktion $f(x)$ in ihrer Fourierreihe repräsentieren. Durch diese Bestimmung kann eine beliebige periodische Funktion als eine unendliche Summe von Sinus- und Kosinusfunktionen mit den entsprechenden Amplituden und Frequenzen dargestellt werden.

f ist 2π-periodisch:

$$f(x) = \frac{a_0}{2} + \sum_{n=1}^{\infty} [a_n \cdot \cos(nx) + b_n \cdot \sin(nx)]$$

$$a_0 = \frac{1}{\pi} \cdot \int_0^{2\pi} f(x)\, dx$$

$$a_n = \frac{1}{\pi} \cdot \int_0^{2\pi} f(x) \cdot \cos(nx)\, dx$$

$$b_n = \frac{1}{\pi} \cdot \int_0^{2\pi} f(x) \cdot \sin(nx)\, dx$$

6.4 Fourierreihen

Rechtecksimpulsfolge

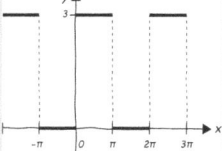

Bestimme die Fourier-Reise des gegebenen Signals!

sn.pub/sqhrqz

Gibbssches Phänomen bei einer Rechteckschwingung: Das Gibbsche Phänomen tritt bei der Fourier-Analyse von Funktionen mit diskontinuierlichen Sprüngen, wie rechteckförmigen Schwingungen, auf (Abb. 6.4). Bei der Annäherung einer Rechteckfunktion durch eine Fourierreihe zeigt sich, dass in der Nähe der Sprungstellen eine Überschwingung auftritt. Diese Überschwingungen klingen nicht vollständig ab, sondern bleiben auch dann bestehen, wenn die Anzahl der Summenglieder der Fourierreihe erhöht wird. Dies führt zu einer charakteristischen Wellenform mit Überschwingungen von etwa 9 % der Höhe des Sprunges. Das Gibbsche Phänomen illustriert die Herausforderung, sprunghafte Funktionen mittels glatter trigonometrischer Funktionen exakt zu approximieren.

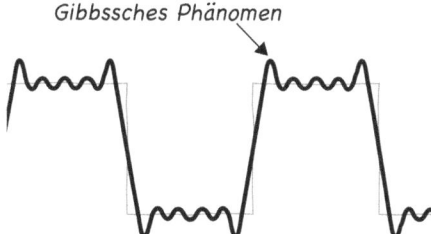

Abb. 6.4 Die Abbildung illustriert das Gibbsche Phänomen, welches das Überschwingen und die Oszillationen einer Fourierreihe nahe einer Sprungstelle in einer periodischen Funktion zeigt, unabhängig davon, wie viele Terme zur Näherung verwendet werden

f ist gerade und 2π-periodisch: Die Fourierreihe einer **geraden** Funktion enthält neben dem konstanten Glied (Gleichanteil) nur **Kosinusglieder**.

$$a_0 = \frac{2}{\pi} \cdot \int_0^\pi f(x)dx$$

$$a_n = \frac{2}{\pi} \cdot \int_0^\pi f(x) \cdot \cos(nx) dx$$

$$b_n = 0$$

$$f(x) = \frac{a_0}{2} + \sum_{n=1}^\infty a_n \cdot \cos(nx)$$

f ist ungerade und 2π-periodisch: Die Fourierreihe einer **ungeraden** Funktion enthält dagegen nur **Sinusglieder**, auch kein konstantes Glied.

$$a_n = 0$$

$$b_n = \frac{2}{\pi} \cdot \int_0^\pi f(x) \cdot \sin(nx) dx$$

$$f(x) = \sum_{n=1}^\infty b_n \cdot \sin(nx)$$

Sägezahnfunktion (ungerade, 2π - periodisch)

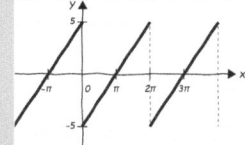

Bestimme die Fourier-Reise des gegebenen Signals!
sn.pub/5zs1zu

T-periodische Funktionen: Die Fourierreihe einer Funktion f der Periode T (Grundkreisfrequenz $\omega = \frac{2\pi}{T}$) wird in reeller Schreibweise angegeben in der **Sinus-Kosinusform**:

$$f(t) = \frac{a_0}{2} + \sum_{n=1}^\infty (a_n \cos(n\omega t) + b_n \sin(n\omega t))$$

$$a_0 = \frac{2}{T} \cdot \int_0^T f(t) dt$$

$$a_n = \frac{2}{T} \cdot \int_0^T f(t) \cdot \cos(n\omega t) dt$$

$$b_n = \frac{2}{T} \cdot \int_0^T f(t) \cdot \sin(n\omega t) dt$$

Dreiecksimpulsfolge (gerade, T - periodisch)

 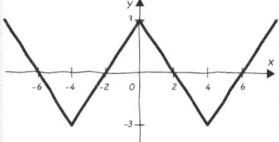

Bestimme die Fourier-Reise des gegebenen Signals!
sn.pub/laxoki

6.4.3 Amplituden-Phasen-Form

Die Fourierreihe einer Funktion f der Periode T (Grundkreisfrequenz $\omega = \frac{2\pi}{T}$) kann auch angegeben werden in der **Amplituden-Phasen-Form**:

$$f(t) = \frac{a_0}{2} + \sum_{n=1}^{\infty} A_n \sin(n\omega t + \varphi_n)$$

$$A_0 = \frac{a_0}{2}$$

$$A_n = \sqrt{a_n^2 + b_n^2}$$

$$\tan \varphi_n = \frac{a_n}{b_n}$$

Dabei gilt: a_n und b_n sind die **Fourier-Koeffizienten**, A_n ist die Amplitude und φ_n die Phasenlage (der n-ten Harmonischen).

Die **Fourierreihe in Amplituden-Phasen-Form** einer periodischen Funktion f stellt diese mit einem Gleichanteil und einer im Allgemeinen unendlichen Reihe von Sinusfunktionen (harmonischen Funktionen) dar.

- $A_1 \cdot \sin(x + \varphi_1)$ **1. Harmonische** oder **Grundschwingung**; besitzt die gleiche Frequenz wie die periodische Funktion f mit $f_0 = \dfrac{1}{T}$
- $A_2 \cdot \sin(2x + \varphi_2)$ **2. Harmonische** oder **1. Oberschwingung**; besitzt die doppelte Frequenz wie die Grundschwingung.
- $A_3 \cdot \sin(3x + \varphi_3)$ **3. Harmonische** oder **2. Oberschwingung**; besitzt die dreifache Frequenz wie die Grundschwingung.
- Die **höheren Harmonischen** oder **Oberschwingungen** haben Frequenzen, die *ganzzahlige Vielfache* der Grundfrequenz f_0 sind.

Darstellung in Amplituden-Phasen-Form

Gegeben sei eine Fourierreihe in Sinus-Kosinus-Form. Bestimme die Amplituden-Phasen-Form der Grundschwingung.
sn.pub/l4tfsz

Klirrfaktor: Der **Klirrfaktor** k gibt an, in welchem Maße die Oberschwingungen (Harmonischen), die eine sinusförmige Grundschwingung überlagern, Anteil am Gesamtsignal haben. Er ist ein Maß für unerwünschte Verzerrungen eines ursprünglich sinusförmigen Wechselsignals. Der Klirrfaktor wird typischerweise als Prozentsatz des Gesamtpegels des Signals angegeben und hilft dabei, die Reinheit des Signals zu beurteilen. Ein niedriger Klirrfaktor deutet auf eine hohe Signalqualität hin, während ein hoher Klirrfaktor auf signifikante Verzerrungen hinweist, die die Klang- oder Signalqualität beeinträchtigen können.

$$k = \sqrt{\dfrac{A_2^2 + A_3^2 + A_4^2 + \ldots}{A_1^2 + A_2^2 + A_3^2 + A_4^2 + \ldots}}$$

Frequenzspektrum: Das Frequenzspektrum, auch Spektrum oder Spektralverteilung, gibt die Zusammensetzung eines Signals aus verschiedenen Frequenzen an. Im Allgemeinen ist das Frequenzspektrum $\underline{X}$ eine komplexwertige Funktion. Sein Betrag $|\underline{X}|$ heißt **Amplitudenspektrum**, sein Phasenwinkel arg $\underline{X}$ heißt Phasenspektrum (Abb. 6.5). Man berechnet dazu $A_0 = \dfrac{a_0}{2}$ und $A_n = \sqrt{a_n^2 + b_n^2}$ und trägt die resultierenden Amplituden in Abhängigkeit vom Index n auf.

6.4 Fourierreihen

Abb. 6.5 Die Abbildung zeigt das Amplitudenspektrum einer Fourierreihe, welches die Amplituden der einzelnen Sinus- und Kosinuskomponenten in Abhängigkeit von ihren Frequenzen darstellt

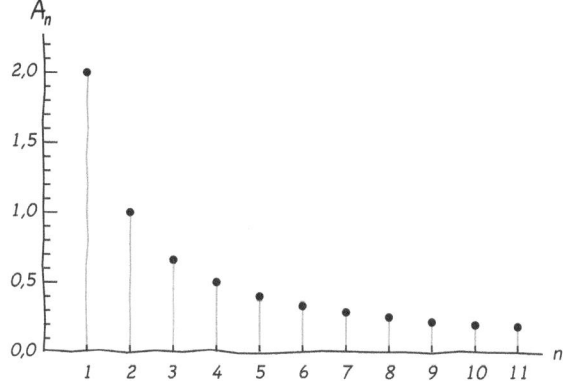

6.4.4 Komplexe Darstellung

Die **Eulersche Relation** stellt eine grundsätzliche Verbindung zwischen den trigonometrischen Funktionen und der komplexen Exponentialfunktion dar.

Für alle $\varphi \in \mathbb{R}$ gilt: $e^{j\varphi} = \cos(\varphi) + j\sin(\varphi)$

Als Folgerung daraus ergibt sich $\forall z = x + jy \in \mathbb{C}$ die Gleichung
$e^z = e^{x+jy} = e^x \cdot e^{jy} = e^x \cdot (\cos(y) + j\sin(y))$
Für $y = \pi$ ergibt sich die **eulersche Identität**: $e^{j\pi} = -1$.
Daraus ergibt sich des Weiteren die **Verwandtschaft zwischen Exponential- und Winkelfunktionen**

$$\sin\varphi = \frac{e^{j\varphi} - e^{-j\varphi}}{2j} \quad \text{und} \quad \cos\varphi = \frac{e^{j\varphi} + e^{-j\varphi}}{2}$$

Komplexe Darstellung von Fourierreihen:

Aus der reellen Darstellung ergibt sich durch die Eulersche Relation die komplexe Darstellung

$$f(x) = \frac{a_0}{2} + \sum_{n=1}^{\infty} [a_n \cdot \cos(nx) + b_n \cdot \sin(nx)]$$

$$f(x) = \frac{a_0}{2} + \sum_{n=1}^{\infty} \left[\frac{1}{2}a_n \cdot (e^{jnx} + e^{-jnx}) - \frac{1}{2}jb_n \cdot (e^{jnx} - e^{-jnx})\right]$$

Komplexe Form der Fourierreihe einer 2π-periodischen Funktion:

$$f(x) = \sum_{n=-\infty}^{\infty} c_n \cdot e^{jnx}$$

$$c_n = \frac{1}{2\pi} \cdot \int_0^{2\pi} f(x) \cdot e^{-jnx} dx$$

1. Übergang von der reellen zur komplexen Form ($n \in \mathbb{N}$):

$$c_0 = \frac{a_0}{2}, \quad c_n = \frac{a_n - jb_n}{2}, \quad c_{-n} = c_n^* = \frac{a_n + jb_n}{2}$$

2. Übergang von der komplexen zur reellen Form ($n \in \mathbb{N}$):

$$a_0 = 2c_0, \quad a_n = c_n + c_{-n} = c_n + c_n^*, \quad b_n = j \cdot (c_n - c_{-n}) = j \cdot (c_n - c_n^*)$$

Komplexe Darstellung von Fourierreihen

Gegeben sei eine periodische Funktion im Intervall $-\pi \leq x \leq \pi$ mit $f(x) = e^x$. Stelle diese in Form einer komplexen Fourierreihe dar.

sn.pub/mqoygw

Lineare Algebra und Analytische Geometrie 7

Das Kapitel zur linearen Algebra und analytischen Geometrie behandelt Vektoren, Matrizen und lineare Gleichungssysteme. Die Vektoralgebra umfasst Vektoren sowie Rechenoperationen wie Addition, Skalarprodukt und Vektorprodukt, die für die Geometrie wichtig sind. Matrizen stellen lineare Transformationen dar, und ihre Rechenoperationen umfassen Addition, Multiplikation, Inversion sowie die Berechnung von Determinanten und inversen Matrizen. Diese Werkzeuge werden zur Lösung von Gleichungssystemen und der Untersuchung der linearen Unabhängigkeit von Vektoren eingesetzt. Ein Abschnitt behandelt komplexe Matrizen, konjugierte und adjungierte Matrizen sowie Hermitesche und unitäre Matrizen. Das Kapitel schließt mit der Berechnung und Anwendung von Eigenwerten und Eigenvektoren.

7.1 Vektoralgebra

Die Vektoralgebra beschäftigt sich mit der Definition und den grundlegenden Rechenoperationen von Vektoren, wie Addition, Skalarprodukt und Vektorprodukt, die für die geometrische Darstellung von Geraden und Ebenen im Raum entscheidend sind.

7.1.1 Definition und Rechenregeln

Skalare und Vektoren: Größen, deren Werte reelle Zahlen sind, nennt man **Skalare** (z. B. Masse, Temperatur, Energie). **Vektoren** hingegen sind Größen, die sowohl eine Maßzahl als auch eine Richtung im Raum benötigen (z. B. Kraft, Geschwindigkeit, elektrische Feldstärke). Vektoren werden durch gerichtete Strecken im Raum dargestellt.

Vektoren in Geometrie: In der linearen Algebra ist ein Vektor ein Element eines Vektorraums. Er kann zu anderen Vektoren addiert und mit Skalaren multipliziert werden. In der analytischen Geometrie beschreibt ein Vektor eine Parallelverschiebung in Ebene oder Raum.

Ortsvektor: Ein **Ortsvektor** zeigt von einem festen Bezugspunkt (z. B. dem Ursprung O) zu einem Punkt im Raum (Abb. 7.1). Schreibweise:

$$\vec{p} = \overrightarrow{OP}, \quad \vec{q} = \overrightarrow{OQ}, \quad \vec{x} = \overrightarrow{OX}$$

In kartesischen Koordinaten wird ein Ortsvektor definiert als:

$$\vec{r} = \vec{r}(x, y, z) = \begin{pmatrix} x \\ y \\ z \end{pmatrix}$$

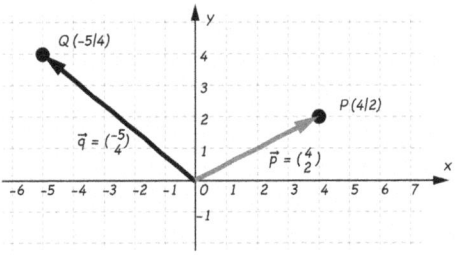

Abb. 7.1 Ortsvektoren im kartesischen Koordinatensystem

Kartesisches Koordinatensystem: Das **kartesische Koordinatensystem** ist ein Orthonormalsystem, aufgespannt durch die zueinander orthogonalen Einheitsvektoren $\vec{e}_x, \vec{e}_y, \vec{e}_z$ der Standardbasis.

Koordinaten eines Vektors: Die Komponenten eines Vektors $\vec{a}$ sind die Skalarprodukte mit den **Basisvektoren**:

$$a_i = \vec{a} \cdot \vec{e}_i$$

Jeder Vektor lässt sich als Linearkombination der Basisvektoren darstellen:

$$\vec{a} = a_x \vec{e}_x + a_y \vec{e}_y + a_z \vec{e}_z$$

Was ist ein Vektor?

Dieses Video biete eine anschauliche Einführung in die Vektorrechnung.
sn.pub/86o0oa

Betrag eines Vektors: Der Betrag eines Vektors $\vec{a}$ wird im zweidimensionalen Raum berechnet als (Abb. 7.2):

$$|\vec{a}| = \sqrt{\vec{a} \cdot \vec{a}} = \sqrt{a_1^2 + a_2^2}$$

Im dreidimensionalen Raum gilt entsprechend:

$$|\vec{a}| = \sqrt{\vec{a} \cdot \vec{a}} = \sqrt{a_1^2 + a_2^2 + a_3^2}$$

Gleichheit von Vektoren: Zwei Vektoren $\vec{a}$ und $\vec{b}$ sind gleich, wenn sie denselben Betrag und dieselbe Richtung haben, d. h., wenn sie parallel und gleich orientiert sind.

Entgegengesetzte Vektoren: Vektoren mit gleichem Betrag, aber entgegengesetzter Richtung, sind entgegengesetzt gleich:

$$\overrightarrow{AB} = \vec{a}, \quad \overrightarrow{BA} = -\vec{a}, \quad |\overrightarrow{AB}| = |\overrightarrow{BA}|$$

Einheitsvektoren: Ein Einheitsvektor $\vec{a}_0$ ist ein Vektor mit Betrag 1. Zur Darstellung der Koordinatenachsen im Raum werden häufig die Einheitsvektoren $\vec{e}_x, \vec{e}_y, \vec{e}_z$ verwendet, die jeweils in Richtung wachsender Koordinaten zeigen.

Abb. 7.2 Ein Vektor ist durch seinen Betrag und seine Richtung gekennzeichnet

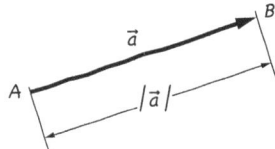

Betrag eines Vektors in der Ebene

Bestimme die Beträge der beiden Vektoren $\vec{a} = \begin{pmatrix} -3 \\ 4 \end{pmatrix}$, $\vec{b} = \begin{pmatrix} 5 \\ -2 \end{pmatrix}$.

sn.pub/la6ynl

Gegeben ist der Punkt $P = (3; 2; 5)$. Bestimme den Abstand zum Ursprung.

sn.pub/c6ffkp

Gleichheit von Vektoren

Gegeben sind die Punkte $A(-3; 4)$, $B(0; 0)$, $C(6; 1)$, $D(3; 5)$, $E(-2; 7)$, $F(1; 3)$. Sind die Vektoren $\vec{r} = \overrightarrow{AB}$, $\vec{s} = \overrightarrow{CD}$ und $\vec{t} = \overrightarrow{EF}$ gleich?

sn.pub/8u5u9y

Einheitsvektor

Bestimme die Einheitsvektoren der Vektoren $\vec{a} = \begin{pmatrix} 3 \\ 4 \end{pmatrix}$, $\vec{b} = \begin{pmatrix} -2 \\ 14 \\ 23 \end{pmatrix}$.

sn.pub/pmvj2h

Linearkombinationen von Vektoren: Die Summe mehrerer Vektoren $\vec{a}, \vec{b}, \vec{c}, \ldots, \vec{e}$ ergibt den Vektor $\vec{f}$, der den **Polygonzug** schließt, den diese Vektoren bilden (Abb. 7.3). Die Summe zweier Vektoren $\vec{a} = \overrightarrow{AB}$ und $\vec{b} = \overrightarrow{AD}$ ergibt den Vektor $\vec{c} = \overrightarrow{AC}$, der die Diagonale des Parallelogramms $ABCD$ darstellt. Wichtige Eigenschaften der Vektorsumme:

$$\vec{a} + \vec{b} = \vec{b} + \vec{a}, \quad (\vec{a} + \vec{b}) + \vec{c} = \vec{a} + (\vec{b} + \vec{c}), \quad |\vec{a} + \vec{b}| \leq |\vec{a}| + |\vec{b}|$$

(Dreiecksungleichung)

7.1 Vektoralgebra

Abb. 7.3 Die Addition von zwei geometrischen Vektoren entspricht der Hintereinanderausführung der zugehörigen Verschiebungen

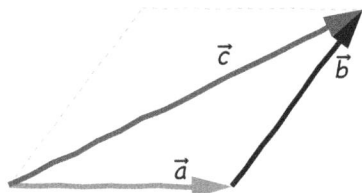

Für die komponentenweise Addition gilt:

$$\vec{a} + \vec{b} = \begin{pmatrix} a_1 \\ a_2 \\ a_3 \end{pmatrix} + \begin{pmatrix} b_1 \\ b_2 \\ b_3 \end{pmatrix} = \begin{pmatrix} a_1 + b_1 \\ a_2 + b_2 \\ a_3 + b_3 \end{pmatrix}$$

Vektoraddition

Gegeben sind die Punkte $A = (2; 1)$, $B = (6; 3)$ und $C = (8; 8)$. Bestimme $\vec{a} + \vec{b}$ mit $\vec{a} = \overrightarrow{AB}$ und $\vec{b} = \overrightarrow{BC}$.

sn.pub/keq7vo

Vektordifferenz: Die Differenz $\vec{a} - \vec{b}$ kann als Summe $\vec{a} + (-\vec{b})$ aufgefasst werden. Sie entspricht dem Vektor $\vec{c}$, der die Diagonale des Parallelogramms darstellt (Abb. 7.4). Wichtige Eigenschaften der Vektordifferenz:

$$\vec{a} - \vec{a} = \vec{0} \text{ (Nullvektor)}, \quad |\vec{a} - \vec{b}| \geq ||\vec{a}| - |\vec{b}||$$

Für die komponentenweise Subtraktion gilt:

$$\vec{a} - \vec{b} = \begin{pmatrix} a_1 \\ a_2 \\ a_3 \end{pmatrix} - \begin{pmatrix} b_1 \\ b_2 \\ b_3 \end{pmatrix} = \begin{pmatrix} a_1 - b_1 \\ a_2 - b_2 \\ a_3 - b_3 \end{pmatrix}$$

Abb. 7.4 Vektorsubtraktion: $\vec{c} = \vec{a} + (-\vec{b}) = \vec{a} - \vec{b}$ per Pfeil-Aneinanderreihung mit Gegenvektor

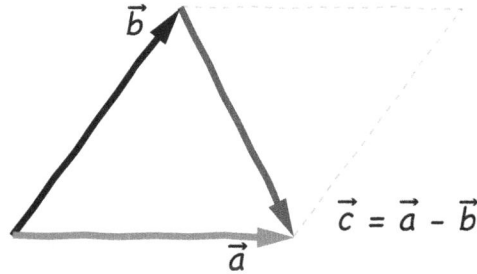

Vektorsubtraktion

Gegeben sind die Vektoren $\vec{a} = \begin{pmatrix} 3 \\ -2 \end{pmatrix}$ und $\vec{b} = \begin{pmatrix} -5 \\ 1 \end{pmatrix}$.
Bestimme $\vec{a} - \vec{b}$.
sn.pub/g4xbw9

Multiplikation eines Vektors mit einem Skalar: Das Produkt $r \cdot \vec{a}$ ist ein Vektor, der kollinear zu $\vec{a}$ ist (Abb. 7.5). **Kollineare Vektoren** verlaufen parallel zur gleichen Geraden. Die Länge des resultierenden Vektors beträgt $|r| \cdot |\vec{a}|$. Ist $r > 0$, zeigt der Vektor in dieselbe Richtung wie $\vec{a}$, bei $r < 0$ in die entgegengesetzte Richtung. Wichtige Eigenschaften:

$$r \cdot (\vec{a} + \vec{b}) = r \cdot \vec{a} + r \cdot \vec{b}, \quad (r + s) \cdot \vec{a} = r \cdot \vec{a} + s \cdot \vec{a}$$

Komponentenweise Berechnung:

$$r \cdot \vec{a} = r \cdot \begin{pmatrix} a_1 \\ a_2 \\ a_3 \end{pmatrix} = \begin{pmatrix} r \cdot a_1 \\ r \cdot a_2 \\ r \cdot a_3 \end{pmatrix}$$

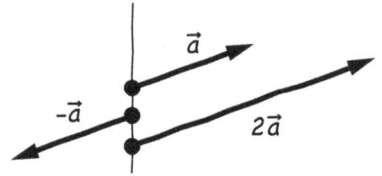

Abb. 7.5 Multiplikation eines Vektors mit einem Skalar

Multiplikation eines Vektors mit einem Skalar

Bestimme den Vektor $\vec{v} = 2 \cdot \vec{a} - 3 \cdot \vec{b}$ für $\vec{a} = \begin{pmatrix} 1 \\ 2 \end{pmatrix}$ und $\vec{b} = \begin{pmatrix} -2 \\ 3 \end{pmatrix}$.
sn.pub/8bsj0c

Mittelpunkt einer Strecke

Bestimme den Mittelpunkt der Strecke zwischen den Punkten $A = (1; 5)$ und $B = (3; 1)$.
sn.pub/8wvraj

7.1.2 Skalarprodukt und Vektorprodukt

Skalarprodukt: Das **Skalarprodukt** zweier Vektoren $\vec{a}$ und $\vec{b}$ ist definiert als (Abb. 7.6):

$$\vec{a} \cdot \vec{b} = |\vec{a}| \cdot |\vec{b}| \cdot \cos \varphi,$$

wobei φ der eingeschlossene Winkel ist. Im kartesischen Koordinatensystem gilt:

$$\vec{a} \cdot \vec{b} = a_1 b_1 + a_2 b_2 + a_3 b_3.$$

Der Winkel φ zwischen $\vec{a}$ und $\vec{b}$ ergibt sich aus:

$$\varphi = \arccos\left(\frac{\vec{a} \cdot \vec{b}}{|\vec{a}| \cdot |\vec{b}|}\right)$$

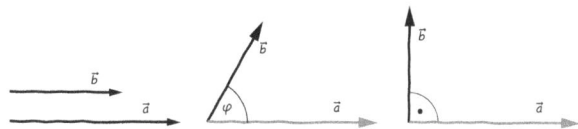

Abb. 7.6 Skalarprodukt. Linke Abbildung: $\vec{a}$ und $\vec{b}$ gleichgerichtet: $\vec{a} \cdot \vec{b} = 5 \cdot 3 \cdot \cos 0° = 15$; Mittlere Abbildung: $\vec{a}$ und $\vec{b}$ im 60°-Winkel: $\vec{a} \cdot \vec{b} = 5 \cdot 3 \cdot \cos 60° = 7{,}5$; Rechte Abbildung: $\vec{a}$ und $\vec{b}$ orthogonal: $\vec{a} \cdot \vec{b} = 5 \cdot 3 \cdot \cos 90° = 0$

Eigenschaften des Skalarprodukts:
- $\vec{a} \cdot \vec{a} = |\vec{a}|^2$ (Quadrat der Länge).
- $\vec{a} \cdot \vec{b} = 0$ bei Orthogonalität ($\varphi = 90°$).
- $\vec{a} \cdot \vec{b} > 0$ bei spitzem Winkel, $\vec{a} \cdot \vec{b} < 0$ bei stumpfem Winkel.
- Kommutativität: $\vec{a} \cdot \vec{b} = \vec{b} \cdot \vec{a}$
- Gemischtes Assoziativgesetz: $(r\vec{a}) \cdot \vec{b} = r(\vec{a} \cdot \vec{b})$
- Distributivität: $\vec{a} \cdot (\vec{b} + \vec{c}) = \vec{a} \cdot \vec{b} + \vec{a} \cdot \vec{c}$

Skalarprodukt

Überprüfe anhand der beiden Vektoren $\vec{a}$ und $\vec{b}$, dass das Skalarprodukt dem **Kommutativgesetz** genügt: $\vec{a} \cdot \vec{b} = \vec{b} \cdot \vec{a}$
$$\vec{a} = \begin{pmatrix} 12 \\ -7 \end{pmatrix}, \quad \vec{b} = \begin{pmatrix} -9 \\ -8 \end{pmatrix}$$
sn.pub/hch774

Überprüfe anhand der drei Vektoren $\vec{a}$, $\vec{b}$ und $\vec{c}$, dass das Skalarprodukt dem **Distributivgesetz** genügt: $\vec{a} \cdot (\vec{b} + \vec{c}) = \vec{a} \cdot \vec{b} + \vec{a} \cdot \vec{c} \cdot \vec{a} = \begin{pmatrix} 3 \\ -1 \end{pmatrix}, \quad \vec{b} = \begin{pmatrix} 2 \\ 5 \end{pmatrix}, \quad \vec{c} = \begin{pmatrix} -8 \\ 11 \end{pmatrix}$
sn.pub/hch774

Bestimme den Winkel, welchen die beiden Vektoren $\vec{a} = \begin{pmatrix} 4 \\ -3 \end{pmatrix}$ und $\vec{b} = \begin{pmatrix} 7 \\ 1 \end{pmatrix}$ einschließen.
sn.pub/d60oi4

Skalarprodukt

Bestimme in den folgenden vier Beispielen das Skalarprodukt zwischen den beiden Vektoren: $\begin{pmatrix} 3 \\ 2 \end{pmatrix}$ und $\begin{pmatrix} -1 \\ 5 \end{pmatrix}$; $\begin{pmatrix} 1 \\ 1 \end{pmatrix}$ und $\begin{pmatrix} -1 \\ 1 \end{pmatrix}$; $\begin{pmatrix} 1 \\ -2 \\ 2 \end{pmatrix}$ und $\begin{pmatrix} 3 \\ 2 \\ -4 \end{pmatrix}$; $\begin{pmatrix} 2 \\ 1 \\ 5 \end{pmatrix}$ und $\begin{pmatrix} 3 \\ 4 \\ -2 \end{pmatrix}$
sn.pub/izx5nc

Welchen Winkel φ schließt der Vektor $\vec{a} = \begin{pmatrix} 2 \\ 2 \end{pmatrix}$ mit den beiden Koordinatenachsen ein?
sn.pub/lliyps

(Fortsetzung)

7.1 Vektoralgebra

Bestimme den Winkel φ zwischen $\vec{a} = \begin{pmatrix} 3 \\ 1 \\ -2 \end{pmatrix}$ und $\vec{b} = \begin{pmatrix} 1 \\ 2 \\ 4 \end{pmatrix}$.

sn.pub/o5l9ww

Normalvektoren

Bestimme die Normalvektoren zu den gegebenen Vektoren!
$$\vec{a} = \begin{pmatrix} -1 \\ 2 \end{pmatrix}, \quad \vec{b} = \begin{pmatrix} -1 \\ -3 \end{pmatrix}, \quad \vec{c} = \begin{pmatrix} 3 \\ -1 \end{pmatrix}, \quad \vec{d} = \begin{pmatrix} 0 \\ 3 \end{pmatrix}$$

sn.pub/kiwpul

Vektorprodukt: Das Vektorprodukt $\vec{a} \times \vec{b}$, auch Kreuzprodukt genannt, ist ein Vektor, der orthogonal zu $\vec{a}$ und $\vec{b}$ steht (Abb. 7.7). Seine Richtung ergibt sich nach der **Rechten-Hand-Regel**, und seine Länge ist:

$$|\vec{a} \times \vec{b}| = |\vec{a}| \cdot |\vec{b}| \cdot \sin \varphi,$$

wobei φ der eingeschlossene Winkel ist. Das Vektorprodukt beschreibt den Flächeninhalt des von $\vec{a}$ und $\vec{b}$ aufgespannten Parallelogramms.

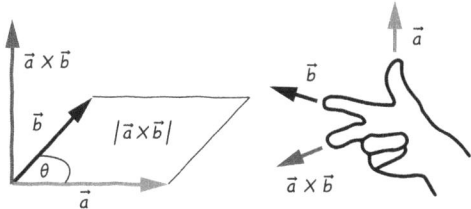

Abb. 7.7 Das **Vektorprodukt** der Vektoren $\vec{a}$ und $\vec{b}$ ist ein Vektor, der senkrecht auf der von den beiden Vektoren aufgespannten Ebene steht und mit ihnen ein Rechtssystem bildet. Die Länge dieses Vektors entspricht dem Flächeninhalt des Parallelogramms, das von den Vektoren $\vec{a}$ und $\vec{b}$ aufgespannt wird. Rechte Seite: Rechte-Hand-Regel

Komponentenweise Berechnung des Vektorproduktes:

$$\vec{a} \times \vec{b} = \begin{pmatrix} a_1 \\ a_2 \\ a_3 \end{pmatrix} \times \begin{pmatrix} b_1 \\ b_2 \\ b_3 \end{pmatrix} = \begin{pmatrix} a_2 b_3 - a_3 b_2 \\ a_3 b_1 - a_1 b_3 \\ a_1 b_2 - a_2 b_1 \end{pmatrix}$$

Vollständiges Beispiel zum Vektorprodukt:

$$\begin{pmatrix} 1 \\ 2 \\ 3 \end{pmatrix} \times \begin{pmatrix} -7 \\ 8 \\ 9 \end{pmatrix} = \begin{pmatrix} 2 \cdot 9 - 3 \cdot 8 \\ 3 \cdot (-7) - 1 \cdot 9 \\ 1 \cdot 8 - 2 \cdot (-7) \end{pmatrix} = \begin{pmatrix} -6 \\ -30 \\ 22 \end{pmatrix}$$

Vektorprodukt

Bestimme $\begin{pmatrix} 1 \\ -3 \\ 2 \end{pmatrix} \times \begin{pmatrix} 3 \\ -2 \\ 4 \end{pmatrix}$.

sn.pub/4u3nkt

Bestimme das Vektorprodukt und den Flächeninhalt des Parallelogramms zwischen den beiden Vektoren $\vec{a}$ und $\vec{b}$: $\vec{a} = \begin{pmatrix} 1 \\ -5 \\ 2 \end{pmatrix}; \vec{b} = \begin{pmatrix} 2 \\ 0 \\ 3 \end{pmatrix}$

sn.pub/9atw8t

7.2 Vektorrechnung in der Geometrie

Die Vektorrechnung in der Geometrie ermöglicht die präzise Darstellung und Berechnung von geometrischen Objekten wie Geraden, Ebenen und Winkel durch Vektoren, wobei Operationen wie Addition, Skalarprodukt und Vektorprodukt zur Anwendung kommen.

7.2.1 Vektorielle Darstellung einer Geraden

Eine Gerade g durch die Punkte P und A enthält genau jene Punkte X, deren **Ortsvektor** $\vec{x}$ eine Darstellung $g : \vec{x} = \vec{p} + \lambda \cdot \vec{r}$ mit $\lambda \in \mathbb{R}$ besitzt, also

$$g : \{X \mid \overrightarrow{OX} = \overrightarrow{OP} + \lambda \cdot \overrightarrow{PA}; \lambda \in \mathbb{R}\}.$$

7.2 Vektorrechnung in der Geometrie

Dabei nennt man $\vec{p} = \overrightarrow{OP}$ einen **Stützvektor**, und $\vec{r} = \overrightarrow{PA}$ einen **Richtungsvektor** (Abb. 7.8).

Abb. 7.8 Am Stützvektor $\vec{p}$ ist der Richtungsvektor $\vec{r}$ angehängt. Vielfache von $\vec{r}$ erreichen jeden Geradenpunkt X

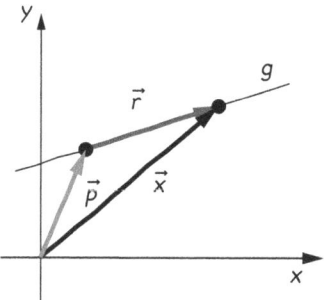

Formen von Geradengleichungen

Gegeben sei eine Gerade $g : 2x + 3y = 5$ in allgemeiner Form. Bestimme die Parameterform dieser Geraden!

sn.pub/2o8ow1

Gegeben sei eine Gerade $g : \vec{x} = \begin{pmatrix} -1 \\ 2 \end{pmatrix} + \lambda \cdot \begin{pmatrix} 5 \\ 3 \end{pmatrix}$ in Parameterform. Bestimme die parameterfreie Form!

sn.pub/a1od14

Abstand eines Punktes von einer Geraden: Der Abstand eines Punktes Q mit dem Ortsvektor $\vec{q}$ von einer Geraden g mit der Gleichung $g : \vec{x} = \vec{p} + \lambda \cdot \vec{r}$ lautet:

$$d = \frac{|\vec{r} \times (\vec{q} - \vec{p})|}{|\vec{r}|}$$

Abstand eines Punktes von einer Geraden

Bestimme den Abstand des Punktes $Q = (5; 3; -2)$ von der Geraden $g : \vec{x} = \vec{p} + \lambda \vec{r} = \begin{pmatrix} 1 \\ 0 \\ 1 \end{pmatrix} + \lambda \cdot \begin{pmatrix} 2 \\ 5 \\ 2 \end{pmatrix}$.

sn.pub/73hlrr

(Fortsetzung)

Bestimme den Abstand des Punktes $Q = (-2; -3; 49)$ von der Geraden $g : \vec{x} = \vec{p} + \lambda \vec{r} = \begin{pmatrix} -5 \\ -4 \\ 11 \end{pmatrix} + \lambda \cdot \begin{pmatrix} -3 \\ 1 \\ 8 \end{pmatrix}$.

sn.pub/c5hdxq

Die Gerade g geht durch die Punkte $A = (-8; -3)$ und $B = (1; 5)$. Bestimme den Abstand des Punktes $C = (-12; 11)$ von g!

sn.pub/08vyc4

Lage zweier Geraden zueinander: Die Lagebeziehung von Geraden im Raum kann auf verschiedene Weisen beschrieben werden. Zwei Geraden können sich in einem Punkt schneiden, parallel zueinander verlaufen oder sich windschief zueinander befinden (Abb. 7.9). Wenn zwei Geraden sich schneiden, haben sie einen gemeinsamen Punkt, der durch das Lösen des entsprechenden linearen Gleichungssystems bestimmt werden kann. Sind die Geraden parallel, verlaufen sie in gleicher Richtung, ohne sich zu treffen, was sich durch die gleiche Richtung der Richtungsvektoren der beiden Geraden ausdrücken lässt. Geraden, die sich nicht schneiden und auch nicht parallel sind, nennt man windschief. Diese stehen in keinem festen Winkel zueinander und befinden sich in verschiedenen Ebenen des Raums. Die Lagebeziehung lässt sich durch die Analyse der Richtungsvektoren und der Abstände zwischen den Geraden genauer bestimmen.

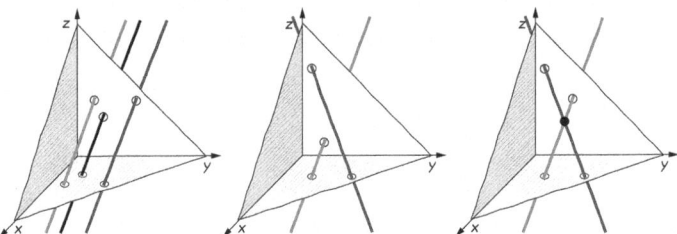

Abb. 7.9 Lagebeziehungen von Geraden im Raum. Links: Parallele Geraden; Mitte: Windschiefe Geraden; Rechts: Sich schneidende Geraden

Abstand zweier paralleler Geraden: Der Abstand zweier paralleler Geraden g und h mit den Gleichungen $g : \vec{x} = \vec{p}_1 + \lambda \cdot \vec{r}_1$ und $h : \vec{x} = \vec{p}_2 + \mu \cdot \vec{r}_2$ lautet :

$$d = \frac{|\vec{r}_1 \times (\vec{p}_2 - \vec{p}_1)|}{|\vec{r}_1|}$$

7.2 Vektorrechnung in der Geometrie

Lage zweier Geraden in der Ebene

Bestimme die Lage der Geraden $g : 5x - 4y = -3$ zur Geraden $h : \vec{x} = \begin{pmatrix} -5 \\ 10 \end{pmatrix} + \lambda \cdot \begin{pmatrix} 3 \\ -4 \end{pmatrix}$.

sn.pub/fcvreh

Abstand zweier paralleler Geraden

Bestimme den Abstand von $g : \vec{x} = \begin{pmatrix} 1 \\ 1 \\ 4 \end{pmatrix} + \lambda \cdot \begin{pmatrix} 1 \\ 1 \\ 1 \end{pmatrix}$ und

$h : \vec{x} = \begin{pmatrix} 4 \\ 0 \\ 3 \end{pmatrix} + \mu \cdot \begin{pmatrix} 3 \\ 3 \\ 3 \end{pmatrix}$.

sn.pub/okbcse

Abstand zweier windschiefer Geraden: Der Abstand zweier windschiefer Geraden g und h mit den Gleichungen $g : \vec{x} = \vec{p}_1 + \lambda \cdot \vec{r}_1$ und $h : \vec{x} = \vec{p}_2 + \mu \cdot \vec{r}_2$ lautet:

$$d = \frac{|[\vec{r}_1 \cdot \vec{r}_2 \cdot (\vec{p}_2 - \vec{p}_1)]|}{|\vec{r}_1 \times \vec{r}_2|}$$

Zwei windschiefe Geraden

Bestimme die Lage der beiden Geraden $g : \vec{x} = \begin{pmatrix} -3 \\ 15 \\ 11 \end{pmatrix} + \lambda \cdot$

$\begin{pmatrix} -4 \\ 6 \\ 9 \end{pmatrix}$ und $h : \vec{x} = \begin{pmatrix} -2 \\ 6 \\ -1 \end{pmatrix} + \mu \cdot \begin{pmatrix} -3 \\ 7 \\ 8 \end{pmatrix}$.

sn.pub/licoqq

(Fortsetzung)

Berechne den kürzesten Abstand der beiden Geraden g und h:
$$g: \vec{x} = \begin{pmatrix} 1 \\ 2 \\ 0 \end{pmatrix} + \lambda \cdot \begin{pmatrix} 1 \\ 1 \\ 1 \end{pmatrix}; h: \vec{x} = \begin{pmatrix} 3 \\ 0 \\ 2 \end{pmatrix} + \mu \cdot \begin{pmatrix} 2 \\ 0 \\ 1 \end{pmatrix}.$$
sn.pub/ctd762

Schnittwinkel zweier Geraden: Der Schnittwinkel φ zweier Geraden g und h mit den Gleichungen $g: \vec{x} = \vec{p}_1 + \lambda \cdot \vec{r}_1$ und $h: \vec{x} = \vec{p}_2 + \mu \cdot \vec{r}_2$ lautet:

$$\varphi = \arccos\left(\frac{\vec{r}_1 \cdot \vec{r}_2}{|\vec{r}_1| \cdot |\vec{r}_2|}\right)$$

Zwei sich schneidende Geraden

Bestimme die Lage der beiden Geraden: $g: \vec{x} = \begin{pmatrix} 2 \\ -1 \\ 1 \end{pmatrix} + \lambda \cdot \begin{pmatrix} 8 \\ -2 \\ 3 \end{pmatrix}; h: \vec{x} = \begin{pmatrix} -2 \\ 0 \\ 3 \end{pmatrix} + \mu \cdot \begin{pmatrix} 4 \\ -1 \\ 5 \end{pmatrix}$

sn.pub/3yjkzw

Berechne den Schnittpunkt der beiden Geraden: Gerade g geht durch die Punkte $A(-9; 3)$ und $B(6; 0)$; Gerade h geht durch die Punkte $P(4; 7)$ und $Q(-1; -3)$.
sn.pub/crwa89

Berechne Schnittpunkt und Schnittwinkel zwischen $g: \vec{x} = \begin{pmatrix} 1 \\ 1 \\ 0 \end{pmatrix} + \lambda \cdot \begin{pmatrix} 2 \\ 1 \\ 1 \end{pmatrix}$ und $h: \vec{x} = \begin{pmatrix} 2 \\ 0 \\ 2 \end{pmatrix} + \mu \cdot \begin{pmatrix} 1 \\ -1 \\ 2 \end{pmatrix}$.
sn.pub/2jg24n

(Fortsetzung)

Berechne Schnittpunkt und Schnittwinkel zwischen $g : \vec{x} = \begin{pmatrix} -1 \\ 4 \\ 0 \end{pmatrix} + \lambda \cdot \begin{pmatrix} 2 \\ -5 \\ 1 \end{pmatrix}$ und $h : \vec{x} = \begin{pmatrix} 0 \\ 2 \\ -3 \end{pmatrix} + \mu \cdot \begin{pmatrix} -2 \\ -9 \\ 4 \end{pmatrix}$.

sn.pub/v056g2

7.2.2 Vektorielle Darstellung einer Ebene

Parameterform: Die Ebene wird durch einen **Stützvektor** (Aufpunkt) $\vec{p}$ und zwei **Richtungsvektoren** (Spannvektoren) $\vec{u}$ und $\vec{v}$ beschrieben. Eine Ebene besteht aus jenen Punkten im Raum, deren **Ortsvektoren** $\vec{x}$ die Gleichung $\vec{x} = \vec{p} + \lambda \cdot \vec{u} + \mu \cdot \vec{v}$ mit $\lambda, \mu \in \mathbb{R}$ erfüllen (Abb. 7.10).

Abb. 7.10
Parameterform der Ebenengleichung

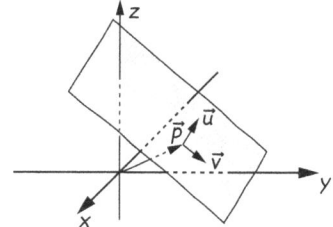

Parameterform der Ebenengleichung:

$$E : \begin{pmatrix} x_1 \\ x_2 \\ x_3 \end{pmatrix} = \begin{pmatrix} p_1 \\ p_2 \\ p_3 \end{pmatrix} + \lambda \cdot \begin{pmatrix} u_1 \\ u_2 \\ u_3 \end{pmatrix} + \mu \cdot \begin{pmatrix} v_1 \\ v_2 \\ v_3 \end{pmatrix} = \begin{pmatrix} p_1 + \lambda u_1 + \mu v_1 \\ p_2 + \lambda u_2 + \mu v_2 \\ p_3 + \lambda u_3 + \mu v_3 \end{pmatrix}$$

mit $\lambda, \mu \in \mathbb{R}$.

Parameterform der Ebenengleichung

Die Ebene ε verläuft durch den Punkt $P_1 = (3; 5; 1)$. Ihre Richtungsvektoren sind $\vec{u} = \begin{pmatrix} 2 \\ 5 \\ 1 \end{pmatrix}$ und $\vec{v} = \begin{pmatrix} 5 \\ 1 \\ 3 \end{pmatrix}$. Wie lautet die Gleichung der Ebene in Parameterform?

sn.pub/jboou3

(Fortsetzung)

Wie lautet die Gleichung der Ebene, in der zwei parallele Geraden liegen, in Parameterform? $g : \vec{x} = \begin{pmatrix} -4 \\ 1 \\ 0 \end{pmatrix} + \lambda \cdot \begin{pmatrix} 2 \\ -5 \\ 1 \end{pmatrix}$; $h : \vec{x} = \begin{pmatrix} 3 \\ -2 \\ 1 \end{pmatrix} + \mu \cdot \begin{pmatrix} 2 \\ -5 \\ 1 \end{pmatrix}$

sn.pub/pae208

Dreipunkteform: Die Ebene wird durch die Ortsvektoren $\vec{p}, \vec{q}$ und $\vec{r}$ dreier Punkte der Ebene beschrieben (Abb. 7.11). Eine Ebene besteht aus jenen Punkten im Raum, deren Ortsvektoren $\vec{x}$ die Gleichung $\vec{x} = \vec{p} + \lambda \cdot (\vec{q} - \vec{p}) + \mu \cdot (\vec{r} - \vec{p})$ mit $\lambda, \mu \in \mathbb{R}$ erfüllen.

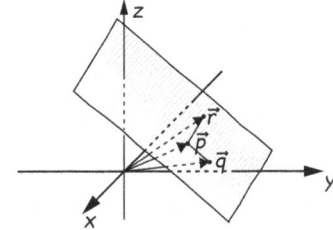

Abb. 7.11 Dreipunkteform der Ebenengleichung

Dreipunkteform der Ebenengleichung

Gegeben sind drei Punkte $P_1 = (1; 5; 0)$, $P_2 = (-2; -1; 8)$ und $P_3 = (2; 0; 1)$. Wie lautet die Gleichung der Ebene in Parameterform?

sn.pub/7chien

Gegeben sind der Punkt $P = (6; -22; -4)$ und die Gerade g durch die Punkte $A = (3; 0; 4)$ und $B = (-1; 6; 3)$. Wie lautet die Gleichung der Ebene in Parameterform?

sn.pub/nz5427

(Fortsetzung)

7.2 Vektorrechnung in der Geometrie

Liegt der Punkt $P = (15; 0; -2)$ in der Ebene E? $E : \vec{x} = \begin{pmatrix} -2 \\ 5 \\ 0 \end{pmatrix} + \lambda \cdot \begin{pmatrix} 1 \\ 2 \\ -4 \end{pmatrix} + \mu \cdot \begin{pmatrix} 5 \\ -3 \\ 2 \end{pmatrix}$

sn.pub/aialz3

Normalenform: Die Ebene wird durch einen Stützvektor $\vec{p}$ und einen Normalenvektor $\vec{n}$ beschrieben (Abb. 7.12). Sie umfasst alle Punkte $\vec{x}$, deren Ortsvektoren die folgende Gleichung erfüllen:

$$\vec{n} \cdot (\vec{x} - \vec{p}) = 0$$

Das bedeutet, dass der Differenzvektor $\vec{x} - \vec{p}$ zwischen Ortsvektor und Stützvektor orthogonal zum Normalenvektor $\vec{n}$ der Ebene ist. In Komponenten lautet die Gleichung:

$$n_x \cdot (x - x_1) + n_y \cdot (y - y_1) + n_z \cdot (z - z_1) = 0$$

Ein Normalenvektor $\vec{n}$ kann aus zwei Spannvektoren $\vec{u}$ und $\vec{v}$ der Ebene mittels Kreuzprodukt berechnet werden:

$$\vec{n} = \vec{u} \times \vec{v}$$

Abb. 7.12 Normalenform der Ebenengleichung

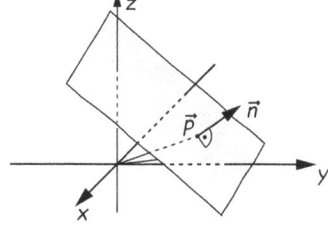

Koordinatenform: Die Ebene wird durch vier reelle Zahlen a, b, c und d beschrieben. Sie umfasst alle Punkte (x, y, z), die die Gleichung

$$ax + by + cz = d$$

erfüllen, wobei mindestens eine der Zahlen a, b, c ungleich null sein muss.

Die Koordinatenform ergibt sich aus der Normalenform durch Ausmultiplizieren. Dabei sind a, b und c die Komponenten des (nicht normierten) Normalenvektors $\vec{n} = (a, b, c)$ und $d = \vec{p} \cdot \vec{n}$, wobei $\vec{p}$ ein Stützvektor der Ebene ist.

Der Abstand der Ebene vom Koordinatenursprung ist

$$\frac{|d|}{|\vec{n}|}$$

Ist der Normalenvektor normiert, beträgt der Abstand direkt $|d|$.

Koordinatenform

Bestimme die Koordinatenform der Ebene: $E : \vec{x} = \begin{pmatrix} 4 \\ -1 \\ 10 \end{pmatrix} + \lambda \cdot \begin{pmatrix} -9 \\ 2 \\ 3 \end{pmatrix} + \mu \cdot \begin{pmatrix} 6 \\ 5 \\ -1 \end{pmatrix}$

sn.pub/pmj0s5

Wie lautet die Gleichung der Ebene E durch den Punkt $P_1 = (2; -5; 3)$ senkrecht zum Vektor $\vec{n} = \begin{pmatrix} 4 \\ 2 \\ 5 \end{pmatrix}$?

sn.pub/v3igun

Bestimme die Parameterform der Ebene: $E : 2x + 5y - z = 6$

sn.pub/k18cp5

Abstand eines Punktes von einer Ebene: Der Abstand eines Punktes Q mit dem Ortsvektor $\vec{q}$ von einer Ebene $E : \vec{n} \cdot (\vec{x} - \vec{p}) = 0$ beträgt (Abb. 7.13):

$$d = \frac{|\vec{n} \cdot (\vec{q} - \vec{p})|}{|\vec{n}|}$$

7.2 Vektorrechnung in der Geometrie

Abb. 7.13 Abstand eines Punktes von einer Ebene

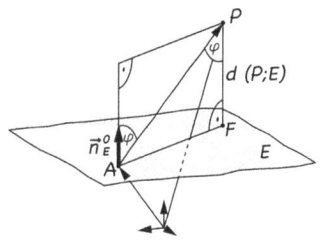

Abstand eines Punktes von einer Ebene

Eine Ebene E enthält den Punkt $P = (1; 0; 9)$, ihr Normalenvektor ist $\vec{n} = \begin{pmatrix} 1 \\ 3 \\ 5 \end{pmatrix}$. Bestimme den Abstand d des Punktes $Q = (-2; 1; 3)$ von dieser Ebene.

sn.pub/3hsthd

Bestimme den Abstand d des Punktes $P = (-8; -3; 13)$ von der Ebene $E : \vec{x} = \begin{pmatrix} -2 \\ 3 \\ 4 \end{pmatrix} + \lambda \begin{pmatrix} 1 \\ -1 \\ 0 \end{pmatrix} + \mu \begin{pmatrix} -2 \\ 3 \\ 1 \end{pmatrix}$

sn.pub/pl9q1j

Lagebeziehung Gerade – Ebene: Eine Gerade $g : \vec{x} = \vec{p}_1 + \lambda \cdot \vec{r}$ und eine Ebene $E : \vec{n} \cdot (\vec{x} - \vec{p}_2) = 0$ können folgende Lagen zueinander haben:

- g und E sind zueinander parallel (wenn $\vec{n} \cdot \vec{r} = 0$),
- g liegt in der Ebene E (wenn $\vec{n} \cdot \vec{r} = 0$ und $d = 0$),
- g und E schneiden sich in genau einem Punkt.

Lagebeziehung Gerade – Ebene

Bestimme die Lage der Geraden $g : \vec{x} = \begin{pmatrix} 5 \\ 4 \\ 0 \end{pmatrix} + \lambda \cdot \begin{pmatrix} 1 \\ 2 \\ 4 \end{pmatrix}$ zur

Ebene $E : \vec{x} = \begin{pmatrix} 0 \\ 0 \\ 1 \end{pmatrix} + \mu \cdot \begin{pmatrix} 2 \\ 1 \\ 0 \end{pmatrix} + \sigma \cdot \begin{pmatrix} 3 \\ 3 \\ 4 \end{pmatrix}$.

sn.pub/7ztsry

Bestimme die Lage der Geraden $g : \vec{x} = \begin{pmatrix} 1 \\ -5 \\ -3 \end{pmatrix} + \lambda \cdot \begin{pmatrix} 3 \\ -4 \\ 3 \end{pmatrix}$

zur Ebene $E : -12x - 3y + 8z = -21$.

sn.pub/eoadc2

Abstand einer Geraden von einer Ebene: Der Abstand einer Geraden $g : \vec{x} = \vec{p}_1 + \lambda \vec{r}$ von einer zu ihr parallelen Ebene $E : \vec{n} \cdot (\vec{x} - \vec{p}_2) = 0$ beträgt

$$d = \frac{|\vec{n} \cdot (\vec{p}_1 - \vec{p}_2)|}{|\vec{n}|}$$

Abstand einer Geraden von einer Ebene

Gegeben: Ebene E mit Punkt $P_0 = (1; 5; 2)$ und Normalenvektor $\vec{n} = \begin{pmatrix} 2 \\ 1 \\ 3 \end{pmatrix}$. Bestimme den Abstand d dieser Ebene zur Geraden durch den Punkt $P_1 = (0; 1; -1)$ mit Richtungsvektor $\vec{r} = \begin{pmatrix} -1 \\ -4 \\ 2 \end{pmatrix}$.

sn.pub/go8c6k

7.2 Vektorrechnung in der Geometrie

Schnittpunkt einer Geraden mit einer Ebene: Der Ortsvektor des Schnittpunktes S der Geraden $g : \vec{x} = \vec{p}_1 + \lambda \vec{r}$ mit der Ebene $E : \vec{n} \cdot (\vec{x} - \vec{p}_2) = 0$ lautet (Abb. 7.14):

$$\vec{s} = \vec{p}_1 + \left(\frac{\vec{n} \cdot (\vec{p}_2 - \vec{p}_1)}{\vec{n} \cdot \vec{r}} \right) \cdot \vec{r}$$

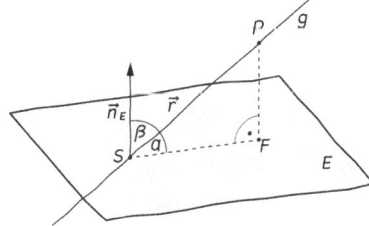

Abb. 7.14 Schnittpunkt einer Geraden mit einer Ebene

Schnittwinkel einer Geraden mit einer Ebene: Der Schnittwinkel φ der Geraden $g : \vec{x} = \vec{p}_1 + \lambda \vec{r}$ mit der Ebene $E : \vec{n} \cdot (\vec{x} - \vec{p}_2) = 0$ lautet:

$$\varphi = \arcsin \left(\frac{|\vec{n} \cdot \vec{r}|}{|\vec{n}| \cdot |\vec{r}|} \right)$$

Schnitt einer Geraden mit einer Ebene

Gegeben: Ebene E mit Punkt $P_0 = (3; 4; 1)$ und Normalenvektor $\vec{n} = \begin{pmatrix} 2 \\ -1 \\ 1 \end{pmatrix}$. Bestimme Schnittpunkt S und Schnittwinkel φ mit der Geraden durch den Punkt $P_1 = (2; 1; 5)$ und Richtungsvektor $\vec{a} = \begin{pmatrix} 3 \\ -4 \\ 0 \end{pmatrix}$.

sn.pub/gcsp51

Bestimme den Schnittwinkel φ zwischen der $E : 3x - 4y = 13$ und der Gerade $g : \vec{x} = \begin{pmatrix} 7 \\ 0 \\ 6 \end{pmatrix} + \lambda \cdot \begin{pmatrix} -4 \\ 18 \\ 11 \end{pmatrix}$.

sn.pub/6f57t6

(Fortsetzung)

Bestimme den Schnittpunkt S zwischen der Ebene $E : 2x - 5y - 3z = -29$ und der Geraden $g : \vec{x} = \begin{pmatrix} 2 \\ 1 \\ 1 \end{pmatrix} + \lambda \cdot \begin{pmatrix} -3 \\ 5 \\ -2 \end{pmatrix}$.

sn.pub/f8m293

Lagebeziehung zweier Ebenen: Eine Ebene $E_1 : \vec{n}_1 \cdot (\vec{x} - \vec{p}_1) = 0$ und eine Ebene $E_2 : \vec{n}_2 \cdot (\vec{x} - \vec{p}_2) = 0$ können folgende Lagen zueinander haben:

- E_1 und E_2 sind zueinander parallel (wenn $\vec{n}_1 \times \vec{n}_2 = \vec{0}$),
- E_1 und E_2 fallen zusammen (wenn zusätzlich $d = 0$),
- E_1 und E_2 schneiden sich längs einer Geraden.

Abstand zweier paralleler Ebenen: Der Abstand zweier paralleler Ebenen $E_1 : \vec{n}_1 \cdot (\vec{x} - \vec{p}_1) = 0$ und $E_2 : \vec{n}_2 \cdot (\vec{x} - \vec{p}_2) = 0$ beträgt (Abb. 7.15):

$$d = \frac{|\vec{n}_1 \cdot (\vec{p}_2 - \vec{p}_1)|}{|\vec{n}_1|}$$

Abb. 7.15 Abstand zweier paralleler Ebenen

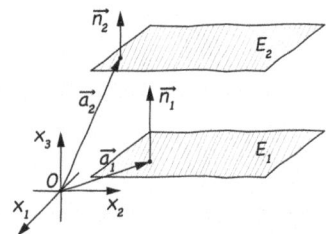

Abstand zweier paralleler Ebenen

Bestimme den Abstand zwischen der Ebene E_1 mit Punkt $P_1 = (7; 3; -4)$ und Normalenvektor $\vec{n}_1 = \begin{pmatrix} -1 \\ 4 \\ 2 \end{pmatrix}$ zur Ebene E_2 mit Punkt $P_2 = (-1; 0; 8)$ und Normalenvektor $\vec{n}_2 = \begin{pmatrix} -2 \\ 8 \\ 4 \end{pmatrix}$.

sn.pub/mat3gh

Schnittgerade zweier Ebenen:

- Die Schnittgerade g zweier Ebenen

$$E_1 : \vec{n}_1 \cdot (\vec{x} - \vec{p}_1) = 0 \quad \text{und} \quad E_2 : \vec{n}_2 \cdot (\vec{x} - \vec{p}_2) = 0$$

hat die Gleichung:

$$g : \vec{x} = \vec{p}_0 + \lambda \vec{r}_0$$

- Der Richtungsvektor $\vec{r}_0$ der Schnittgerade ergibt sich aus dem Kreuzprodukt:

$$\vec{r}_0 = \vec{n}_1 \times \vec{n}_2$$

- Der Ortsvektor $\vec{p}_0$ eines Punktes P_0 auf der Schnittgeraden erfüllt das Gleichungssystem:

$$\vec{n}_1 \cdot (\vec{p}_0 - \vec{p}_1) = 0, \quad \vec{n}_2 \cdot (\vec{p}_0 - \vec{p}_2) = 0$$

- In ausgeschriebener Form, wobei eine der drei Koordinaten frei wählbar ist (z. B. $x_0 = 0$), lautet das System:

$$n_{1x}(x_0 - x_1) + n_{1y}(y_0 - y_1) + n_{1z}(z_0 - z_1) = 0,$$

$$n_{2x}(x_0 - x_2) + n_{2y}(y_0 - y_2) + n_{2z}(z_0 - z_2) = 0$$

Schnittwinkel zweier Ebenen: Der Schnittwinkel φ zweier Ebenen E_1 und E_2 mit den den Normalenvektoren $\vec{n}_1$ und $\vec{n}_2$ lautet (Abb. 7.16):

$$\varphi = \arccos\left(\frac{\vec{n}_1 \cdot \vec{n}_2}{|\vec{n}_1| \cdot |\vec{n}_2|}\right)$$

Abb. 7.16 Schnitt zweier Ebenen

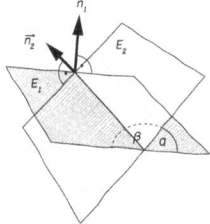

Schnitt zweier Ebenen

Entlang welcher Geraden und unter welchem Winkel schneiden sich die beiden Ebenen E_1 ($P_1 = (1; 0; 1)$, Normalenvektor $\vec{n}_1 = \begin{pmatrix} 1 \\ 5 \\ -3 \end{pmatrix}$) und E_2 ($P_2 = (0; 3; 0)$, Normalenvektor $\vec{n}_2 = \begin{pmatrix} 2 \\ 1 \\ 2 \end{pmatrix}$)?

sn.pub/206n2i

Entlang welcher Geraden und unter welchem Winkel schneiden sich die beiden Ebenen $E_1 : 3x + 5y - 8z = 161$ und $E_2 : 7x - 2y + 6z = 1988$?

sn.pub/7u43vb

Entlang welcher Geraden und unter welchem Winkel schneiden sich die beiden Ebenen $E_1 : 4x - 3y + 5z = 8$ und $E_2 : 2x + 3y + z = 4$?

sn.pub/jbt9vd

7.2.3 Vektoren im $\mathbb{R}^n$

In Verallgemeinerung der Koordinatendarstellung von geometrischen Vektoren werden Elemente des $\mathbb{R}^n$, also n-Tupel reeller Zahlen, als **Vektoren** bezeichnet, wenn mit ihnen die für Vektoren typischen Rechenoperationen **Addition** und **skalare Multiplikation** ausgeführt werden.

In der Regel werden die n-Tupel als sogenannte **Spaltenvektoren** geschrieben, das heißt, ihre Einträge stehen untereinander.

Die **Addition und Subtraktion von Vektoren** zweier Vektoren $\vec{x}, \vec{y} \in \mathbb{R}^n$ wird komponentenweise definiert:

$$\vec{x} \pm \vec{y} = \begin{pmatrix} x_1 \\ \vdots \\ x_n \end{pmatrix} \pm \begin{pmatrix} y_1 \\ \vdots \\ y_n \end{pmatrix} = \begin{pmatrix} x_1 \pm y_1 \\ \vdots \\ x_n \pm y_n \end{pmatrix}$$

7.2 Vektorrechnung in der Geometrie

Die **Multiplikation eines Vektors mit einem Skalar** $r \in \mathbb{R}$ wird ebenfalls komponentenweise definiert:

$$r\vec{x} = r \cdot \begin{pmatrix} x_1 \\ \vdots \\ x_n \end{pmatrix} = \begin{pmatrix} r \cdot x_1 \\ \vdots \\ r \cdot x_n \end{pmatrix}$$

Das **Skalarprodukt zweier Vektoren** $\vec{x}, \vec{y} \in \mathbb{R}^n$ wird wie folgt definiert:

$$\vec{x} \cdot \vec{y} = \begin{pmatrix} x_1 \\ \vdots \\ x_n \end{pmatrix} \cdot \begin{pmatrix} y_1 \\ \vdots \\ y_n \end{pmatrix} = x_1 y_1 + x_2 y_2 + \ldots + x_n y_n$$

Die Menge $\mathbb{R}^n$ bildet mit diesen Verknüpfungen einen **Vektorraum** über dem Körper $\mathbb{R}$. Dieser sogenannte Koordinatenraum ist das Standardbeispiel eines n-dimensionalen $\mathbb{R}$-Vektorraums. Es gelten die gleichen Rechenoperationen wie im $\mathbb{R}^2$ und $\mathbb{R}^3$.

Die **Betragsbildung** erfolgt analog wie bei ebenen und räumlichen Vektoren:

$$|\vec{x}| = \sqrt{x_1^2 + x_2^2 + \ldots + x_n^2} = \sqrt{\vec{x} \cdot \vec{x}}$$

Einheitsvektor: Ein Einheitsvektor ist in der analytischen Geometrie ein Vektor der Länge Eins (Abb. 7.17). In den endlichdimensionalen reellen Vektorräumen $\mathbb{R}^n$ besteht die am häufigsten bevorzugte Standardbasis aus den **kanonischen Einheitsvektoren**:

$$\vec{e}_1 = \begin{pmatrix} 1 \\ 0 \\ 0 \\ \vdots \\ 0 \end{pmatrix}, \vec{e}_2 = \begin{pmatrix} 0 \\ 1 \\ 0 \\ \vdots \\ 0 \end{pmatrix}, \vec{e}_3 = \begin{pmatrix} 0 \\ 0 \\ 1 \\ \vdots \\ 0 \end{pmatrix}, \ldots, \vec{e}_n = \begin{pmatrix} 0 \\ 0 \\ 0 \\ \vdots \\ 1 \end{pmatrix}$$

Abb. 7.17 Kanonische Einheitsvektoren in der euklidischen Ebene

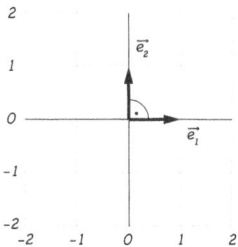

Fasst man die kanonischen Einheitsvektoren zu einer Matrix zusammen, erhält man eine **Einheitsmatrix**. Die Menge der kanonischen Einheitsvektoren des $\mathbb{R}^n$ bildet bezüglich des kanonischen Skalarprodukts eine **Orthonormalbasis**. Je zwei kanonische Einheitsvektoren stehen senkrecht aufeinander („ortho"), alle sind normiert („normal") und sie bilden eine Basis.

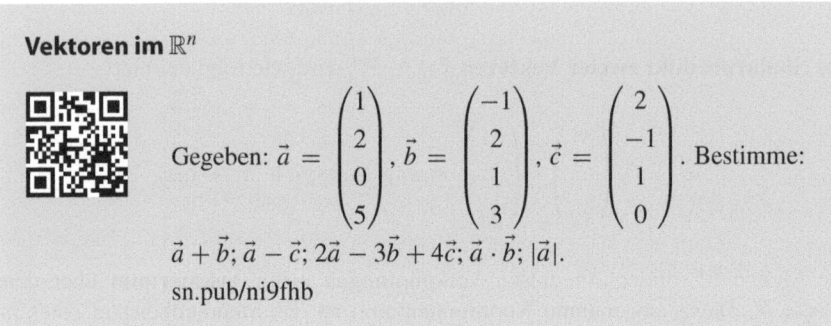

Vektoren im $\mathbb{R}^n$

Gegeben: $\vec{a} = \begin{pmatrix} 1 \\ 2 \\ 0 \\ 5 \end{pmatrix}, \vec{b} = \begin{pmatrix} -1 \\ 2 \\ 1 \\ 3 \end{pmatrix}, \vec{c} = \begin{pmatrix} 2 \\ -1 \\ 1 \\ 0 \end{pmatrix}$. Bestimme:

$\vec{a} + \vec{b}; \vec{a} - \vec{c}; 2\vec{a} - 3\vec{b} + 4\vec{c}; \vec{a} \cdot \vec{b}; |\vec{a}|$.

sn.pub/ni9fhb

7.3 Matrizen

Matrizen sind rechteckige Anordnungen von Zahlen, die als kompakte Darstellung von linearen Transformationen dienen und in der linearen Algebra zur Lösung von Gleichungssystemen, zur Untersuchung der linearen Unabhängigkeit von Vektoren sowie zur Berechnung von Determinanten und Inversen verwendet werden.

7.3.1 Begriffe

Matrizen A vom Typ (m, n) oder kurz $A_{(m,n)}$ nennt man Systeme von m mal n Elementen, z. B. Zahlen, darunter auch komplexe Zahlen, oder Funktionen, Differentialquotienten, Vektoren, die in m Zeilen und n Spalten angeordnet sind.

Als Notation hat sich die Anordnung der Elemente in Zeilen und Spalten zwischen zwei großen öffnenden und schließenden Klammern durchgesetzt. In der Regel verwendet man runde Klammern, es werden aber auch eckige verwendet (Abb. 7.18).

Mit dem Begriff **Typ einer Matrix** werden die Matrizen entsprechend ihrer Zeilenzahl m und ihrer Spaltenzahl n klassifiziert. Eine Matrix mit m Zeilen und n Spalten nennt man eine $m \times n$-Matrix (sprich: m-mal-n- oder m-Kreuz-n-Matrix). Eine erste Einteilung in **quadratische** und **rechteckige** Matrizen ergibt sich, je nach dem, ob die Zahl der Zeilen und Spalten gleich groß ist oder nicht. Eine Matrix, die aus nur einer Spalte oder nur einer Zeile besteht, wird üblicherweise als Vektor aufgefasst. **Reelle** Matrizen bestehen aus reellen Elementen, **komplexe** Matrizen aus komplexen Elementen.

7.3 Matrizen

Abb. 7.18 Schema für eine allgemeine $m \times n$-Matrix

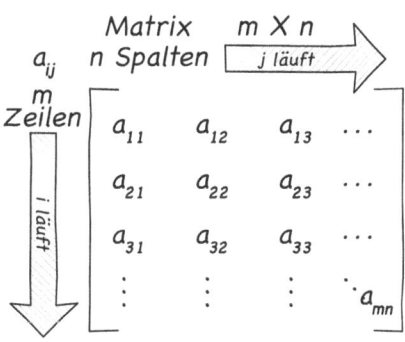

Elemente einer Matrix: Ein bestimmtes Element beschreibt man durch zwei Indizes, meist ist das Element in der ersten Zeile und der ersten Spalte durch a_{11} beschrieben (Abb. 7.19). Allgemein: a_{ij} Element der i-ten Zeile und der j-ten Spalte. Indizierung: stets als erstes der Zeilenindex und als zweites der Spaltenindex. **Merkregel: Zeile zuerst, Spalte später.** Bei Verwechslungsgefahr: Trennung der beiden Indizes mit einem Komma (Beispiel: Element in Zeile 1 und Spalte 11 wird mit $a_{1,11}$ bezeichnet).

Abb. 7.19 Elemente und Bezeichnungen einer Matrix

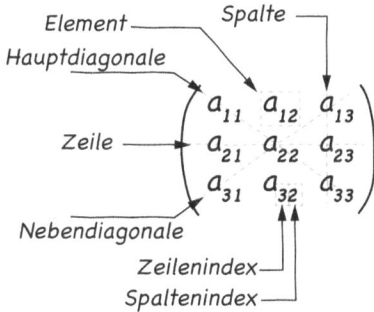

Einheitsmatrix: Die Einheitsmatrix oder Identitätsmatrix ist in der Mathematik eine quadratische Matrix, deren Elemente auf der Hauptdiagonale eins und überall sonst null sind. Die Elemente einer Einheitsmatrix lassen sich mit dem **Kronecker-Delta**

$$\delta_{ij} = \begin{cases} 1 & \text{falls } i = j \\ 0 & \text{falls } i \neq j \end{cases}$$

angeben. Die Zeilen und Spalten der Einheitsmatrix sind die kanonischen Einheitsvektoren $\vec{e}_1, \ldots, \vec{e}_n$ und man schreibt entsprechend $I_n = (\vec{e}_1, \ldots, \vec{e}_n)$.

Beispiele für Einheitsmatrizen:

$$I_1 = (1), \quad I_2 = \begin{pmatrix} 1 & 0 \\ 0 & 1 \end{pmatrix}, \quad I_3 = \begin{pmatrix} 1 & 0 & 0 \\ 0 & 1 & 0 \\ 0 & 0 & 1 \end{pmatrix}, \quad I_4 = \begin{pmatrix} 1 & 0 & 0 & 0 \\ 0 & 1 & 0 & 0 \\ 0 & 0 & 1 & 0 \\ 0 & 0 & 0 & 1 \end{pmatrix}$$

7.3.2 Rechenoperationen mit Matrizen

Transponierte Matrix: Die Transponierte einer Matrix $A = (a_{ij}) \in \mathbb{R}^n$ ist die Matrix $A^T = (a_{ji})$.

$$A = \begin{pmatrix} a_{11} & \cdots & a_{1n} \\ \vdots & & \vdots \\ a_{m1} & \cdots & a_{mn} \end{pmatrix} \quad \Rightarrow \quad A^T = \begin{pmatrix} a_{11} & \cdots & a_{m1} \\ \vdots & & \vdots \\ a_{1n} & \cdots & a_{mn} \end{pmatrix}$$

Man schreibt also die erste Zeile als erste Spalte, die zweite Zeile als zweite Spalte usw. Die Matrix wird an ihrer Hauptdiagonalen $a_{11}, a_{22}, \ldots$ gespiegelt.

Rechenregeln für das Transponieren von Matrizen:

$$(A + B)^T = A^T + B^T$$

$$(c \cdot A)^T = c \cdot A^T$$

$$\left(A^T\right)^T = A$$

$$(A \cdot B)^T = B^T \cdot A^T$$

$$\left(A^{-1}\right)^T = \left(A^T\right)^{-1}$$

Transponierte Matrix

Transponiere die folgenden Matrizen: $A = \begin{pmatrix} 1 & 3 \\ 4 & 2 \\ 0 & -8 \end{pmatrix}$; $B = \begin{pmatrix} 1 & 1 & 1 \\ 0 & -2 & 5 \\ 7 & 6 & 0 \end{pmatrix}$; $C = \begin{pmatrix} 1 \\ 2 \\ 9 \end{pmatrix}$.

sn.pub/bj5pfc

7.3 Matrizen

Matrizenaddition: Seien $A = (a_{ij}) \in \mathbb{R}^{m \times n}$ und $B = (b_{ij}) \in \mathbb{R}^{m \times n}$. Die Matrizenaddition $A + B$ ist definiert, wenn A und B die gleiche Größe besitzen. Die Summenmatrix ergibt sich durch komponentenweise Addition der Einträge:

$$A + B = (a_{ij} + b_{ij}) = \begin{pmatrix} a_{11} + b_{11} & \cdots & a_{1n} + b_{1n} \\ \vdots & \ddots & \vdots \\ a_{m1} + b_{m1} & \cdots & a_{mn} + b_{mn} \end{pmatrix}$$

Für Matrizen $A, B, C \in \mathbb{R}^{m \times n}$ gelten:

- **Kommutativgesetz:** $A + B = B + A$
- **Assoziativgesetz:** $A + (B + C) = (A + B) + C$

Matrizenaddition

Bilde Summe $A + B$ und Differenz $A - B$. $A = \begin{pmatrix} 1 & 5 & -3 \\ 4 & 0 & 8 \end{pmatrix}$; $B = \begin{pmatrix} 5 & 1 & 3 \\ -1 & 4 & 7 \end{pmatrix}$.

sn.pub/ng52xv

Skalarmultiplikation: Eine Matrix $A = (a_{ij}) \in \mathbb{R}^{m \times n}$ wird mit einem Skalar $\alpha \in \mathbb{R}$ multipliziert, indem jeder Eintrag der Matrix mit dem Skalar multipliziert wird:

$$\alpha \cdot A := (\alpha \cdot a_{ij})_{i=1,\ldots,m;\ j=1,\ldots,n}$$

$$\alpha \cdot A = \alpha \cdot \begin{pmatrix} a_{11} & \cdots & a_{1n} \\ \vdots & \ddots & \vdots \\ a_{m1} & \cdots & a_{mn} \end{pmatrix} = \begin{pmatrix} \alpha \cdot a_{11} & \cdots & \alpha \cdot a_{1n} \\ \vdots & \ddots & \vdots \\ \alpha \cdot a_{m1} & \cdots & \alpha \cdot a_{mn} \end{pmatrix}$$

Skalarmultiplikation

Gegeben: $A = \begin{pmatrix} 1 & 5 & -3 \\ 4 & 0 & 8 \end{pmatrix}$. Berechne $B = 4A$ und $C = -3A$.

sn.pub/9t711b

Matrizenmultiplikation: Die Matrizenmultiplikation verknüpft eine $l \times m$-Matrix $A = (a_{ij})$ mit einer $m \times n$-Matrix $B = (b_{ij})$ zu einer $l \times n$-Matrix $C = (c_{ij})$ (Abb. 7.20). Die Einträge der Produktmatrix C ergeben sich aus der **Produktsummenformel**:

$$c_{ij} = \sum_{k=1}^{m} a_{ik} \cdot b_{kj}$$

Die Multiplikation erfolgt durch Summation der Produkte zwischen den Einträgen der i-ten Zeile von A und der j-ten Spalte von B.

Wichtige Eigenschaften der Matrizenmultiplikation:

- **Nicht kommutativ:** Im Allgemeinen gilt $A \cdot B \neq B \cdot A$
- **Assoziativ:** Es gilt stets $(A \cdot B) \cdot C = A \cdot (B \cdot C)$

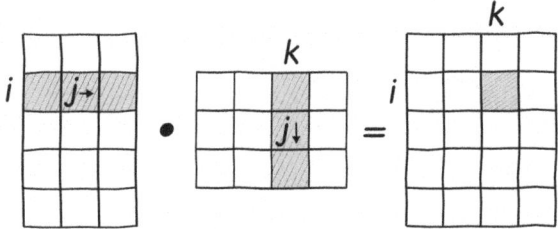

Abb. 7.20 Zur Matrizenmultiplikation wird das Schema Zeile mal Spalte angewandt

Matrizenprodukt

Bestimme $C = A \cdot B$: $A = \begin{pmatrix} 1 & 4 & 2 \\ 4 & 0 & -3 \end{pmatrix}$; $B = \begin{pmatrix} 1 & 1 & 0 \\ -2 & 3 & 5 \\ 0 & 1 & 4 \end{pmatrix}$

sn.pub/24z5w2

Bestimme $C = A \cdot B$: $A = \begin{pmatrix} 1 & 4 & -2 \\ 0 & 1 & 1 \\ -3 & 2 & 5 \end{pmatrix}$; $B = \begin{pmatrix} 3 & 0 & 1 \\ -2 & 1 & 5 \\ 2 & 3 & 8 \end{pmatrix}$

sn.pub/3atiw8

Bestimme $C = A \cdot B$: $A = \begin{pmatrix} 1 & -3 & 2 \\ 0 & 2 & 1 \end{pmatrix}$; $B = \begin{pmatrix} 1 \\ 5 \\ 4 \end{pmatrix}$

sn.pub/owse63

7.4 Determinanten und Inverse Matrizen

Determinanten geben Auskunft darüber, ob eine Matrix invertierbar ist. Ist die Determinante ungleich null, so existiert eine Inverse, mit deren Hilfe sich lineare Gleichungssysteme lösen lassen.

7.4.1 Bedeutung und Berechnung von Determinanten

Die Determinante ist ein Skalar, der einer quadratischen Matrix zugeordnet wird. Sie liefert wesentliche Informationen, beispielsweise:

- Ein lineares Gleichungssystem ist eindeutig lösbar, wenn die Determinante der Koeffizientenmatrix $\neq 0$ ist.
- Eine quadratische Matrix ist genau dann invertierbar, wenn ihre Determinante $\neq 0$ ist.

Schreibt man n Vektoren im $\mathbb{R}^n$ als Spalten einer quadratischen Matrix, so:

- gibt das Vorzeichen der Determinante die Orientierung des Raums an.
- entspricht der Absolutbetrag dem Volumen des durch die Vektoren aufgespannten Parallelepipeds (Spat) (Abb. 7.21).

Determinante einer 2×2-Matrix A:

$$\det A = \det \begin{pmatrix} a_{11} & a_{12} \\ a_{21} & a_{22} \end{pmatrix} = a_{11}a_{22} - a_{12}a_{21}$$

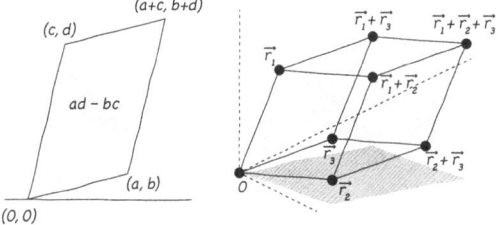

Abb. 7.21 Die Fläche des Parallelogramms ist der Absolutwert der Determinante der Matrix, die durch die Vektoren gebildet wird, die die Seiten des Parallelogramms darstellen. Ebenso entspricht das Volumen eines Parallelepipeds dem Absolutwert der Determinante der Matrix, die durch die Vektoren $\vec{r}_1, \vec{r}_2$ und $\vec{r}_3$ gebildet wird

Regel von Sarrus: Die Determinante einer 3×3-Matrix A berechnet sich nach der Regel von Sarrus (Abb. 7.22):

$$\det A = \det \begin{pmatrix} a_{11} & a_{12} & a_{13} \\ a_{21} & a_{22} & a_{23} \\ a_{31} & a_{32} & a_{33} \end{pmatrix} =$$

$$= a_{11}a_{22}a_{33} + a_{12}a_{23}a_{31} + a_{13}a_{21}a_{32} - a_{13}a_{22}a_{31} - a_{12}a_{21}a_{33} - a_{11}a_{23}a_{32}.$$

Abb. 7.22 Regel von Sarrus

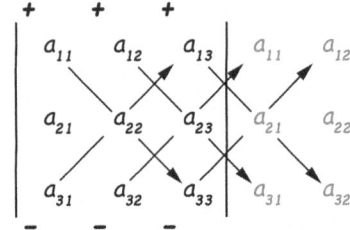

Determinanten

Bestimme die Determinanten: $A = \begin{pmatrix} 3 & 5 \\ -2 & 4 \end{pmatrix}$; $B = \begin{pmatrix} 5 & 3 \\ -10 & -6 \end{pmatrix}$; $C = \begin{pmatrix} 1 & 0 \\ 0 & 1 \end{pmatrix}$

sn.pub/7wu1rt

Bestimme die Determinanten: $D = \begin{pmatrix} 4 & 2 & 1 \\ 10 & 5 & 0 \\ -6 & -3 & 1 \end{pmatrix}$; $E = \begin{pmatrix} 1 & -2 & 7 \\ 0 & 3 & 2 \\ 5 & -1 & 4 \end{pmatrix}$; $F = \begin{pmatrix} 1 & 0 & -1 \\ 2 & 5 & 4 \\ 0 & 1 & 5 \end{pmatrix}$

sn.pub/iqjs14

Laplacescher Entwicklungssatz: Die Determinante einer $n \times n$-Matrix A kann nach einer Zeile oder Spalte entwickelt werden. Sei A_{ij} die $(n-1) \times (n-1)$-Untermatrix von A, die durch Streichen der i-ten Zeile und j-ten Spalte entsteht. Zweckmäßig ist die Wahl der Zeile oder Spalte mit den meisten Nulleinträgen.

7.4 Determinanten und Inverse Matrizen

Entwicklung nach der j-ten Spalte:

$$\det A = \sum_{i=1}^{n} (-1)^{i+j} \cdot a_{ij} \cdot \det A_{ij}$$

Entwicklung nach der i-ten Zeile:

$$\det A = \sum_{j=1}^{n} (-1)^{i+j} \cdot a_{ij} \cdot \det A_{ij}$$

Beispiel (Entwicklung nach der ersten Zeile):

$$\det \begin{vmatrix} a & b & c \\ d & e & f \\ g & h & i \end{vmatrix} = a \det \begin{vmatrix} e & f \\ h & i \end{vmatrix} - b \det \begin{vmatrix} d & f \\ g & i \end{vmatrix} + c \det \begin{vmatrix} d & e \\ g & h \end{vmatrix} = a(ei-fh) - b(di-fg) + c(dh-eg)$$

Vollständiges Beispiel zum Laplaceschen Entwicklungssatz:

$$\det \begin{vmatrix} 0 & 1 & 2 \\ 3 & 2 & 1 \\ 1 & 1 & 0 \end{vmatrix} = 0 \cdot \det \begin{vmatrix} 2 & 1 \\ 1 & 0 \end{vmatrix} - 1 \cdot \det \begin{vmatrix} 3 & 1 \\ 1 & 0 \end{vmatrix} + 2 \cdot \det \begin{vmatrix} 3 & 2 \\ 1 & 1 \end{vmatrix} = 0 + 1 + 2 = 3$$

Laplacescher Entwicklungssatz

Bestimme die Determinante: $A = \begin{pmatrix} 1 & -5 & 3 \\ 4 & 0 & 2 \\ 3 & 6 & -7 \end{pmatrix}$

sn.pub/wwovvv

Bestimme die Determinante: $B = \begin{pmatrix} 1 & 2 & -3 & 4 \\ 0 & 4 & 5 & 1 \\ 1 & 1 & 0 & 2 \\ -1 & 3 & 4 & 0 \end{pmatrix}$

sn.pub/c0w477

7.4.2 Inverse Matrix

Die inverse Matrix, auch Kehrmatrix genannt, ist eine quadratische Matrix, die mit der Ausgangsmatrix multipliziert die Einheitsmatrix ergibt.
Sei $A \in \mathbb{R}^{n \times n}$. Die inverse Matrix $A^{-1} \in \mathbb{R}^{n \times n}$ erfüllt:

$$A \cdot A^{-1} = A^{-1} \cdot A = I,$$

wobei I die Einheitsmatrix der Größe $n \times n$ ist.

Berechnung mit dem Gauß-Jordan-Algorithmus: Die Inverse kann mit dem **Gauß-Jordan-Algorithmus** berechnet werden, indem man die Koeffizientenmatrix A mit der Einheitsmatrix I erweitert und mittels elementarer Zeilenumformungen bearbeitet.

Schritte zur Berechnung:

1. Erweitere die Matrix A um die Einheitsmatrix I:

$$(A \mid I) = \begin{pmatrix} a_{11} & \dots & a_{1n} & \mid & 1 & \dots & 0 \\ \vdots & \ddots & \vdots & \mid & \vdots & \ddots & \vdots \\ a_{n1} & \dots & a_{nn} & \mid & 0 & \dots & 1 \end{pmatrix}$$

2. Transformiere die Matrix A mittels elementarer Zeilenumformungen in obere Dreiecksgestalt.
3. Prüfe die Diagonale: Enthält die Diagonale keine Nullen, ist die Matrix A invertierbar.
4. Bringe A in die Einheitsmatrix I. Die rechte Seite ergibt dann die gesuchte Inverse A^{-1}:

$$(I \mid A^{-1}) = \begin{pmatrix} 1 & \dots & 0 & \mid & \hat{a}_{11} & \dots & \hat{a}_{1n} \\ \vdots & \ddots & \vdots & \mid & \vdots & \ddots & \vdots \\ 0 & \dots & 1 & \mid & \hat{a}_{n1} & \dots & \hat{a}_{nn} \end{pmatrix}$$

Elementare Zeilenumformungen:
- Vertauschen zweier Zeilen
- Multiplikation einer Zeile mit einer Zahl $\neq 0$
- Addition eines Vielfachen einer Zeile zu einer anderen

Eigenschaften der inversen Matrix:

- Eine Matrix A ist genau dann invertierbar, wenn $\det(A) \neq 0$.
- Die Inverse einer Matrix ist eindeutig.

Gauß-Jordan-Algorithmus zur Berechnung der Inversen einer Matrix

Bestimme die Inverse der Matrix: $A = \begin{pmatrix} 3 & 2 \\ 1 & 1 \end{pmatrix}$

sn.pub/a1tif8

Bestimme die Inverse der Matrix: $B = \begin{pmatrix} 1 & 0 & -1 \\ -8 & 4 & 1 \\ -2 & 1 & 0 \end{pmatrix}$

sn.pub/lrmkaj

7.4.3 Reguläre und Orthogonale Matrizen

Reguläre Matrix: Eine **reguläre**, **invertierbare** oder **nichtsinguläre** Matrix ist eine quadratische Matrix, die eine **Inverse** besitzt. Sei $A \in \mathbb{R}^{n \times n}$ eine quadratische Matrix. Sie heißt **regulär**, wenn eine Matrix $B \in \mathbb{R}^{n \times n}$ existiert, sodass gilt:

$$A \cdot B = B \cdot A = I,$$

wobei I die **Einheitsmatrix** bezeichnet. Die Matrix B ist eindeutig bestimmt und wird als inverse Matrix zu A bezeichnet.

Äquivalente Charakterisierungen: Eine Matrix A ist genau dann **invertierbar**, wenn eine der folgenden äquivalenten Bedingungen erfüllt ist:

- Es existiert eine Matrix B mit $A \cdot B = I = B \cdot A$.
- $\det(A) \neq 0$.
- Alle Eigenwerte von A sind ungleich null.
- Die Zeilenvektoren von A sind linear unabhängig.
- Die Spaltenvektoren von A sind linear unabhängig.
- Die transponierte Matrix A^T ist invertierbar.
- Der Rang von A ist gleich n.

Singuläre Matrix: Eine quadratische Matrix, die keine Inverse besitzt, wird **singulär** genannt.

Orthogonale Matrix: Eine **orthogonale Matrix** ist eine reelle quadratische Matrix $Q \in \mathbb{R}^{n \times n}$, deren Zeilen- und Spaltenvektoren orthonormal sind. Ihre Inverse entspricht der Transponierten:

$$Q^T = Q^{-1}$$

Orthogonale Matrizen beschreiben Kongruenzabbildungen im euklidischen Raum, wie Drehungen und Spiegelungen, und sind stets regulär (Abb. 7.23). Zusätzlich gilt:

$$Q^T \cdot Q = I$$

und

$$|\det(Q)| = 1$$

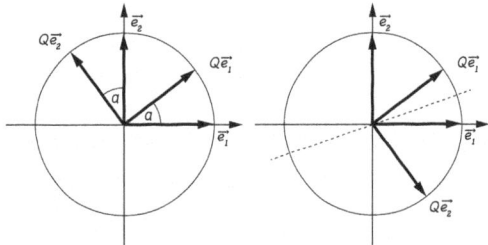

Abb. 7.23 Durch Multiplikation mit einer **orthogonalen Matrix** Q können Vektoren gedreht (links) oder gespiegelt (rechts) werden. Die Länge der Vektoren und der Winkel zwischen den Vektoren bleiben dabei erhalten

Drehmatrizen: Eine **Drehmatrix** oder **Rotationsmatrix** ist eine reelle, orthogonale Matrix mit der **Determinante** $+1$. Die Multiplikation dieser Matrix mit einem Vektor bewirkt eine (aktive) **Drehung** des Vektors im euklidischen Raum. Dabei handelt es sich stets um Drehungen um den **Ursprung**, da der Nullvektor durch die Matrixmultiplikation auf sich selbst abgebildet wird.

Aussehen einer Drehmatrix: Sei $\alpha \in [0, 2\pi)$ ein Drehwinkel. Dann ist die 2×2-Matrix R_α gegeben durch:

$$R_\alpha = \begin{pmatrix} \cos\alpha & -\sin\alpha \\ \sin\alpha & \cos\alpha \end{pmatrix}$$

eine Drehmatrix.

7.4 Determinanten und Inverse Matrizen

Wirkung einer Drehmatrix: Sei ein Punkt der Ebene durch einen Spaltenvektor $\begin{pmatrix} x \\ y \end{pmatrix}$ gegeben. Die Drehmatrix R_α bewirkt:

$$R_\alpha \cdot \begin{pmatrix} x \\ y \end{pmatrix} = \begin{pmatrix} \cos\alpha \cdot x - \sin\alpha \cdot y \\ \sin\alpha \cdot x + \cos\alpha \cdot y \end{pmatrix}$$

Das Ergebnis ist der gedrehte Punkt um den Winkel α gegen den Uhrzeigersinn um den Ursprung.

Drehmatrix

Drehe den Punkt (2|1) um den Winkel $\dfrac{\pi}{4}$ um den Nullpunkt.

sn.pub/u6zxsr

Drehung um beliebige Punkte: Soll ein Punkt P nicht um den Nullpunkt, sondern um einen anderen Punkt Z um den Winkel α gegen den Uhrzeigersinn gedreht werden, folgt ein dreistufiges Verfahren:

1. **Verschieben:** Subtrahiere den Koordinatenvektor des Punktes Z, um P und Z relativ zum Ursprung darzustellen:

$$P \mapsto P - Z, \quad Z \mapsto Z - Z = (0, 0)$$

2. **Drehen:** Wende die Drehmatrix R_α auf $P - Z$ an:

$$P' = R_\alpha \cdot (P - Z)$$

3. **Zurückverschieben:** Addiere den Koordinatenvektor von Z, um den Punkt zurückzuverschieben:

$$P'' = P' + Z$$

4. **Zusammenfassung:** Die kombinierte Transformation ist gegeben durch:

$$P'' = R_\alpha \cdot (P - Z) + Z$$

Dabei ist P'' der Punkt P, der um Z und den Winkel α gedreht wurde (Abb. 7.24).

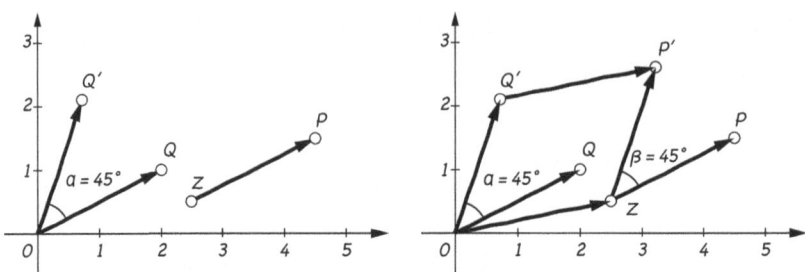

Abb. 7.24 Drehung um beliebige Punkte

Drehung eines Punktes um einen beliebigen Punkt

Drehe den Punkt $P = (4|0)$ um den Winkel $\frac{\pi}{2}$ um den Punkt $Z = (-2|3)$.

sn.pub/ycd54s

Drehmatrizen sind orthogonal

Zeige, dass Drehmatrizen orthogonal sind:
$$A = \begin{pmatrix} \cos\varphi & \sin\varphi \\ -\sin\varphi & \cos\varphi \end{pmatrix}$$

sn.pub/blcn8t

7.5 Lineare Gleichungssysteme

Allgemein lässt sich ein lineares Gleichungssystem mit m Gleichungen und n Unbekannten immer in die folgende Form bringen:

$$\begin{aligned} a_{11}x_1 + a_{12}x_2 + \cdots + a_{1n}x_n &= b_1 \\ a_{21}x_1 + a_{22}x_2 + \cdots + a_{2n}x_n &= b_2 \\ &\vdots \\ a_{m1}x_1 + a_{m2}x_2 + \cdots + a_{mn}x_n &= b_m \end{aligned}$$

Lineare Gleichungssysteme werden, wenn alle b_i gleich 0 sind, **homogen** genannt, andernfalls **inhomogen**.

7.5 Lineare Gleichungssysteme

Für die Behandlung von linearen Gleichungssystemen ist es nützlich, alle Koeffizienten a_{ij} zu einer Matrix A, der sogenannten **Koeffizientenmatrix** zusammenzufassen:

$$A = \begin{pmatrix} a_{11} & a_{12} & \cdots & a_{1n} \\ a_{21} & a_{22} & \cdots & a_{2n} \\ \vdots & \vdots & \ddots & \vdots \\ a_{m1} & a_{m2} & \cdots & a_{mn} \end{pmatrix}$$

Des Weiteren lassen sich auch alle Unbekannten und die rechte Seite des Gleichungssystems zu einspaltigen Matrizen (das sind Spaltenvektoren) zusammenfassen:

$$x = \begin{pmatrix} x_1 \\ x_2 \\ \vdots \\ x_n \end{pmatrix}; \quad b = \begin{pmatrix} b_1 \\ b_2 \\ \vdots \\ b_m \end{pmatrix}$$

Damit schreibt sich ein lineares Gleichungssystem unter Benutzung der Matrix-Vektor-Multiplikation kurz

$$A \cdot x = b$$

Zur Festlegung eines linearen Gleichungssystems genügt die Angabe der **erweiterten Koeffizientenmatrix**, die entsteht, wenn an die Koeffizientenmatrix A eine Spalte mit der rechten Seite b des Gleichungssystems angefügt wird:

$$(A|b) = \begin{pmatrix} a_{11} & a_{12} & \cdots & a_{1n} & b_1 \\ a_{21} & a_{22} & \cdots & a_{2n} & b_2 \\ \vdots & \vdots & \ddots & \vdots & \vdots \\ a_{m1} & a_{m2} & \cdots & a_{mn} & b_m \end{pmatrix}$$

7.5.1 Rang einer Matrix und Lösbarkeit

Der **Rang einer Matrix** $A \in \mathbb{R}^{m \times n}$ ist die maximale Anzahl linear unabhängiger Zeilen- oder Spaltenvektoren. Der Rang gibt die Dimension des durch A aufgespannten Bildraums an.

Lösbarkeit eines linearen Gleichungssystems: Ein lineares Gleichungssystem der Form $Ax = b$ mit $A \in \mathbb{R}^{m \times n}$ und $b \in \mathbb{R}^m$ ist genau dann lösbar, wenn:

$$\text{rang}(A) = \text{rang}([A \,|\, b]),$$

wobei $[A \,|\, b]$ die erweiterte Koeffizientenmatrix ist.

Fälle der Lösbarkeit:

- Ist $\text{rang}(A) = \text{rang}([A \mid b]) = n$, so existiert eine eindeutige Lösung.
- Ist $\text{rang}(A) = \text{rang}([A \mid b]) < n$, so existiert unendlich viele Lösungen (falls $n > \text{rang}(A)$).
- Ist $\text{rang}(A) \neq \text{rang}([A \mid b])$, so ist das System unlösbar.

Rang einer Matrix

Bestimme den Rag der folgenden Matrizen:

$$A = \begin{pmatrix} 1 & 2 & 3 \\ 0 & 5 & 4 \\ 0 & 10 & 2 \end{pmatrix} \sim \begin{pmatrix} 1 & 2 & 3 \\ 0 & 5 & 4 \\ 0 & 0 & -6 \end{pmatrix} \Rightarrow \text{rang}(A) = 3$$

$$B = \begin{pmatrix} 1 & 2 & 3 \\ 0 & 6 & 4 \\ 0 & 3 & 2 \end{pmatrix} \sim \begin{pmatrix} 1 & 2 & 3 \\ 0 & 6 & 4 \\ 0 & 0 & 0 \end{pmatrix} \Rightarrow \text{rang}(B) = 2$$

$$C = \begin{pmatrix} 2 & 3 \\ 0 & 1 \\ 4 & -1 \end{pmatrix} \sim \begin{pmatrix} 2 & 3 \\ 0 & 1 \\ 0 & 0 \end{pmatrix} \Rightarrow \text{rang}(C) = 2$$

sn.pub/1ljs1s

7.5.2 Gauß-Algorithmus

Der **Gauß-Algorithmus** ist ein systematisches Verfahren zur Lösung eines linearen Gleichungssystems der Form $Ax = b$ mit $A \in \mathbb{R}^{m \times n}$ und $b \in \mathbb{R}^m$. Ziel ist die Umformung der erweiterten Koeffizientenmatrix $[A \mid b]$ in eine einfachere Form.

Schritte des Algorithmus:

1. **Vorwärtssubstitution:** Durch elementare Zeilenumformungen wird $[A \mid b]$ in eine obere Dreiecksform gebracht. Erlaubte Umformungen sind:
   - Vertauschen zweier Zeilen.
   - Multiplikation einer Zeile mit einer von 0 verschiedenen Zahl.
   - Addition eines Vielfachen einer Zeile zu einer anderen.
2. **Rückwärtssubstitution:** Die obere Dreiecksform wird genutzt, um die Variablen sukzessive von oben nach unten zu bestimmen.

7.5 Lineare Gleichungssysteme

Voraussetzungen: Der Algorithmus ist anwendbar, wenn A regulär oder $\text{rang}(A) = \text{rang}([A \mid b])$ ist. Bei nicht-regulären Matrizen kann der Algorithmus unendlich viele oder keine Lösungen liefern.

Vorteile: Der Gauß-Algorithmus ist eine effiziente Methode zur Lösung linearer Gleichungssysteme, insbesondere für kleine bis mittelgroße Systeme, da er systematisch durch Zeilenumformungen zur Stufenform führt. Zudem ermöglicht er die Bestimmung sowohl eindeutiger als auch allgemeiner Lösungen, sofern sie existieren, und gibt damit eine vollständige Charakterisierung des Lösungsverhaltens.

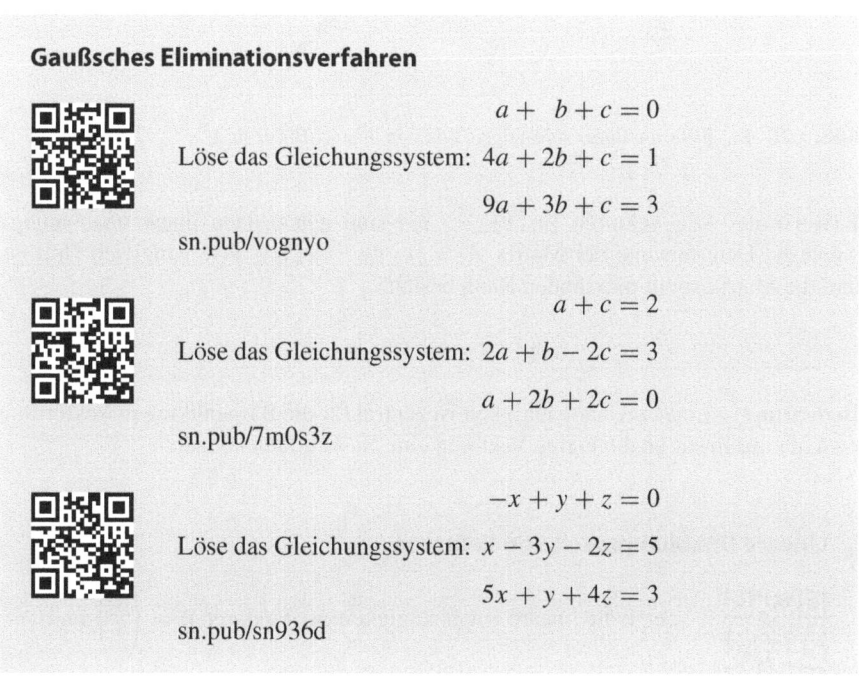

Gaußsches Eliminationsverfahren

Löse das Gleichungssystem:
$$\begin{aligned} a + b + c &= 0 \\ 4a + 2b + c &= 1 \\ 9a + 3b + c &= 3 \end{aligned}$$

sn.pub/vognyo

Löse das Gleichungssystem:
$$\begin{aligned} a + c &= 2 \\ 2a + b - 2c &= 3 \\ a + 2b + 2c &= 0 \end{aligned}$$

sn.pub/7m0s3z

Löse das Gleichungssystem:
$$\begin{aligned} -x + y + z &= 0 \\ x - 3y - 2z &= 5 \\ 5x + y + 4z &= 3 \end{aligned}$$

sn.pub/sn936d

7.5.3 Lineare Unabhängigkeit von Vektoren

Eine Menge von Vektoren $\{v_1, v_2, \ldots, v_k\} \subset \mathbb{R}^n$ heißt **linear unabhängig**, wenn keine nicht-triviale Linearkombination dieser Vektoren den Nullvektor ergibt, d. h., wenn gilt (Abb. 7.25):

$$c_1 v_1 + c_2 v_2 + \cdots + c_k v_k = 0 \quad \Longrightarrow \quad c_1 = c_2 = \cdots = c_k = 0$$

Abb. 7.25 Drei linear
unabhängige Vektoren in $\mathbb{R}^3$

Lineare Abhängigkeit: Die Vektoren sind **linear abhängig**, wenn mindestens ein Vektor als Linearkombination der anderen dargestellt werden kann (Abb. 7.26).

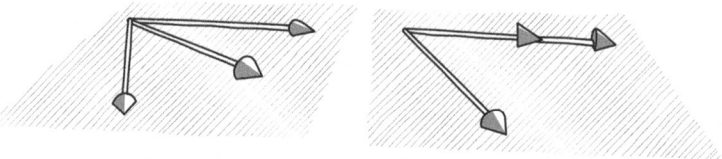

Abb. 7.26 Beispiele von linear abhängigen Vektoren in einer Ebene in $\mathbb{R}^3$

Kriterium: Die Vektoren $\{v_1, v_2, \ldots, v_k\}$ sind genau dann linear unabhängig, wenn die Determinante der Matrix $A = [v_1\ v_2\ \ldots\ v_k] \in \mathbb{R}^{n \times k}$ ungleich Null ist und die Matrix somit maximalen Rang besitzt:

$$\mathrm{rang}(A) = k \quad (\text{für } k \leq n)$$

Bedeutung: Lineare Unabhängigkeit ist zentral für die Basisbildung in Vektorräumen, da nur linear unabhängige Vektoren eine Basis bilden können.

Lineare Unabhängigkeit von Vektoren

Zeige die lineare Unabhängigkeit der Vektoren $\mathbf{u} = \begin{pmatrix} 1 \\ 1 \end{pmatrix}$ und $\mathbf{v} = \begin{pmatrix} -3 \\ 2 \end{pmatrix}$ sind in $\mathbb{R}^2$.

sn.pub/4gr58l

7.5.4 Lineare Optimierung

Die **lineare Optimierung** beschäftigt sich mit der Maximierung oder Minimierung einer linearen Zielfunktion unter Beachtung linearer Nebenbedingungen. Typische Anwendungen finden sich in der Ressourcenplanung, Logistik und Wirtschaftsmathematik.

Eine lineare Optimierungsaufgabe kann allgemein formuliert werden als: Maximiere/Minimiere $z = c^T x$ unter den Nebenbedingungen: $Ax \leq b$, $x \geq 0$, wobei $c \in \mathbb{R}^n$, $x \in \mathbb{R}^n$, $A \in \mathbb{R}^{m \times n}$ und $b \in \mathbb{R}^m$.

7.5 Lineare Gleichungssysteme

Graphische Lösungen: Bei Problemen mit zwei Variablen (x_1, x_2) können Optimierungsaufgaben graphisch gelöst werden (Abb. 7.27).
Schrittweise Lösung:

1. Zeichne die Nebenbedingungen als Ungleichungen im Koordinatensystem.
2. Bestimme die zulässige Lösungsmenge (Schnittbereich der Halbräume).
3. Identifiziere die Ecken des Bereichs, da das Optimum stets in einer Ecke liegt.
4. Werte die Zielfunktion $z = c_1 x_1 + c_2 x_2$ in allen Ecken aus.

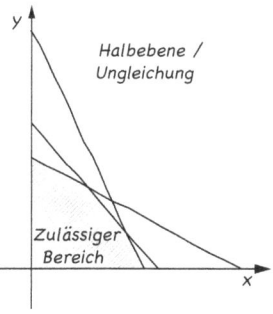

Abb. 7.27 Das Ziel ist die Optimierung linearer Zielfunktionen über einer Menge, die durch lineare Gleichungen und Ungleichungen eingeschränkt ist. Dabei ist der zulässige Bereich (schattiert) durch lineare Ungleichungen (Halbebenen) eingeschränkt

Lineare Ungleichungssysteme

Stelle die Lösungsmenge der linearen Ungleichungen graphisch dar: $\begin{array}{l} 3x - 2y < 2 \\ \dfrac{x}{2} + y \leq 2 \end{array}$
sn.pub/ufj8zc

Stelle die Lösungsmenge der linearen Ungleichungen graphisch dar: $\begin{array}{l} x + y \geq -3 \\ x - 2y < 2 \end{array}$
sn.pub/u39qjy

Stelle die Lösungsmenge der linearen Ungleichungen graphisch dar: $\begin{array}{l} 2x + y \geq -1 \\ x - 2y \leq 2 \\ x - 3 \leq 0 \\ y \leq 2 \end{array}$
sn.pub/fwgizq

Lineare Optimierung mit zwei Variablen: Die grafische Methode eignet sich speziell für Probleme mit zwei Variablen, da die Lösungsmenge visuell dargestellt werden kann. Wichtige Beobachtung: Die Zielfunktion nimmt ihr Optimum immer an einer Ecke der zulässigen Lösungsmenge an.

Lineare Optimierung mit zwei Variablen – Maximum-Aufgabe

Zwei Montageplätze stehen wöchentlich zur Verfügung: Platz I: 40 Stunden; Platz II: 28 Stunden; Gewinn pro Gerät: A= 600 Euro; B= 400 Euro; Zeiten pro Gerät:

- Gerät A: 4 Std. (Platz I), 1 Std. (Platz II)
- Gerät B: 2 Std. (Platz I), 2 Std. (Platz II)

Gesucht: Optimale wöchentliche Produktionsmenge von A und B für den maximalen Gewinn.

sn.pub/v2m8n1

Lineare Optimierung mit zwei Variablen – Minimum-Aufgabe

Ein Lebensmittelbetrieb soll eine Notfallkonserve herstellen, die den Tagesbedarf an 80 g Eiweiß, 80 g Fett und 400 g Kohlenhydraten deckt. Dafür stehen zwei Produkte zur Verfügung:

- Produkt A: 120 g Eiweiß, 40 g Fett, 250 g Kohlenhydrate pro kg, Kosten: 4 /kg.
- Produkt B: 80 g Eiweiß, 120 g Fett, 500 g Kohlenhydrate pro kg, Kosten: 3 /kg.

Gesucht: Die Mischungsverhältnisse von A und B, die die Anforderungen erfüllen und die Kosten minimieren.

sn.pub/nekq63

Simplex-Algorithmus: Der Simplex-Algorithmus löst lineare Optimierungsprobleme effizient für beliebig viele Variablen. Er basiert auf dem Prinzip, von einer Ecke der zulässigen Lösungsmenge zur nächsten zu gehen, bis das Optimum erreicht ist.

7.5 Lineare Gleichungssysteme

Schritte des Simplex-Algorithmus:

1. Umforme die Nebenbedingungen in Gleichungen durch Hinzufügen von Schlupfvariablen.
2. Starte mit einer Basislösung (häufig $x = 0$).
3. Iteriere, indem du Pivot-Operationen ausführst, um den Zielfunktionswert zu verbessern.
4. Beende, wenn keine Verbesserung mehr möglich ist.

Simplex-Algorithmus

Löse das lineare Optimierungsproblem mit dem Simplex-Algorithmus:
$4x_1 + 2x_2 \leq 40$
$x_1 + 2x_2 \leq 28$
$Z = 600x_1 + 400x_2 \rightarrow MAX$
sn.pub/og4o1z

Löse das lineare Optimierungsproblem mit dem Simplex-Algorithmus:
$2x_1 + 2x_2 \leq 16$
$4x_1 + 2x_2 \leq 24$
$4x_1 + 6x_2 \leq 36$
$Z = 80x_1 + 60x_2 \rightarrow MAX$
sn.pub/mro24w

Dualer Simplex-Algorithmus: Der duale Simplex-Algorithmus wird angewendet, wenn die Nebenbedingungen verletzt, die Zielfunktion jedoch bereits optimal ist. Anstelle der Verbesserung des Zielfunktionswerts wird die Zulässigkeit der Lösung iterativ hergestellt.

Unterschied zum Simplex-Algorithmus: Im Unterschied zum Simplex-Algorithmus behebt der duale Simplex-Algorithmus zunächst unzulässige Nebenbedingungen, bevor er eine zulässige Lösung bestimmt. Optimale Lösungen werden dabei durch schrittweise Anpassung der Basisvariablen gefunden, um die Zielfunktion zu verbessern.

Dualer Simplex-Algorithmus

Löse das lineare Optimierungsproblem mit dem dualen Simplex-Algorithmus:
$-2x_1 + 2x_2 \leq 20$
$-2x_1 + 2x_3 \leq -24$
$2x_1 - 2x_2 - 2x_3 \leq 16$
$-4x_1 + 2x_2 - 2x_3 \leq -4$
$Z = -2x_1 - 2x_2 - 6x_3 \to MAX$
sn.pub/fdr9y0

Löse das lineare Optimierungsproblem mit dem dualen Simplex-Algorithmus:
$x_1 - 2x_2 \geq 1$
$x_1 + 2x_2 \geq 4$
$x_1 + x_2 \geq -2$
$Z = x_1 + x_2 \to MIN$
sn.pub/ql634z

7.6 Komplexe Matrizen

Eine Matrix A wird als komplex bezeichnet, wenn Ihre Matrixelemente a_{ik} komplexe Zahlen darstellen.

$$A = (a_{ik}) = (b_{ik} + j \cdot c_{ik}); \quad (i = 1, 2, \ldots, m; k = 1, 2, \ldots, n)$$

Eine komplexe Matrix A mit Elementen $(a_{ik}) = (b_{ik} + j \cdot c_{ik})$ lässt sich stets in der Form $B + j \cdot C$ darstellen. Die reellen Matrizen $B = (b_{ik})$ und $C = (c_{ik})$ sind der Real- bzw. Imaginärteil von A.

7.6.1 Konjugierte und adjungierte Matrix

Konjugierte Matrix: Die konjugierte Matrix, kurz Konjugierte, ist diejenige Matrix, die durch komplexe Konjugation aller Elemente einer gegebenen komplexen Matrix entsteht.

7.6 Komplexe Matrizen

Ist $A = (a_{ij}) \in \mathbb{C}^{m \times n}$ eine komplexe Matrix, dann ergibt sich die zugehörige konjugierte Matrix $A^* \in \mathbb{C}^{m \times n}$ dadurch, dass alle **Einträge** der **Ausgangsmatrix** A **komplex konjugiert** werden.

$$A = \begin{pmatrix} a_{11} & \dots & a_{1n} \\ \vdots & & \vdots \\ a_{m1} & \dots & a_{mn} \end{pmatrix} \quad \Rightarrow \quad A^* = (a^*_{ij}) = \begin{pmatrix} a^*_{11} & \dots & a^*_{1n} \\ \vdots & & \vdots \\ a^*_{m1} & \dots & a^*_{mn} \end{pmatrix}$$

Konjugierte Matrix

Bilde die konjugierte Matrix zu:
$$A = \begin{pmatrix} 1+2j & 4+5j & j \\ 2-3j & 2 & 3-j \end{pmatrix}.$$
sn.pub/kylmfx

Berechne $(A \cdot B)^*$ zu
$$A = \begin{pmatrix} j & 3-2j \\ 2 & 4+3j \end{pmatrix} \text{ und } B = \begin{pmatrix} 1 & j \\ j & 1 \end{pmatrix}.$$
sn.pub/txmikz

Adjungierte Matrix: Ist $A = (a_{ij}) \in \mathbb{C}^{m \times n}$ eine komplexe Matrix, dann ergibt sich die die zugehörige adjungierte Matrix $A^H \in \mathbb{C}^{n \times m}$ dadurch, dass alle **Einträge** der **transponierten Ausgangsmatrix** A^T **komplex konjugiert** werden.

$$A = \begin{pmatrix} a_{11} & \dots & a_{1n} \\ \vdots & & \vdots \\ a_{m1} & \dots & a_{mn} \end{pmatrix} \quad \Rightarrow \quad \overline{A} = (A^*)^T = \begin{pmatrix} a^*_{11} & \dots & a^*_{m1} \\ \vdots & & \vdots \\ a^*_{1n} & \dots & a^*_{mn} \end{pmatrix}$$

Adjungierte Matrix

Bilde die adjungierte Matrix zu:
$$A = \begin{pmatrix} 1+2j & 4+5j & j \\ 2-3j & 2 & 3-j \end{pmatrix}$$
sn.pub/2bia86

7.6.2 Hermitesche, schiefhermitesche und unitäre Matrix

Hermitesche Matrix: Eine quadratische Matrix $H \in \mathbb{C}^{n \times n}$ heißt **hermitesch**, wenn sie mit ihrer konjugiert-transponierten Matrix übereinstimmt:

$$H = H^* \quad (\text{wobei } H^* = \overline{H}^T).$$

Eine hermitesche Matrix H besitzt ausschließlich reelle Eigenwerte. Sie heißt positiv semidefinit, wenn für alle $x \in \mathbb{C}^n$ die Bedingung $x^* H x \geq 0$ erfüllt ist.

Hermitesche Matrizen

Zeige, dass die gegebenen Matrizen hermitesch sind:

$$(2), \quad \begin{pmatrix} 1 & j \\ -j & 1 \end{pmatrix}, \quad \begin{pmatrix} 1 & 3-j & 4 \\ 3+j & -2 & -6+j \\ 4 & -6-j & 5 \end{pmatrix}$$

sn.pub/jhnsd1

Schiefhermitesche Matrix: Eine quadratische Matrix $A \in \mathbb{C}^{n \times n}$ heißt **schiefhermitesch**, wenn sie das Negative ihrer konjugiert-transponierten Matrix ist:

$$A = -A^* \quad (\text{wobei } A^* = \overline{A}^T)$$

Eine schiefhermitesche Matrix A hat ausschließlich rein imaginäre oder gleich null Eigenwerte. Für alle $x \in \mathbb{C}^n$ gilt zudem $x^* A x \in i\mathbb{R}$, sodass ihre quadratischen Formen rein imaginär sind.

Schiefhermitesche Matrizen

Zeige, dass die gegebene Matrizen schiefhermitesch ist:

$$B = \begin{pmatrix} 3j & 2+j \\ -2+j & j \end{pmatrix}$$

sn.pub/lepwpy

Zeige, dass die gegebene Matrizen schiefhermitesch ist:

$$A = \begin{pmatrix} 2j & -1+j \\ 1+j & 3j \end{pmatrix}$$

sn.pub/lepwpy

Unitäre Matrix: Eine quadratische Matrix $U \in \mathbb{C}^{n \times n}$ heißt **unitär**, wenn sie mit ihrer konjugiert-transponierten Matrix invers ist:

$$U^*U = UU^* = I \quad \text{(wobei } U^* = \overline{U}^T\text{)}$$

Die Spalten- und Zeilenvektoren einer unitären Matrix U bilden eine Orthonormalbasis von $\mathbb{C}^n$. Ihre Eigenwerte liegen auf dem Einheitskreis, das heißt, es gilt $|\lambda| = 1$ für alle Eigenwerte λ.

Unitäre Matrix

Zeige, dass die gegebene Matrizen unitär ist:
$$A = \begin{pmatrix} 0 & j \\ -j & 0 \end{pmatrix}$$

sn.pub/21mjcd

7.7 Eigenwerte und Eigenvektoren

Eigenwert: Ein Eigenwert λ einer Matrix A ist ein Skalar, für den es einen Vektor $v \neq 0$ gibt, sodass

$$Av = \lambda v$$

Das bedeutet, dass die Matrix A den Vektor v nur mit dem Eigenwert λ skaliert.

Eigenvektor: Ein Eigenvektor v einer Matrix A ist ein nicht-null Vektor, der unter der Wirkung von A nur in seiner Länge verändert wird, nicht jedoch in seiner Richtung. Zu jedem Eigenwert λ gehört ein Eigenvektor v, der die Gleichung $Av = \lambda v$ erfüllt (Abb. 7.28).

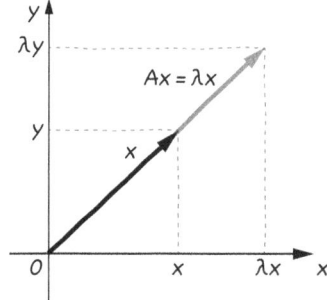

Abb. 7.28 Die Matrix A wirkt, indem der Vektor x gedehnt wird, ohne seine Richtung zu ändern. Vektor x ist also ein Eigenvektor von A

7.7.1 Berechnung der Eigenwerte

Die Eigenwerte $\lambda \in \mathbb{C}$ einer quadratischen Matrix $A \in \mathbb{R}^{n \times n}$ werden durch die Lösung der **charakteristischen Gleichung** bestimmt:

$$\det(A - \lambda I) = 0$$

Zur Bestimmung der Eigenwerte wird zunächst die Matrix $A - \lambda I$ gebildet. Anschließend berechnet man deren Determinante und setzt sie gleich null. Die entstehende Gleichung wird schließlich nach λ gelöst.

7.7.2 Berechnung der Eigenvektoren

Zu jedem Eigenwert λ gehört ein **Eigenvektor** $v \in \mathbb{C}^n \setminus \{0\}$, der die Gleichung

$$(A - \lambda I)v = 0$$

erfüllt. Zur Berechnung der Eigenvektoren wird der Eigenwert λ in die Matrix $A - \lambda I$ eingesetzt. Anschließend löst man das homogene Gleichungssystem $(A - \lambda I)v = 0$. Die Nicht-Null-Lösungen v spannen den Eigenraum zu λ auf.

Eigenwerte und Eigenvektoren

Berechne Eigenwerte und Eigenvektoren von
$$A = \begin{pmatrix} -2 & -5 \\ 1 & 4 \end{pmatrix}.$$
sn.pub/tlupt7

Berechne Eigenwerte und Eigenvektoren von
$$B = \begin{pmatrix} 1 & 0 & 0 \\ -1 & 3 & 0 \\ 0 & -3 & 0 \end{pmatrix}.$$
sn.pub/oqn0js

7.7 Eigenwerte und Eigenvektoren

Ausgewählte Eigenschaften der Eigenwerte:

- Die **Spur** der Matrix A ist gleich der **Summe aller Eigenwerte**:

$$\text{Spur}(A) = \lambda_1 + \lambda_2 + \ldots + \lambda_n$$

$$\text{Spur}(A) = \sum_{j=1}^{n} a_{jj} = a_{11} + a_{22} + \cdots + a_{nn}$$

- Die **Determinante** von A ist gleich dem **Produkt aller Eigenwerte**:

$$\det A - \lambda_1 \cdot \lambda_2 \cdot \ldots \cdot \lambda_n$$

8 Gewöhnliche Differentialgleichungen

Dieses Kapitel vermittelt die Grundlagen und Lösungstechniken gewöhnlicher Differentialgleichungen. Zunächst werden Definition, Richtungsfelder und Lösungskurven zur visuellen Darstellung behandelt. Anschließend folgt die Unterscheidung zwischen Anfangs- und Randwertproblemen.

Verschiedene Lösungsmethoden werden vorgestellt: Trennung der Variablen, der Exponentialansatz für lineare Gleichungen, die Variation der Konstanten für inhomogene Gleichungen sowie die Bernoullische Differentialgleichung mit praktischen Anwendungen. Zudem wird die numerische Lösung mittels Euler-Polygonzugverfahren erläutert.

Abschließend behandelt das Kapitel Differentialgleichungen höherer Ordnung, beginnend mit der Theorie und Lösungen für Gleichungen 2. Ordnung bis hin zu Anwendungen wie Schwingungen. Es bietet einen umfassenden Einstieg in Theorie und Praxis und vermittelt die grundlegenden Techniken zur Lösung solcher Gleichungen.

8.1 Definition und Lösungen

Eine Gleichung, in der neben einer unabhängigen Veränderlichen und einer unbekannten Funktion dieser Veränderlichen auch noch Ableitungen dieser unbekannten Funktion vorkommen, heißt **gewöhnliche Differentialgleichung**. Die Ordnung der höchsten vorkommenden Ableitung heißt **Ordnung** der Differentialgleichung.

Allgemeine gewöhnliche DGL n-ter Ordnung: Die in **impliziter** Form gegebene Gleichung

$$F\left(x, y(x), y'(x), y''(x), \ldots, y^{(n)}(x)\right) = 0$$

nennt man allgemeine gewöhnliche Differentialgleichung (DGL) n-ter Ordnung. Ist diese Gleichung nach $y^{(n)}(x)$ aufgelöst, dann hat man die **explizite** Form einer gewöhnlichen DGL n-ter Ordnung.

> **Beschleunigung eines PKW**
>
>
> Ein PKW beschleunigt aus dem Stand im Mittel mit $a = 6\frac{m}{s^2}$.
> Wie lange braucht er, um eine Geschwindigkeit von 100 km/h zu erreichen?
> sn.pub/ysk92z

8.1.1 Lösung einer DGL

Eine **Lösung** oder ein **Integral** einer Differentialgleichung ist jede Funktion $y = y(x)$, die im betrachteten Intervall $a \leq x \leq b$ die Gleichung mit ihren Ableitungen identisch erfüllt.

Die **allgemeine Lösung** einer Differentialgleichung n-ter Ordnung enthält n unabhängige Integrationskonstanten $c_1, c_2, \ldots, c_n$, die durch zusätzliche Bedingungen (z. B. Anfangs- oder Randbedingungen) bestimmt werden können.

Eine **spezielle** oder **partikuläre Lösung** ergibt sich, indem den Integrationskonstanten feste Werte zugewiesen werden. Werden für $x_0 \in I$ und $y_0, y_1, \ldots, y_{n-1}$ die Bedingungen

$$y(x_0) = y_0, \ y'(x_0) = y_1, \ \ldots, \ y^{(n-1)}(x_0) = y_{n-1}$$

vorgegeben, spricht man von einem **Anfangswertproblem**.

Graphisch repräsentiert die allgemeine Lösung eine **Kurvenschar**, während die partikuläre Lösung eine konkrete Kurve dieser Schar darstellt, die durch den Punkt $P(x_0, y_0)$ verläuft. Die Anfangsbedingung $y(x_0) = y_0$ wählt somit eindeutig eine Lösungskurve aus der Schar aus.

8.1.2 Richtungsfeld und Lösungskurven

Ein **Richtungsfeld** entsteht, indem man in jedem Punkt der Ebene eine kurze Strecke mit der Steigung $\frac{dy}{dx}$, die durch die Differentialgleichung definiert ist, einzeichnet. Dieses Feld liefert einen visuellen Eindruck über den Verlauf der Lösungskurven (Abb. 8.1).

8.1 Definition und Lösungen

Abb. 8.1 Richtungsfeld für $y' = x^2 - x - 2$ mit drei möglichen Lösungskurven

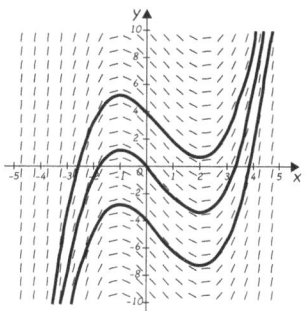

Verläuft durch einen Punkt $P(x, y)$ eine Lösungskurve $y = y(x)$, entspricht die Steigung der Tangente in P exakt dem Richtungsfaktor $\frac{dy}{dx}$, der durch die Differentialgleichung vorgegeben wird. Die Differentialgleichung definiert somit in jedem Punkt die Richtung der Tangente an die Lösungskurve.

Geometrisch betrachtet besteht die Lösung einer Differentialgleichung erster Ordnung darin, die Elemente des Richtungsfeldes zu verbinden, sodass die Tangente an jede Integralkurve in jedem Punkt mit der Richtung des Richtungsfeldes übereinstimmt.

8.1.3 Anfangs- und Randwertprobleme

Anfangswertprobleme: Ein **Anfangswertproblem erster Ordnung** besteht aus einer gewöhnlichen Differentialgleichung (DGL) erster Ordnung $y'(t) = f(t, y(t))$ und einer Anfangsbedingung $y(t_0) = y_0$. Hierbei sind y_0 der **Anfangswert** und t_0 der **Zeitpunkt**. Eine Funktion y ist Lösung des Anfangswertproblems, wenn sie sowohl die Differentialgleichung als auch die Anfangsbedingung erfüllt.

Für eine DGL **1. Ordnung** wird die spezielle Lösungskurve gesucht, die durch den Punkt $P = (t_0, y_0)$ verläuft. Bei einer DGL **2. Ordnung** muss die Lösung zusätzlich die Steigung $y'(t_0) = m$ am Punkt t_0 erfüllen.

Anfangswertaufgaben

Bestimme die Lösung: $y' - x = 0;\quad y(2) = 4$
sn.pub/xf7umm

Bestimme die Lösung: $y' + x^2 = x + 1;\quad y(6) = 0$
sn.pub/ouqxyh

(Fortsetzung)

 Bestimme die Lösung: $y'' - x + 1 = 0;\quad y(1) = 0;\ y'(1) = 0$
sn.pub/tpv0rl

 Bestimme die Lösung: $y'' + x = 1;\quad y(0) = 1;\ y'(0) = 2$
sn.pub/2793yb

Randwertprobleme: Bei einem Randwertproblem werden Lösungen einer DGL gesucht, die vorgegebene Werte an den Rändern des Definitionsbereichs annehmen. Randbedingungen der Form $u(a) = \alpha$ und $u(b) = \beta$ nennt man **Randbedingungen erster Art** oder **Dirichletsche Randbedingungen**.

Partikuläre Lösungen können auch durch Vorgabe von Funktionswerten (oder ihren Ableitungen) an *verschiedenen* Stellen bestimmt werden, entsprechend der Anzahl der Integrationskonstanten. Dies bezeichnet man als eine **Randwertaufgabe**.

Randwertprobleme

 Bestimme die Lösung: $y'' - 6x + 12 = 0;\quad y(1) = 8;\ y(5) = 0$
sn.pub/26ufve

 Bestimme die Lösung: $y'' = 2x - 1;\quad y(0) = 1;\ y(6) = 1$
sn.pub/jatyrb

 Bestimme die Lösung: $y'' - x + 3 = 0;\quad y(3) = 1;\ y(9) = 10$
sn.pub/j8kbe9

8.2 Wichtige Lösungsmethoden

Die wichtigsten Lösungsverfahren für gewöhnliche Differentialgleichungen (DGL) umfassen analytische Methoden wie die Trennung der Variablen, Variation der Konstanten und den Einsatz der Laplace-Transformation sowie numerische Verfahren wie die Eulersche Methode zur Approximation von Lösungen.

8.2.1 Trennung der Variablen

Die **Trennung der Variablen** ist eine Methode zur Lösung separierbarer Differentialgleichungen der Form

$$\frac{dy}{dx} = g(x) \cdot h(y)$$

Dabei werden die Terme mit y und x auf jeweils eine Seite der Gleichung gebracht:

$$\frac{1}{h(y)} dy = g(x) dx$$

Durch Integration auf beiden Seiten erhält man die Lösung:

$$\int \frac{1}{h(y)} dy = \int g(x) dx + C,$$

wobei C die Integrationskonstante ist.

Trennung der Variablen

Bestimme die Lösung: $x + y \cdot y' = 0;$ $\quad y(4) = 3$
sn.pub/j0q856

Bestimme die Lösung: $y' + 2y = 1;$ $\quad y(0) = 3$
sn.pub/wen9s8

Bestimme die Lösung: $x \cdot y^2 + y' = 0;$ $\quad y(1) = 1$
sn.pub/5qh2dd

8.2.2 Exponentialansatz

Exponentialansatz: Die **allgemeine** Lösung einer **homogenen** linearen DGL 1. Ordnung vom Typ $y' + f(x) \cdot y = 0$ wird mit dem **Exponentialansatz** bestimmt.

$$y = C \cdot e^{-\int f(x) dx} \text{ mit } C \in \mathbb{R}$$

Lösung einer homogenen linearen DGL 1. Ordnung

Bestimme die Lösung: $y' + 2y = 0;\quad y(1) = 3$
sn.pub/wnydg6

Bestimme die Lösung: $y' + \dfrac{1}{x^2} \cdot y = 0$
sn.pub/9tjkg9

Bestimme die Lösung: $y' - 2xy = 0,\quad y(0) = 5$
sn.pub/hkbaq5

In einem Behälter sind 30 kg Salz in 1000 L gelöst. Ab $t = 0$ min fließt in den Behälter reines Wasser mit einer Stärke von 6 L/min. Im gleichen Ausmaß fließt Salzlösung aus dem Behälter ab. Salzgehalt nach 2 Stunden?
sn.pub/wm65j3

8.2.3 Lösungsansätze für Störterme

Eine DGL 1. Ordnung heißt **linear**, wenn sie in der Form $y' + f(x) \cdot y = s(x)$ geschrieben werden kann. Der Faktor $f(x)$ heißt **Koeffizient** der linearen DGL. Ist $f(x)$ eine Konstante p, so spricht man von einer linearen DGL 1. Ordnung mit **konstantem Koeffizienten**. Die Funktion mit $s(x)$ wird oft als **Störfunktion** bezeichnet. Ist $s(x) \equiv 0$, so heißt die lineare DGL **homogen**, sonst **inhomogen**.

Ansatz vom Typ der Störfunktion: Die **allgemeine** Lösung $y = y(x)$ einer inhomogenen linearen DGL 1. Ordnung vom Typ

$$y' + f(x) \cdot y = s(x)$$

ist als **Summe** aus der **homogenen Lösung** $y_h = y_h(x)$ der zugehörigen **homogenen** linearen DGL $y' + f(x) \cdot y = 0$ und einer **partikulären Lösung** $y_p = y_p(x)$ darstellbar:

$$y(x) = y_h(x) + y_p(x)$$

8.2 Wichtige Lösungsmethoden

Bei inhomogenen Differentialgleichungen der Form

$$y'' + p(x)y' + q(x)y = s(x)$$

wird ein **Lösungsansatz** für den Störterm $s(x)$ gewählt, der der Struktur von $f(x)$ entspricht (Tab. 8.1). Beispielsweise wählt man für $s(x) = ax + b$ einen Ansatz $y_p = cx + d$.

Nach Einsetzen des Ansatzes in die Differentialgleichung und Vergleich der Koeffizienten wird y_p bestimmt. Die Gesamtlösung ergibt sich dann als

$$y(x) = y_h(x) + y_p(x),$$

wobei $y_h(x)$ die Lösung der homogenen Gleichung ist.

Tab. 8.1 Lösungsansätze für bestimmte Störterme

Störterm $s(x)$	Lösungsansatz für y_p
$s(x) = A$ (konstante Funktion)	$y_p = a$
$s(x) = A \cdot x + B$	$y_p = a \cdot x + b$
$s(x) = A_n \cdot x^n + A_{n-1} \cdot x^{n-1} +$ $\ldots + A_1 \cdot x + A_0$	$y_p = a_n \cdot x^n + a_{n-1} \cdot x^{n-1} +$ $\ldots + a_1 \cdot x + a_0$
$s(x) = A \cdot \sin(\omega \cdot x)$	$y_p = a \cdot \sin(\omega \cdot x) + b \cdot \cos(\omega \cdot x)$
$s(x) = A \cdot \cos(\omega \cdot x)$	$y_p = a \cdot \sin(\omega \cdot x) + b \cdot \cos(\omega \cdot x)$
$s(x) = A \cdot e^{b \cdot x}$	$y_p = \begin{cases} a \cdot e^{b \cdot x} & \text{für } b \neq -p \\ a \cdot x \cdot e^{b \cdot x} & \text{für } b = -p \end{cases}$

Lösung einer inhomogenen linearen DGL

Bestimme die Lösung: $y' + 2y = 4x$; $y(0) = 3$
sn.pub/kz4npy

Bestimme die Lösung: $y' - 4y = 8$; $y(0) = 1$
sn.pub/uz6q8p

Bestimme die Lösung: $y' - (\tan x) \cdot y = 2 \cdot \sin x$
sn.pub/cwz1jq

(Fortsetzung)

 Eine Metallkugel (20 °C) wird in kochendes Wasser geworfen. Nach 10 sek beträgt die Temperatur der Metallkugel 40 °C. Welche Temperatur hat die Kugel nach 25 sek?

sn.pub/tej91x

8.2.4 Variation der Konstanten

Eine inhomogene lineare Differentialgleichung (DGL) erster Ordnung der Form

$$y' + f(x) \cdot y = s(x)$$

kann mit der Methode der **Variation der Konstanten** gelöst werden:

1. Lösen der zugehörigen homogenen DGL $y' + f(x) \cdot y = 0$ durch **Trennung der Variablen**:

$$y_0 = K \cdot e^{-\int f(x)dx}, \quad K \in \mathbb{R}$$

2. Ersetzen der Integrationskonstanten K durch eine **Faktorfunktion** $K(x)$. Ansatz:

$$y = K(x) \cdot e^{-\int f(x)dx}$$

3. Ableitung des Ansatzes mit der **Produkt- und Kettenregel**:

$$y' = K'(x) \cdot e^{-\int f(x)dx} - K(x) \cdot f(x) \cdot e^{-\int f(x)dx}$$

4. Einsetzen von y und y' in die inhomogene DGL:

$$K'(x) \cdot e^{-\int f(x)dx} = s(x)$$

Daraus folgt:

$$K'(x) = s(x) \cdot e^{\int f(x)dx}$$

5. Integration zur Bestimmung von $K(x)$:

$$K(x) = \int s(x) \cdot e^{\int f(x)dx} dx + C$$

8.2 Wichtige Lösungsmethoden

6. Einsetzen von $K(x)$ in den Ansatz liefert die **allgemeine Lösung**:

$$y = \left[\int s(x) \cdot e^{\int f(x)dx} dx + C \right] \cdot e^{-\int f(x)dx}$$

Variation der Konstanten

Bestimme die Lösung: $y' + 2y = 4x$; $y(0) = 3$
sn.pub/6tb5vq

Bestimme die Lösung: $y' + x \cdot y = x$; $y(2) = 2$
sn.pub/a43wuz

Bestimme die Lösung: $y' - 3y = x \cdot e^{4x}$; $y(1) = 2$
sn.pub/nh686h

8.2.5 Bernoullische DGL

Die **Bernoulli-Differentialgleichung** ist eine nichtlineare gewöhnliche Differentialgleichung erster Ordnung und hat die Form:

$$y'(x) = f(x)y(x) + g(x)y^n(x), \quad n \notin \{0, 1\}$$

Lösung durch Substitution: Zur Lösung dieser DGL wird eine Transformation genutzt, die die nichtlineare DGL in eine lineare DGL überführt:

1. **Division durch** $y^n(x)$: Falls $y(x) \neq 0$, dividiert man die Gleichung durch $y^n(x)$:

$$\frac{y'(x)}{y^n(x)} = f(x)y^{1-n}(x) + g(x)$$

2. **Substitution**: Setze $z(x) = y^{1-n}(x)$, wobei $1 - n \neq 0$. Daraus folgt:

$$z'(x) = (1-n)y^{-n}(x)y'(x)$$

Ersetze $y^{-n}(x)y'(x)$ durch $z'(x)/(1-n)$, um die DGL umzuschreiben:

$$z'(x) = (1-n)\bigl(f(x)z(x) + g(x)\bigr)$$

3. **Lineare DGL**: Die transformierte Gleichung ist nun linear:

$$z'(x) - (1-n)f(x)z(x) = (1-n)g(x)$$

4. **Lösung der linearen DGL**: Diese lineare DGL kann mit Standardmethoden wie dem Ansatz für lineare DGL oder der Variation der Konstanten gelöst werden.
5. **Rücksubstitution**: Nach Bestimmung von $z(x)$ ergibt sich $y(x)$ durch Rücksubstitution:

$$y(x) = \bigl(z(x)\bigr)^{\frac{1}{1-n}}$$

Bernoullische Differentialgleichung

Bestimme die Lösung: $y' = y + x \cdot y^3$
sn.pub/vwm334

8.2.6 Numerische Lösung

In vielen Fällen kann die Lösung einer gewöhnlichen Differentialgleichung (DGL) nicht in Form eines geschlossenen Ausdrucks mit bekannten Funktionen dargestellt werden. Dennoch existiert unter sehr allgemeinen Voraussetzungen eine Lösung, die jedoch numerisch berechnet werden muss. Numerische Verfahren liefern partikuläre Lösungen, die in ihrer Genauigkeit durch die Wahl der Methode und der Parameter, wie der Schrittweite, gesteuert werden können.

Eulersches Polygonzugverfahren: Das **Euler-Verfahren** ist eine einfache und grundlegende Methode zur numerischen Lösung von DGLs erster Ordnung. Es approximiert die Lösungskurve $y(x)$ durch eine Polygonzugkurve. Die Idee basiert auf einer schrittweisen Konstruktion der Lösung durch Näherung der Tangente an die Kurve im jeweiligen Punkt (Abb. 8.2).

8.2 Wichtige Lösungsmethoden

Abb. 8.2 Eulersches Polygonzugverfahren zur numerischen Lösung von DGLs erster Ordnung

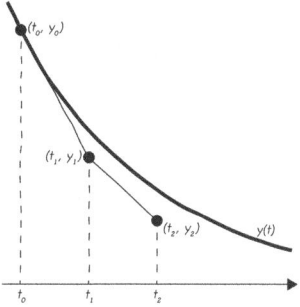

Ausgangssituation: Gegeben sei die DGL:

$$y' = f(x, y),$$

mit der Anfangsbedingung:

$$y(x_0) = y_0$$

Rekursionsformel: Die Lösungskurve wird schrittweise durch Approximation der Funktionswerte an den Stellen x_k berechnet. Die Näherung erfolgt mit der Rekursionsformel:

$$y_k = y_{k-1} + h \cdot f(x_{k-1}, y_{k-1}),$$

wobei $h > 0$ die Schrittweite ist, und $x_k = x_0 + k \cdot h$ für $k = 1, 2, \ldots, n$.

Interpretation: Das Verfahren setzt voraus, dass die Steigung $f(x, y)$ an jedem Punkt (x_{k-1}, y_{k-1}) bekannt ist. Diese Steigung wird genutzt, um die Tangente an die Lösungskurve zu berechnen und den nächsten Punkt (x_k, y_k) zu bestimmen. Die Schrittweite h beeinflusst die Genauigkeit und Stabilität der Approximation.

Iteration:
1. **Initialisierung**: Beginne mit dem Anfangspunkt (x_0, y_0).
2. **Berechnung der Folgepunkte**: Für $k = 1, 2, \ldots, n$:
   (a) Berechne $x_k = x_{k-1} + h$,
   (b) Berechne $y_k = y_{k-1} + h \cdot f(x_{k-1}, y_{k-1})$.
3. **Ergebnis**: Die Folge (x_k, y_k) stellt eine Approximation der Lösung dar.

Fehlerabschätzung: Das Euler-Verfahren ist ein **explizites Verfahren** und besitzt eine lokale Fehlerordnung von $\mathcal{O}(h^2)$. Der globale Fehler wächst mit $\mathcal{O}(h)$, was bedeutet, dass kleine Schrittweiten für hohe Genauigkeit erforderlich sind. Allerdings führt eine zu kleine Schrittweite zu einer erhöhten Rechenzeit und kann die numerische Stabilität beeinträchtigen.

Verbesserte Verfahren: Das Euler-Verfahren dient oft als Grundlage für weiterentwickelte Verfahren wie das **modifizierte Euler-Verfahren** (Heun-Verfahren) oder die **Runge-Kutta-Verfahren**, die eine höhere Genauigkeit und bessere Stabilität bieten.

Vollständiges Beispiel: Gegeben ist die DGL:

$$y' = -2x + y, \quad y(0) = 1$$

Mit $h = 0.1$ und $x \in [0, 0.5]$ berechnen wir die Werte y_k iterativ. Startwerte:

$$x_0 = 0, \quad y_0 = 1$$

Rekursionsschritte:

$$y_1 = y_0 + h \cdot f(x_0, y_0),$$

$$y_2 = y_1 + h \cdot f(x_1, y_1),$$

usw.

Eulersches Polygonzugverfahren

Ermittle eine numerische Lösung der DGL und vergleiche sie mit der analytischen Lösung : $y' = y + e^x$

sn.pub/md3far

8.3 Differentialgleichungen höherer Ordnung

Differentialgleichungen höherer Ordnung enthalten Ableitungen höherer Ordnung einer Funktion und treten beispielsweise bei Schwingungen oder in mechanischen Systemen auf.

8.3.1 Differentialgleichungen 2. Ordnung

Eine Differentialgleichung der Form:

$$y'' + p \cdot y' + q \cdot y = s(x)$$

heißt eine **lineare Differentialgleichung 2. Ordnung mit konstanten Koeffizienten** p und q. Die Funktion $s(x)$ wird als **Störfunktion** bezeichnet. Ist $s(x) \equiv 0$, so wird die Differentialgleichung **homogen** genannt, andernfalls **inhomogen**.

Skalierungseigenschaft: Ist $y_1(x)$ eine Lösung der homogenen Differentialgleichung, so ist auch jede mit einer Konstanten C skalierte Funktion $y(x) = C \cdot y_1(x)$ eine Lösung, wobei $C \in \mathbb{R}$.

Superpositionsprinzip: Sind $y_1(x)$ und $y_2(x)$ zwei Lösungen der homogenen Differentialgleichung, so ist auch jede Linearkombination der Form

$$y(x) = C_1 \cdot y_1(x) + C_2 \cdot y_2(x)$$

eine Lösung, wobei $C_1, C_2 \in \mathbb{R}$.

Basislösungen und Wronski-Determinante: Zwei Lösungen $y_1(x)$ und $y_2(x)$ einer homogenen linearen Differentialgleichung 2. Ordnung vom Typ

$$y'' + p \cdot y' + q \cdot y = 0$$

werden als **Basisfunktionen** oder **Basislösungen** bezeichnet, wenn sie linear unabhängig sind. Linear unabhängig sind $y_1(x)$ und $y_2(x)$, wenn die **Wronski-Determinante**

$$W(y_1, y_2) = \begin{vmatrix} y_1(x) & y_2(x) \\ y_1'(x) & y_2'(x) \end{vmatrix}$$

nicht null ist ($W(y_1, y_2) \neq 0$).

Allgemeine Lösung der homogenen Differentialgleichung: Die **allgemeine Lösung** einer homogenen linearen Differentialgleichung 2. Ordnung mit konstanten Koeffizienten kann als Linearkombination zweier linear unabhängiger Lösungen dargestellt werden:

$$y(x) = C_1 \cdot y_1(x) + C_2 \cdot y_2(x),$$

wobei $C_1, C_2 \in \mathbb{R}$ beliebige Konstanten sind.

Zusammenfassung der Lösungsstruktur: Die Lösung einer homogenen linearen Differentialgleichung 2. Ordnung lässt sich vollständig durch die Kenntnis von zwei linear unabhängigen Basislösungen bestimmen. Die Wahl der Basislösungen hängt vom konkreten Problem ab und wird üblicherweise durch die Bestimmung der charakteristischen Gleichung vorgenommen, die sich aus der Differentialgleichung ableiten lässt:

$$\lambda^2 + p \cdot \lambda + q = 0$$

Die Art der Lösungen der charakteristischen Gleichung (reell, komplex, mehrfach) bestimmt die Struktur der Basislösungen und damit die allgemeine Lösung.

Homogene lineare DGL 2. Ordnung mit konstanten Koeffizienten: Für die Lösung der homogenen linearen Differentialgleichung 2. Ordnung

$$y'' + p \cdot y' + q \cdot y = 0$$

verwendet man den **Exponentialansatz** $y(x) = C \cdot e^{\lambda \cdot x}$. Durch Einsetzen dieses Ansatzes in die Differentialgleichung erhält man die zugehörige **charakteristische Gleichung**:

$$\lambda^2 + p \cdot \lambda + q = 0$$

Die Lösungen der charakteristischen Gleichung, λ_1 und λ_2, bestimmen die Struktur der allgemeinen Lösung der Differentialgleichung. Es ergeben sich drei Fälle, abhängig von der Art der Wurzeln der charakteristischen Gleichung:

1. **Fall 1: Reelle und verschiedene Wurzeln** ($\lambda_1 \neq \lambda_2$)
   Die allgemeine Lösung lautet:

$$y_h(x) = C_1 \cdot e^{\lambda_1 \cdot x} + C_2 \cdot e^{\lambda_2 \cdot x}$$

2. **Fall 2: Reelle und doppelte Wurzel** ($\lambda_1 = \lambda_2 = \lambda$)
   In diesem Fall ist die allgemeine Lösung:

$$y_h(x) = (C_1 + C_2 \cdot x) \cdot e^{\lambda \cdot x}$$

3. **Fall 3: Komplexe Wurzeln** ($\lambda_{1,2} = \sigma \pm j \cdot \omega$)
   Bei komplexen Wurzeln $\lambda_{1,2}$, wobei σ der Realteil und ω der Imaginärteil ist, lautet die allgemeine Lösung:

$$y_h(x) = e^{\sigma \cdot x} \cdot [C_1 \cdot \cos(\omega \cdot x) + C_2 \cdot \sin(\omega \cdot x)]$$

Hierbei sind $C_1, C_2 \in \mathbb{R}$ beliebige Konstanten, die durch Anfangsbedingungen bestimmt werden. Die Wahl des Falls hängt ausschließlich von den Wurzeln λ_1, λ_2 der charakteristischen Gleichung ab, welche durch die Werte von p und q festgelegt sind.

Homogene lineare DGL 2. Ordnung

Bestimme die Lösung:
$$y'' + 4y' + 3y = 0;\ y(0) = 3;\ y'(0) = 0$$
sn.pub/cfapvr

Bestimme die Lösung:
$$y'' + 4y' + 4y = 0;\ y(0) = 3;\ y'(0) = 0$$
sn.pub/0nw52k

Bestimme die Lösung:
$$y'' + 4y' + 13y = 0;\ y(0) = 3;\ y'(0) = 0$$
sn.pub/c696f8

Inhomogene lineare DGL 2. Ordnung mit konstanten Koeffizienten: Die **allgemeine Lösung** $y = y(x)$ einer inhomogenen linearen Differentialgleichung 2. Ordnung mit konstanten Koeffizienten vom Typ

$$y'' + p \cdot y' + q \cdot y = s(x)$$

kann als **Summe** zweier Anteile dargestellt werden:

Der **homogenen Lösung** $y_h = y_h(x)$, die die zugehörige **homogene Differentialgleichung** löst:

$$y'' + p \cdot y' + q \cdot y = 0$$

Einer **partikulären Lösung** $y_p = y_p(x)$, die eine spezifische Lösung der gesamten **inhomogenen Differentialgleichung** darstellt:

$$y'' + p \cdot y' + q \cdot y = s(x)$$

Die allgemeine Lösung lautet daher:

$$y(x) = y_h(x) + y_p(x)$$

Die partikuläre Lösung $y_p(x)$ wird mithilfe spezieller Verfahren, wie z. B. dem **Ansatzverfahren**, der **Variation der Konstanten** oder der **Unbestimmten Koeffizienten**, ermittelt. Die Wahl des Verfahrens hängt von der Form der Störfunktion $s(x)$ ab: Für $s(x)$ als Polynom, Exponential- oder trigonometrische Funktion wird meist das Ansatzverfahren verwendet. Bei komplexeren Formen von $s(x)$ kann die **Variation der Konstanten** hilfreich sein.

Die Konstante C_1, C_2 der homogenen Lösung $y_h(x)$ sowie die genaue Form der partikulären Lösung $y_p(x)$ werden durch die Anfangs- oder Randbedingungen bestimmt.

Inhomogene lineare DGL 2. Ordnung

Bestimme die Lösung:
$$y'' + 8y' + 7y = 14; \quad y(0) = 6; \quad y'(0) = 2$$
sn.pub/q8onfk

Bestimme die Lösung:
$$y'' + 2y' + y = 2x + 1; \quad y(1) = 0; \quad y'(1) = 3$$
sn.pub/bjq7dp

Bestimme die Lösung:
$$y'' + 4y' + 3y = 130 \cdot \sin(2x); \quad y(0) = 2; \quad y'(0) = 0$$
sn.pub/5fodbj

Bestimme die Lösung:
$$y'' + 9y = 6 \cdot \cos(3x); \quad y(0) = 1; \quad y'(0) = 0$$
sn.pub/4dmqjo

8.3.2 Schwingungen

Lineare Differentialgleichungen 2. Ordnung dienen häufig als mathematisches Modell für **Schwingungsvorgänge** in Systemen mit zwei Energiespeichern. Dabei unterscheidet man zwischen:

- **Freien Schwingungen**: Das System schwingt unbeeinflusst von äußeren Kräften.
- **Erzwungenen Schwingungen**: Das System wird durch eine äußere Anregung beeinflusst.

8.3 Differentialgleichungen höherer Ordnung

Ein klassisches Modell zur Beschreibung solcher Vorgänge ist das **Federpendel** (Abb. 8.3). Ein Federpendel besteht aus einer Schraubenfeder und einer daran befestigten Masse, die sich entlang einer geradlinigen Bahn bewegen kann. Durch Auslenken aus der Ruhelage und anschließendes Loslassen beginnt das System zu schwingen. Bei **fehlender Dämpfung** klingt die Schwingung nicht ab.

Abb. 8.3 Federpendel

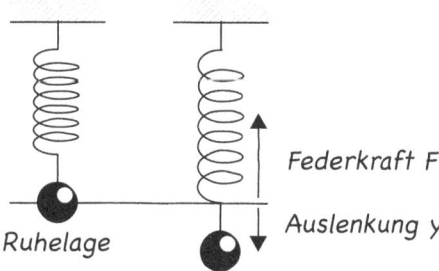

Rückstellkraft und Schwingungsgleichung: Die **Rückstellkraft** $\vec{F}_R$ wirkt auf die ausgelenkte Masse zurück in Richtung der Ruhelage. Für das Federpendel gilt näherungsweise:

$$F_R = -k \cdot s$$

Dabei sind k die Federkonstante und s die Auslenkung. Das Minuszeichen zeigt an, dass Rückstellkraft und Auslenkung entgegengesetzt gerichtet sind.

Die Bewegungsgleichung des schwingenden Systems wird durch die **Schwingungsgleichung** beschrieben:

$$m \cdot \ddot{y} + d \cdot \dot{y} + k \cdot y = 0$$

Dabei sind m die Masse, d die Dämpfungskonstante, und k die Federkonstante (Abb. 8.4).

Abb. 8.4 Die Schwingung verläuft harmonisch (d. h. sinusförmig), solange die Feder eine zur Auslenkung proportionale Kraft ausübt

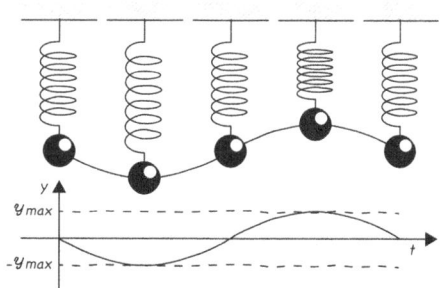

Ungedämpfte Schwingungen: Bei ungedämpften Schwingungen ($d = 0$) bleibt die Amplitude der Schwingung konstant (Abb. 8.5). Die Lösung der homogenen Differentialgleichung ist eine harmonische Schwingung, beschrieben durch:

$$y(t) = C_1 \cdot \cos(\omega_0 \cdot t) + C_2 \cdot \sin(\omega_0 \cdot t)$$

oder äquivalent:

$$y(t) = A \cdot \cos(\omega_0 \cdot t + \varphi)$$

Dabei sind $\omega_0 = \sqrt{\frac{k}{m}}$ die Eigenkreisfrequenz, A die Amplitude, und φ der Phasenwinkel.

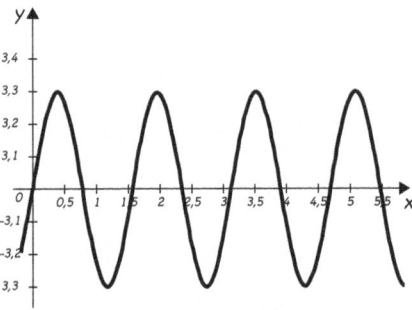

Abb. 8.5 Ungedämpfte Schwingung: $y(t) = 0,3 \cdot \sin(4t)$

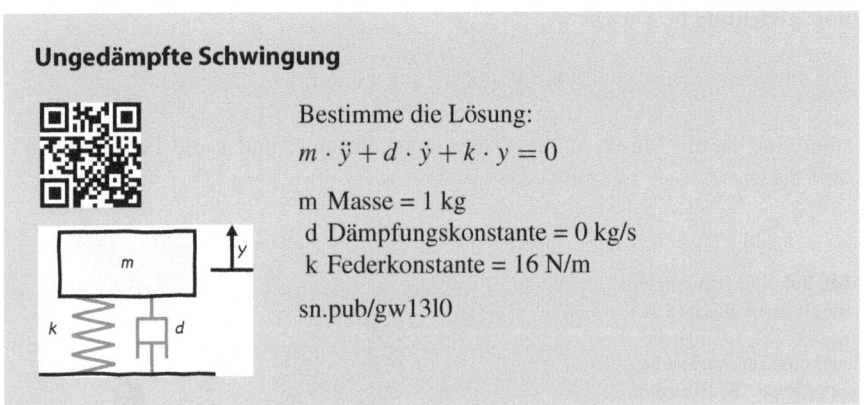

Ungedämpfte Schwingung

Bestimme die Lösung:
$m \cdot \ddot{y} + d \cdot \dot{y} + k \cdot y = 0$

m Masse = 1 kg
d Dämpfungskonstante = 0 kg/s
k Federkonstante = 16 N/m

sn.pub/gw13l0

Gedämpfte Schwingungen: Gedämpfte Schwingungen treten auf, wenn $d > 0$. Die Dämpfung führt dazu, dass die Schwingung mit der Zeit abklingt und das System zu einem stabilen stationären Zustand zurückkehrt. Die Art der Dämpfung hängt von der Diskriminante der charakteristischen Gleichung ab:

8.3 Differentialgleichungen höherer Ordnung

- **Schwingfall** ($\Delta < 0$): Die Lösung ist eine gedämpfte harmonische Schwingung (Abb. 8.6).
- **Aperiodischer Grenzfall** ($\Delta = 0$): Das System kehrt ohne Oszillationen zur Ruhelage zurück.
- **Kriechfall** ($\Delta > 0$): Die Bewegung ist rein exponentiell und ohne Oszillationen (Abb. 8.7).

Die allgemeine Lösung im Schwingfall lautet:

$$y(t) = e^{-\gamma t} \cdot (C_1 \cdot \cos(\omega \cdot t) + C_2 \cdot \sin(\omega \cdot t))$$

mit $\gamma = \frac{d}{2m}$ der Dämpfungsfaktor und $\omega = \sqrt{\omega_0^2 - \gamma^2}$ die gedämpfte Eigenkreisfrequenz.

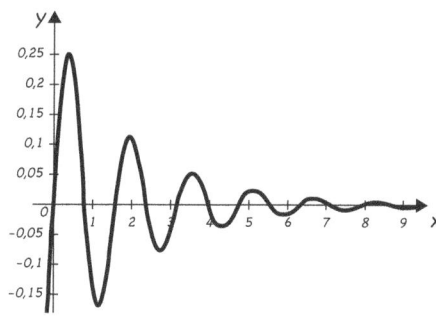

Abb. 8.6 Gedämpfte Schwingung - Schwingfall: $y(t) = 0,302 \cdot e^{-t/2} \cdot \sin(3,97t)$

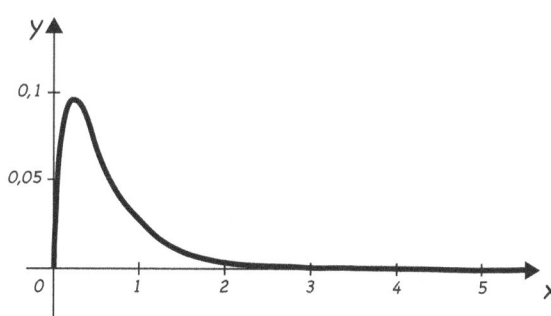

Abb. 8.7 Gedämpfte Schwingung - Kriechfall. $y(t) = 0,2 \cdot (e^{-2t} - e^{-8t})$

Gedämpfte Schwingung - Schwingfall

Bestimme die Lösung:
$$m \cdot \ddot{y} + d \cdot \dot{y} + k \cdot y = 0$$

m Masse = 1 kg
d Dämpfungskonstante = 1 kg/s
k Federkonstante = 16 N/m

sn.pub/5zm04x

Gedämpfte Schwingung - Kriechfall

Bestimme die Lösung:
$$m \cdot \ddot{y} + d \cdot \dot{y} + k \cdot y = 0$$

m Masse = 1 kg
d Dämpfungskonstante = 10 kg/s
k Federkonstante = 16 N/m

sn.pub/5ximlt

Gedämpfte Schwingung - Aperiodischer Grenzfall

Bestimme die Lösung:
$$m \cdot \ddot{y} + d \cdot \dot{y} + k \cdot y = 0$$

m Masse = 1 kg
d Dämpfungskonstante = 8 kg/s
k Federkonstante = 16 N/m

sn.pub/ljdgfu

Erzwungene Schwingungen: Erzwungene Schwingungen werden durch äußere Anregungen beschrieben, die als Störfunktion $s(x)$ in die Differentialgleichung eingehen (Abb. 8.8):

Abb. 8.8 Erzwungene Schwingung

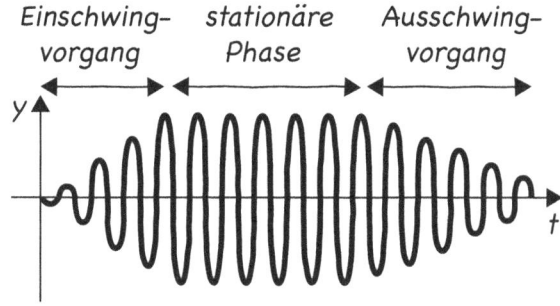

$$m \cdot \ddot{y} + d \cdot \dot{y} + k \cdot y = s(x)$$

Die Lösung setzt sich zusammen aus:

- einem **flüchtigen Anteil** (y_h), der mit der Zeit abklingt,
- einem **stationären Anteil** (y_p), der die bleibende Reaktion des Systems auf die äußere Anregung beschreibt.

Für periodische Anregungen der Form $s(t) = F \cdot \cos(\omega \cdot t)$ wird der stationäre Anteil oft durch Resonanzphänomene dominiert, insbesondere wenn ω nahe bei der Eigenkreisfrequenz ω_0 liegt.

Erzwungene Schwingung

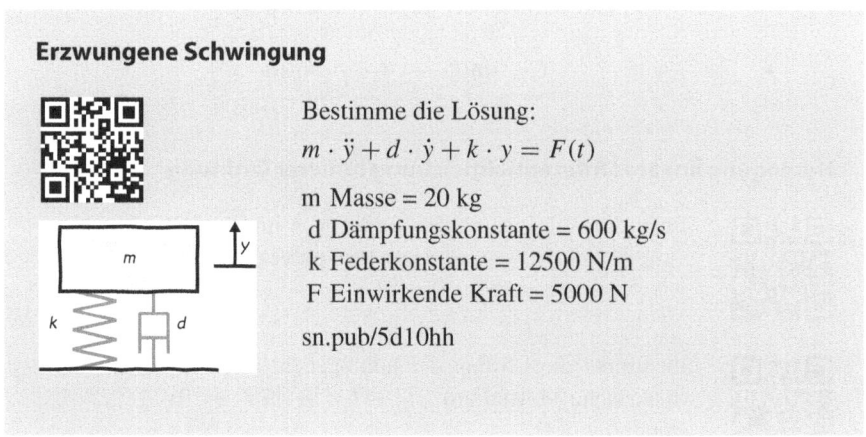

Bestimme die Lösung:
$m \cdot \ddot{y} + d \cdot \dot{y} + k \cdot y = F(t)$

m Masse = 20 kg
d Dämpfungskonstante = 600 kg/s
k Federkonstante = 12500 N/m
F Einwirkende Kraft = 5000 N

sn.pub/5d10hh

8.3.3 Differentialgleichungen höherer Ordnung

Mit dem Lösungsansatz $y = e^{\lambda x}$ lässt sich eine Fundamentalbasis $y_1, \ldots, y_n$ der homogenen linearen Differentialgleichung n-ter Ordnung mit konstanten Koeffizienten von folgendem Typ gewinnen:

$$y^{(n)} + a_{n-1} \cdot y^{(n-1)} + \ldots a_1 \cdot y' + a_0 \cdot y = 0$$

Die Basislösungen hängen dabei noch von der Art der Lösungen $\lambda_1, \lambda_2, \ldots \lambda_n$ der zugehörigen charakteristischen Gleichung

$$\lambda^n + a_{n-1} \cdot \lambda^{(n-1)} + \ldots a_1 \cdot \lambda + a_0 = 0$$

ab, wobei drei Fälle zu unterscheiden sind.

1. Es treten nur einfache reelle Lösungen auf: Die n verschiedenen reellen Lösungen $\lambda_1, \lambda_2, \ldots \lambda_n$ führen zu der **Fundamentalbasis** $y_1 = e^{\lambda_1 \cdot x}$, $y_2 = e^{\lambda_2 \cdot x}, \ldots, y_n = e^{\lambda_n \cdot x}$ und somit zu der allgemeinen Lösung

$$y = C_1 \cdot e^{\lambda_1 \cdot x} + C_2 \cdot e^{\lambda_2 \cdot x} + \cdot + C_n \cdot e^{\lambda_n \cdot x}$$

2. Es treten auch mehrfache reelle Lösungen auf: Eine r-fache reelle Lösung $\lambda_1 = \lambda_2 = \lambda_3 = \ldots = \lambda_r = \alpha$ führt zu den r Basislösungen $y_1 = e^{\alpha \cdot x}$, $y_2 = x \cdot e^{\alpha \cdot x}, \ldots, y_r = x^{r-1} \cdot e^{\alpha \cdot x}$ und somit zu der allgemeinen Lösung

$$y = (C_1 + C_2 \cdot x + C_3 \cdot x^2 + \ldots + C_r \cdot x^{r-1}) \cdot e^{\alpha \cdot x}$$

3. Es treten konjugiert komplexe Lösungen auf: Eine konjugiert komplexe Lösung $\lambda_{1,2} = \sigma + j \cdot \omega$ führt zu den beiden Basisfunktionen $y_1 = e^{\sigma x} \cdot \sin(\omega x)$ und $y_2 = e^{\sigma x} \cdot \cos(\omega x)$ und somit zu der allgemeinen Lösung

$$y = e^{\sigma \cdot x} \cdot [C_1 \cdot \sin(\omega \cdot x) + C_2 \cdot \cos(\omega \cdot x)]$$

Homogene lineare Differentialgleichung höherer Ordnung

Bestimme die Lösung der homogenen linearen DGL 3. Ordnung: $y''' - 4y'' - y' + 4y = 0$ sn.pub/czw0ty

Bestimme die Lösung der homogenen linearen 4. Ordnung (mehrfache Nullstellen): $y^{IV} - 6y''' + 12y'' - 10y' + 3y = 0$ sn.pub/6vqwgl

Bestimme die Lösung der homogenen linearen 4. Ordnung (komplexe Nullstellen): $y^{IV} + 3y'' - 4y = 0$ sn.pub/nusx2m

Vektoranalysis 9

In diesem Kapitel wird die Vektoranalysis behandelt, die für die Beschreibung von Feldern in der Mathematik und Physik unverzichtbar ist. Zunächst geht es um die Parametrisierung von Kurven und Flächen sowie die Theorie von Skalar- und Vektorfeldern. Skalarfelder repräsentieren Größen wie Temperatur oder Druck, während Vektorfelder etwa Geschwindigkeit oder Kraftverteilungen modellieren.

Ein besonderer Fokus liegt auf den Differentialoperatoren: Der Gradient zeigt die Richtung der größten Veränderung eines Skalarfeldes, die Divergenz misst Quellen oder Senken in einem Vektorfeld, und die Rotation erfasst die Drehbewegung eines Vektorfeldes. Der Laplace-Operator wird ebenfalls behandelt, insbesondere in physikalischen Anwendungen.

Das Kapitel schließt mit der Einführung in Koordinatentransformationen, einschließlich Polarkoordinaten sowie Zylinder- und Kugelkoordinaten, die in der Physik bei der Modellierung von Kreisbewegungen und elektromagnetischen Feldern von Bedeutung sind.

9.1 Grundlagen

Die Grundlagen der Vektoranalysis beinhalten die Parametrisierung von Kurven und Flächen sowie die Untersuchung von Skalar- und Vektorfeldern, die zur Beschreibung von Größen wie Temperatur, Druck oder Geschwindigkeit verwendet werden.

9.1.1 Parametrisierung von Kurven und Flächen

Die Parametrisierungen von Kurven und Flächen ermöglichen eine präzise Beschreibung geometrischer Objekte, indem sie diese als Funktionen von einer oder mehreren Variablen darstellen (Abb. 9.1). Für Kurven in der Ebene oder im Raum genügt ein Parameter, während Flächen durch zwei Parameter beschrieben werden.

Ortsvektoren: Ortsvektoren geben die Position eines Punktes im Raum relativ zu einem festen Ursprung an und werden oft verwendet, um geometrische Objekte wie Kurven oder Flächen zu beschreiben.

Ortsvektor einer ebenen Kurve:

$$\vec{r}(t) = x(t) \cdot \vec{e}_x + y(t) \cdot \vec{e}_y = \begin{pmatrix} x(t) \\ y(t) \end{pmatrix}$$

Ortsvektor einer Raumkurve:

$$\vec{r}(t) = x(t) \cdot \vec{e}_x + y(t) \cdot \vec{e}_y + z(t) \cdot \vec{e}_z = \begin{pmatrix} x(t) \\ y(t) \\ z(t) \end{pmatrix}$$

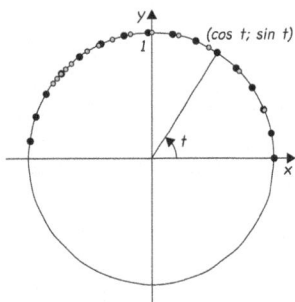

Abb. 9.1 Parameterdarstellungen des Einheitskreises. dunkelgrau: $x = \cos t$; $y = \sin t$; hellgrau: $x = \frac{1-\tau^2}{1+\tau^2}$; $y = \frac{2\tau}{1+\tau^2}$ Die Parameter t und τ laufen jeweils von 0 bis 3 mit einer Schrittweite von 0,2. Beide Darstellungen erfüllen die Kreisgleichung $x^2 + y^2 = 1$

Tangentenvektoren: Tangentenvektoren beschreiben die Richtung der Kurve an einem bestimmten Punkt und sind die Ableitungen der Parametrisierung der Kurve bezüglich der Parameter.

Tangentenvektor einer ebenen Kurve:

$$\dot{\vec{r}}(t) = \dot{x}(t) \cdot \vec{e}_x + \dot{y}(t) \cdot \vec{e}_y = \begin{pmatrix} \dot{x}(t) \\ \dot{y}(t) \end{pmatrix}$$

Tangentenvektor einer Raumkurve:

$$\dot{\vec{r}}(t) = \dot{x}(t) \cdot \vec{e}_x + \dot{y}(t) \cdot \vec{e}_y + \dot{z}(t) \cdot \vec{e}_z = \begin{pmatrix} \dot{x}(t) \\ \dot{y}(t) \\ \dot{z}(t) \end{pmatrix}$$

9.1 Grundlagen

Einheitsvektoren: Jedem Punkt P einer Kurve mit Ortsvektor $\vec{r} = \vec{r}(t)$ können zwei orthogonale Einheitsvektoren zugeordnet werden:

Tangenteneinheitsvektor: Der Tangenteneinheitsvektor $\vec{T}$ liegt in der Kurventangente und zeigt in die Richtung, in die sich der Kurvenpunkt P bei wachsendem Parameter t bewegt (Abb. 9.2).

$$\vec{T} = \frac{\dot{\vec{r}}}{|\dot{\vec{r}}|} = \frac{1}{|\dot{\vec{r}}|} \cdot \dot{\vec{r}}, \quad |\vec{T}| = 1$$

Hauptnormaleneinheitsvektor: Der Hauptnormaleneinheitsvektor $\vec{N}$ zeigt in die Richtung der Kurvenkrümmung (Abb. 9.2).

$$\vec{N} = \frac{\dot{\vec{T}}}{|\dot{\vec{T}}|} = \frac{1}{|\dot{\vec{T}}|} \cdot \dot{\vec{T}}, \quad |\vec{N}| = 1$$

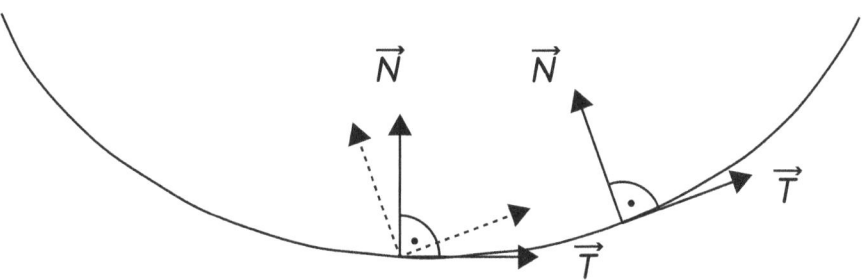

Abb. 9.2 Tangenten- u. Hauptnormaleneinheitsvektor einer Kurve

Tangentenvektoren

Bestimme die Tangentenvektoren an die Kurve $\vec{r}(t) = \begin{pmatrix} t^2 \\ t^3 \end{pmatrix}$.

sn.pub/3nsiy8

Bestimme die Tangentenvektoren an die Kurve $\vec{r}(t) = \begin{pmatrix} t \cdot \cos t \\ t \cdot \sin t \\ e^{2t} \end{pmatrix}$.

sn.pub/wqfsud

Tangenten- u. Hauptnormaleneinheitsvektor einer Kurve

Bestimme $\vec{T}$ und $\vec{N}$ für den Mittelpunktkreis mit Ortsvektor
$$\vec{r}(t) = \begin{pmatrix} R \cdot \cos t \\ R \cdot \sin t \end{pmatrix}, \quad (0 \leq t \leq 2\pi).$$
sn.pub/828ad6

Bestimme die Tangentenvektoren an die Parameterkurven des
Rotationsparaboloids $\vec{r} = \vec{r}(u, v) = \begin{pmatrix} u \\ v \\ u^2 + v^2 \end{pmatrix}$; $(u, v \in \mathbb{R})$.

sn.pub/zfq3hr

Parametrisierung von Flächen im Raum: Die Parametrisierung von Flächen im Raum erfolgt durch eine Abbildung, die jedem Punkt auf einer Fläche ein Paar von Parametern zuordnet, wodurch die Fläche als Menge von Punkten in einem Koordinatensystem dargestellt wird.

Ortsvektor einer Fläche: Der Ortsvektor einer Fläche beschreibt die Position eines Punktes auf der Fläche relativ zu einem festen Ursprung und wird durch die Parametrisierung der Fläche in Abhängigkeit von den Parametern dargestellt.

$$\vec{r}(u, v) = x(u, v) \cdot \vec{e}_x + y(u, v) \cdot \vec{e}_y + z(u, v) \cdot \vec{e}_z = \begin{pmatrix} x(u, v) \\ y(u, v) \\ z(u, v) \end{pmatrix}$$

Hierbei sind u und v voneinander unabhängige reelle Parameter, die die Fläche beschreiben.

Tangentenvektoren an die Koordinatenlinien: Tangentenvektoren an die Koordinatenlinien einer Fläche geben die Richtung der Fläche entlang der Parameterachsen an und sind die partiellen Ableitungen der Parametrisierung nach den jeweiligen Parametern.

$$\vec{t}_u = \frac{\partial \vec{r}}{\partial u}, \quad \vec{t}_v = \frac{\partial \vec{r}}{\partial v}$$

Die Koordinatenlinien werden auch als u- und v-Linien bezeichnet.

9.1 Grundlagen

Gleichung der Tangentialebene in einem Flächenpunkt P: Zu jedem Punkt P der Fläche mit Ortsvektor $\vec{r}(u,v)$ kann eine normierte Flächennormale $\vec{N}$ definiert werden (Abb. 9.3):

$$\vec{N} = \frac{\vec{t}_u \times \vec{t}_v}{|\vec{t}_u \times \vec{t}_v|}$$

$\vec{N}_0$: Flächennormale im Flächenpunkt P
$\vec{r}_0$: Ortsvektor des Flächenpunktes P
$\vec{r}$: Ortsvektor eines beliebigen Punktes Q auf der Tangentialebene

Die **Gleichung der Tangentialebene im Flächenpunkt** P lautet dann:

$$\vec{N}_0 \cdot (\vec{r} - \vec{r}_0) = 0$$

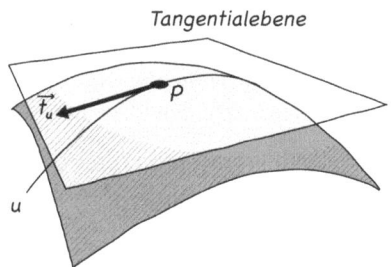

Abb. 9.3 Tangentialebene in einem Flächenpunkt P

Tangentialebene in einem Flächenpunkt P

Bestimme die Tangentialebene an den Flächenpunkt P mit den Parameterwerten $u = 1$ und $v = 1$ an das Rotationsparaboloid: $\vec{r} = \vec{r}(u,v) = \begin{pmatrix} u \\ v \\ u^2 + v^2 \end{pmatrix}$; $(u, v \in \mathbb{R})$.

sn.pub/y0syaa

9.1.2 Skalarfelder

Ein Skalarfeld Φ weist jedem Punkt P einer Ebene oder eines Raumes eine reelle Zahl (*Skalar*) $\Phi(P)$ zu.

Ebenes Skalarfeld: Ein ebenes Skalarfeld ordnet jedem Punkt in einer Ebene einen einzelnen Skalarwert zu, der oft eine physikalische Größe wie Temperatur oder Druck an diesem Punkt darstellt.

$$\Phi\colon \mathbb{R}^2 \to \mathbb{R}, \quad \Phi(P) = \Phi(x, y)$$

Räumliches Skalarfeld: Ein räumliches Skalarfeld ordnet jedem Punkt im Raum einen Skalarwert zu, der physikalische Größen wie Temperatur, Dichte oder elektrisches Potential an verschiedenen Orten im Raum beschreibt.

$$\Phi\colon \mathbb{R}^3 \to \mathbb{R}, \quad \Phi(P) = \Phi(x, y, z)$$

Niveauflächen und Niveaulinien: Niveauflächen sind die Mengen aller Punkte in einem räumlichen Skalarfeld, die denselben Funktionswert haben, während Niveaulinien die entsprechenden Linien in einem zweidimensionalen Skalarfeld darstellen, die Punkte mit konstantem Funktionswert verbinden.

- Für $\Phi\colon \mathbb{R}^3 \to \mathbb{R}$: Die Gesamtheit der Punkte im Raum, auf denen Φ einen konstanten Wert annimmt, bildet eine *Niveaufläche*.
- Für $\Phi\colon \mathbb{R}^2 \to \mathbb{R}$: Die Gesamtheit der Punkte mit konstantem Φ ergibt *Niveaulinien* (auch *Höhenlinien*), wie sie aus geographischen Karten bekannt sind. Beispiele hierfür sind Isobaren auf Wetterkarten.

9.1.3 Vektorfelder

Ein Vektorfeld $\vec{F}$ weist jedem Punkt P einer Ebene oder eines Raumes einen Vektor $\vec{F}(P)$ zu (Abb. 9.4). Beispiele für Vektorfelder sind das Gravitationsfeld, das jedem Punkt im Raum einen Vektor der Schwerkraft zuordnet, oder das Geschwindigkeitsfeld einer Strömung, das jedem Punkt in einer Flüssigkeit einen Geschwindigkeitspfeil zuweist.

Ebenes Vektorfeld:

$$\vec{F}(x, y) = \vec{F}_x(x, y) \cdot \vec{e}_x + \vec{F}_y(x, y) \cdot \vec{e}_y = \begin{pmatrix} \vec{F}_x(x, y) \\ \vec{F}_y(x, y) \end{pmatrix}$$

Abb. 9.4 Räumliches Vektorfeld

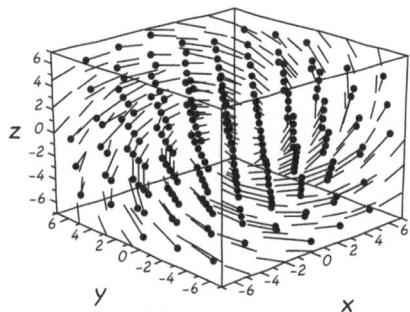

Räumliches Vektorfeld:

$$\vec{F}(x,y,z) = \vec{F}_x(x,y,z)\cdot\vec{e}_x + \vec{F}_y(x,y,z)\cdot\vec{e}_y + \vec{F}_z(x,y,z)\cdot\vec{e}_z = \begin{pmatrix} \vec{F}_x(x,y,z) \\ \vec{F}_y(x,y,z) \\ \vec{F}_z(x,y,z) \end{pmatrix}$$

9.2 Differentialoperatoren

Drei **Rechenoperationen** sind in der Vektoranalysis von besonderer Bedeutung, da sie Felder erzeugen, die sich bei räumlicher Drehung des ursprünglichen Feldes mitdrehen. Diese Operatoren, der **Gradient**, die **Rotation** und die **Divergenz**, behalten ihre Wirkung unabhängig von der Koordinatentransformation bei. Diese Eigenschaft folgt aus ihren koordinatenunabhängigen Definitionen, was nicht selbstverständlich ist, da beispielsweise bei einer Drehung eine partielle Ableitung nach x zu einer Ableitung nach y werden kann.

9.2.1 Gradient

Der Gradient eines differenzierbaren Skalarfeldes $\Phi(x,y,z)$ ist ein Vektor, der aus den partiellen Ableitungen erster Ordnung von Φ besteht (Abb. 9.5):

$$\operatorname{grad}\Phi = \vec{\nabla}\Phi = \frac{\partial\Phi}{\partial x}\cdot\vec{e}_x + \frac{\partial\Phi}{\partial y}\cdot\vec{e}_y + \frac{\partial\Phi}{\partial z}\cdot\vec{e}_z = \begin{pmatrix} \frac{\partial\Phi}{\partial x} \\ \frac{\partial\Phi}{\partial y} \\ \frac{\partial\Phi}{\partial z} \end{pmatrix}.$$

Eigenschaften und Anwendungen des Gradienten: Der Gradient ist ein Vektorfeld, das die Richtung und Stärke des steilsten Anstiegs des Skalarfeldes Φ angibt. Er steht senkrecht auf der Niveaufläche von Φ im Punkt P. Der Betrag des Gradienten beschreibt die größte Änderungsrate von Φ im Punkt P. Der Gradient ist ein Differentialoperator, der auf Skalarfelder angewendet wird, um ein Gradientenfeld (Vektorfeld) zu erzeugen.

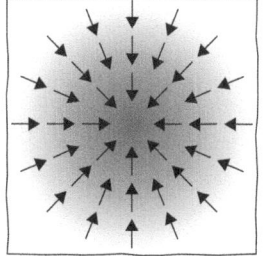
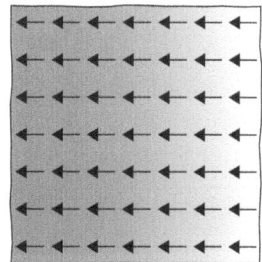

Abb. 9.5 Zwei Skalarfelder, dargestellt als Grauschattierung (dunklere Färbung entspricht größerem Funktionswert). Die blauen Pfeile darauf symbolisieren den zugehörigen Gradienten

> **Gradient**
>
>
> Berechne den Gradienten des räumlichen Skalarfeldes $\Phi(x, y, z) = x^2 z^2 + x y^2$ im Punkt $P = (1; 1; 2)$.
> sn.pub/mnuip1

9.2.2 Divergenz

Die **Divergenz** eines differenzierbaren Vektorfeldes $\vec{F} : \mathbb{R}^n \to \mathbb{R}^n$ ist ein **Skalarfeld**. Sie wird als $\nabla \cdot \vec{F}$ oder $\operatorname{div} \vec{F}$ notiert. Dabei bezeichnet ∇ den Nabla-Operator und div das Operatorsymbol der Divergenz (Abb. 9.6).

$$\operatorname{div} \vec{F} = \vec{\nabla} \cdot \vec{F} = \frac{\partial F_x}{\partial x} + \frac{\partial F_y}{\partial y} + \frac{\partial F_z}{\partial z}.$$

Bedeutung der Divergenz: Die Divergenz beschreibt die Tendenz eines Vektorfeldes, von einem Punkt wegzufließen (positives Vorzeichen) oder zu einem Punkt hinzufließen (negatives Vorzeichen) (Abb. 9.7). Sie gibt an, wie stark die Vektoren in einer kleinen Umgebung eines Punktes auseinander oder zusammen streben. Ist

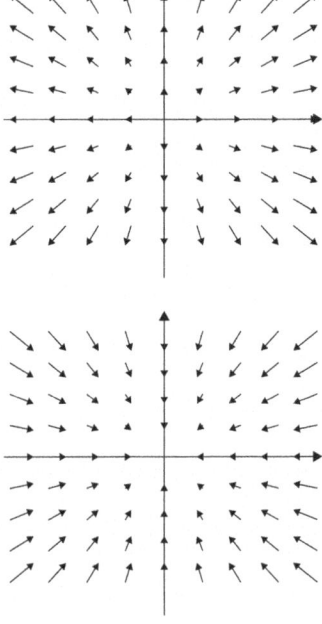

Abb. 9.6 $\operatorname{div} \vec{F} > 0$ Im Volumenelement befindet sich eine **Quelle**

Abb. 9.7 $\operatorname{div} \vec{F} < 0$ Im Volumenelement befindet sich eine **Senke**

div $\vec{F} = 0$, so ist das Vektorfeld an dieser Stelle quellenfrei, das heißt, es gibt weder Quellen noch Senken im betrachteten Volumenelement.

Divergenz

Berechne die Divergenz des Vektorfeldes: $\vec{F}(x, y, z) = \begin{pmatrix} x^2 z \\ -4y^2 z^2 \\ xyz^2 \end{pmatrix}$ im Punkt $P = (1; 2; 1)$.

sn.pub/1w51sp

9.2.3 Rotation

Die **Rotation** ist ein **Differentialoperator**, der einem Vektorfeld im dreidimensionalen euklidischen Raum durch Differentiation ein **neues Vektorfeld** zuordnet. Sie beschreibt die Tendenz eines Vektorfeldes, um Punkte zu rotieren (Abb. 9.8).

Die Rotation eines Vektorfeldes $\vec{F}(x, y, z)$ wird als Kreuzprodukt des Nabla-Operators ∇ mit dem Vektorfeld $\vec{F}$ berechnet:

$$\text{rot } \vec{F}(x, y, z) = \nabla \times \vec{F} = \begin{pmatrix} \frac{\partial}{\partial x} \\ \frac{\partial}{\partial y} \\ \frac{\partial}{\partial z} \end{pmatrix} \times \begin{pmatrix} F_x \\ F_y \\ F_z \end{pmatrix} = \begin{pmatrix} \frac{\partial F_z}{\partial y} - \frac{\partial F_y}{\partial z} \\ \frac{\partial F_x}{\partial z} - \frac{\partial F_z}{\partial x} \\ \frac{\partial F_y}{\partial x} - \frac{\partial F_x}{\partial y} \end{pmatrix}.$$

Eigenschaften der Rotation: Ein Vektorfeld, dessen Rotation in einem Gebiet überall gleich null ist, nennt man wirbelfrei. Insbesondere bei Kraftfeldern wird ein solches Feld als konservativ bezeichnet. Die Divergenz der Rotation eines Vektorfeldes ist stets null, das heißt, es gilt div(rot $\vec{F}$) = 0.

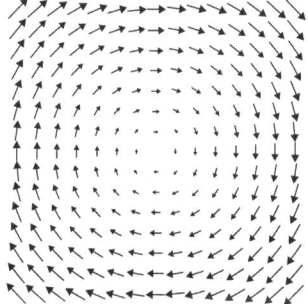

Abb. 9.8 Das Geschwindigkeitsfeld einer rotierenden Scheibe besitzt eine konstante Rotation parallel zur Drehachse

> **Rotation eines Vektorfeldes**
>
>
> Berechne die Rotation des Geschwindigkeitsfeldes
> $$\vec{v}(x, y, z) = \begin{pmatrix} xz^4 \\ -4xz \\ 2yz^2 \end{pmatrix} \text{ im Punkt } P = (1; -1; 1).$$
>
> sn.pub/ysz4su

9.2.4 Laplace-Operator

Der **Laplace-Operator** ist ein Differentialoperator, der einem zweimal differenzierbaren Skalarfeld Φ die Divergenz seines Gradienten zuordnet. Er kann als das „**Skalarprodukt**" des **Nabla-Operators** mit sich selbst interpretiert werden.

$$\Delta \Phi = \text{div}\,(\text{grad}\,\Phi) = \nabla \cdot \nabla \Phi = \frac{\partial^2 \Phi}{\partial x^2} + \frac{\partial^2 \Phi}{\partial y^2} + \frac{\partial^2 \Phi}{\partial z^2}.$$

Eigenschaften des Laplace-Operators: Der Laplace-Operator ist ein Skalaroperator, der auf Skalarfelder angewandt wird und ein neues Skalarfeld liefert. Er tritt in zahlreichen physikalischen und mathematischen Kontexten auf, wie beispielsweise in der Wärmeleitungsgleichung, der Poisson-Gleichung und der Wellengleichung. In kartesischen Koordinaten wird er durch die Summe der zweiten partiellen Ableitungen des Skalarfeldes nach den Koordinaten beschrieben.

> **Laplace-Operator**
>
>
> Zeige, dass die Funktion $\Phi = \ln\left(\dfrac{1}{r}\right)$ eine harmonische Funktion ist, also eine spezielle Lösung der Laplace-Gleichung $\Delta \Phi = 0$.
>
> sn.pub/nufwzd

9.3 Koordinatentransformationen

9.3.1 Polarkoordinaten

Ein **Polarkoordinatensystem** (auch Kreiskoordinatensystem) ist ein zweidimensionales Koordinatensystem, in dem jeder **Punkt** durch zwei Größen festgelegt wird:

9.3 Koordinatentransformationen

- Den **Abstand** r vom festen Punkt, dem **Pol** (entspricht dem Ursprung im kartesischen Koordinatensystem), auch **Radialkoordinate** genannt.
- Den **Winkel** φ zur **Polarachse**, der festgelegten Richtung vom Pol aus, auch **Winkelkoordinate** genannt.

Eigenschaften und Anwendungen: In der **Geodäsie** sind Polarkoordinaten eine zentrale Methode zur Einmessung von Punkten (**Polarmethode**). In der **Funknavigation** wird dieses Prinzip als „Rho-Theta" (für Distanz- und Richtungsmessung) bezeichnet.

Koordinatendarstellung: Ein Punkt P im zweidimensionalen Raum kann durch seine Polarkoordinaten (r, φ) beschrieben werden (Abb. 9.9). Die Beziehung zu den kartesischen Koordinaten (x, y) lautet:

$$x = r \cos \varphi, \quad y = r \sin \varphi.$$

Umgekehrt gilt:

$$r = \sqrt{x^2 + y^2}, \quad \varphi = \arctan\left(\frac{y}{x}\right).$$

Hinweis: Der Winkel φ wird üblicherweise im Bogenmaß angegeben, kann aber auch in Grad gemessen werden, je nach Anwendung.

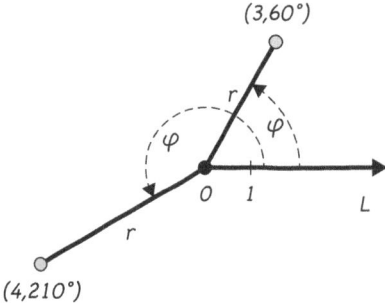

Abb. 9.9 Polarkoordinatensystem mit Pol O und Polarachse L. Der Punkt mit Polarkoordinaten $(3, 60°)$ hat die Radialkoordinate 3 und die Winkelkoordinate $60°$

Umrechnung zwischen kartesischen und Polarkoordinaten: Koordinaten können in der Ebene entweder in **kartesischer** oder in **polarer** Form dargestellt werden. Im kartesischen Koordinatensystem wird ein Punkt durch die Koordinaten (x, y) beschrieben, die seine horizontalen und vertikalen Abstände vom Ursprung angeben. Im Polarkoordinatensystem hingegen wird ein Punkt durch den Abstand r vom Ursprung und den Winkel φ zur positiven x-Achse angegeben.

Von Polarkoordinaten zu kartesischen Koordinaten: Um die Polarkoordinaten (r, φ) in kartesische Koordinaten (x, y) zu überführen, verwendet man die Formeln:

$$x = r \cdot \cos\varphi$$

$$y = r \cdot \sin\varphi$$

Hierbei ist:

- r der Abstand des Punktes vom Ursprung (Radius),
- φ der Winkel zwischen dem Vektor vom Ursprung zum Punkt und der positiven x-Achse, gemessen im mathematisch positiven Sinn (gegen den Uhrzeigersinn).

Von kartesischen Koordinaten zu Polarkoordinaten: Umgekehrt lassen sich die kartesischen Koordinaten (x, y) in Polarkoordinaten (r, φ) umrechnen (Abb. 9.10):

$$r = \sqrt{x^2 + y^2}$$

$$\cos\varphi = \frac{x}{r}, \quad \sin\varphi = \frac{y}{r}, \quad \tan\varphi = \frac{y}{x}$$

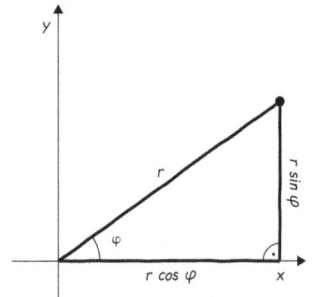

Abb. 9.10 Veranschaulichung der Beziehung zwischen polaren und kartesischen Koordinaten

Darstellung eines Vektors in Polarkoordinaten: Im Polarkoordinatensystem wird die Darstellung eines Vektors durch zwei orthogonale Einheitsvektoren ermöglicht, die radial und tangential orientiert sind. Diese Basisvektoren ändern ihre Richtung je nach Position im Koordinatensystem, sind jedoch stets orthogonal zueinander.

Basisvektoren im Polarkoordinatensystem: Die orthogonalen Einheitsvektoren sind wie folgt definiert:

- **Radialer Basisvektor** $\vec{e}_r$: Dieser zeigt vom Ursprung radial nach außen und entspricht dem Tangenteneinheitsvektor an die r-Koordinatenlinie ($\varphi = \text{const.}$):

$$\vec{e}_r = \cos\varphi \cdot \vec{e}_x + \sin\varphi \cdot \vec{e}_y = \begin{pmatrix} \cos\varphi \\ \sin\varphi \end{pmatrix}.$$

- **Tangentialer Basisvektor** $\vec{e}_\varphi$: Dieser steht tangential zur Kreislinie ($r = \text{const.}$) und entspricht dem Tangenteneinheitsvektor an die φ-Koordinatenlinie:

$$\vec{e}_\varphi = -\sin\varphi \cdot \vec{e}_x + \cos\varphi \cdot \vec{e}_y = \begin{pmatrix} -\sin\varphi \\ \cos\varphi \end{pmatrix}.$$

Eigenschaften der Basisvektoren: Die Basisvektoren $\vec{e}_r$ und $\vec{e}_\varphi$ sind **orthogonal**, das heißt:

$$\vec{e}_r \cdot \vec{e}_\varphi = 0.$$

Beide Basisvektoren sind Einheitsvektoren, daher gilt:

$$\|\vec{e}_r\| = \|\vec{e}_\varphi\| = 1.$$

Der Vektor $\vec{e}_r$ zeigt immer in die Richtung wachsender r-Werte (radial nach außen).
Der Vektor $\vec{e}_\varphi$ zeigt in die Richtung wachsender φ-Werte (tangential zur Kreislinie).

Darstellung eines Vektors im Polarkoordinatensystem: Ein beliebiger Vektor $\vec{v}$ kann im Polarkoordinatensystem durch die Basisvektoren dargestellt werden:

$$\vec{v} = v_r \cdot \vec{e}_r + v_\varphi \cdot \vec{e}_\varphi,$$

wobei v_r die radiale Komponente und v_φ die tangentiale Komponente des Vektors sind.

Darstellung eines Geschwindigkeitsfeldes in Polarkoordinaten

In einem kartesischen Koordinatensystem ist das folgende ebene Geschwindigkeitsfeld einer Flüssigkeitsströmung gegeben: $\vec{v} = \vec{v}(x, y) = \frac{1}{x^2+y^2} \cdot (-y\vec{e}_x + x\vec{e}_y)$. Welche Darstellung ergibt sich im Polarkoordinatensystem?
sn.pub/vfqcie

9.3.2 Zylinderkoordinaten

Zylinderkoordinaten entsprechen ebenen Polarkoordinaten, welche um eine dritte Koordinate ergänzt werden (Abb. 9.11). Diese dritte Koordinate beschreibt die Höhe eines Punktes senkrecht über (oder unter) der Ebene des Polarkoordinatensystems und wird im Allgemeinen mit z bezeichnet. Die Koordinate ρ beschreibt jetzt nicht mehr den Abstand eines Punktes vom Koordinatenursprung, sondern von der z-Achse.

Abb. 9.11 Zylinderkoordinaten

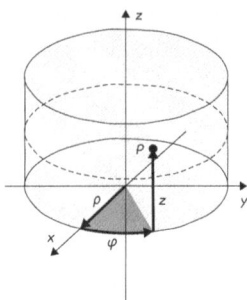

Umrechnung von Zylinderkoordinaten zu kartesischen Koordinaten: Wenn man ein kartesisches Koordinatensystem so ausrichtet, dass die z-Achsen zusammenfallen, die x-Achse in Richtung $\varphi = 0$ zeigt und der Winkel φ von der x-Achse zur y-Achse wächst (rechtsgerichtet ist), dann ergeben sich die folgenden Umrechnungsformeln:

$$x = \rho \cdot \cos\varphi$$
$$y = \rho \cdot \sin\varphi$$
$$z = z$$

Umrechnung von kartesischen Koordinaten zu Zylinderkoordinaten: Für die Umrechnung von kartesischen Koordinaten in Zylinderkoordinaten ergeben sich für ρ und φ die gleichen Formeln wie bei den Polarkoordinaten:

$$\rho = \sqrt{x^2 + y^2}$$
$$\sin\varphi = \frac{y}{\rho}, \quad \cos\varphi = \frac{x}{\rho}, \quad \tan\varphi = \frac{y}{x}$$

Darstellung eines Vektors in Zylinderkoordinaten: Die Basisvektoren $\vec{e}_\rho$, $\vec{e}_\varphi$ und $\vec{e}_z$ sind zueinander orthonormal und bilden in dieser Reihenfolge ein Rechtssystem. Sie hängen direkt von den Zylinderkoordinaten ab und ändern sich mit dem Punkt im Raum.

Herleitung der Basisvektoren: Die Basisvektoren werden aus den Ableitungen des Ortsvektors $\vec{r}$ in Zylinderkoordinaten abgeleitet. Der Ortsvektor ist definiert als:

$$\vec{r} = \begin{pmatrix} \rho \cos\varphi \\ \rho \sin\varphi \\ z \end{pmatrix}.$$

1. **Basisvektor $\vec{e}_\rho$ (radialer Einheitsvektor):** Zeigt in die Richtung der Koordinate ρ und ist normiert:

9.3 Koordinatentransformationen

$$\vec{e}_\rho = \frac{\frac{\partial \vec{r}}{\partial \rho}}{\left|\frac{\partial \vec{r}}{\partial \rho}\right|} = \begin{pmatrix} \cos\varphi \\ \sin\varphi \\ 0 \end{pmatrix}.$$

2. **Basisvektor $\vec{e}_\varphi$ (tangentialer Einheitsvektor):** Zeigt tangential zur Kreisbahn in Richtung der Zunahme von φ:

$$\vec{e}_\varphi = \frac{\frac{\partial \vec{r}}{\partial \varphi}}{\left|\frac{\partial \vec{r}}{\partial \varphi}\right|} = \begin{pmatrix} -\sin\varphi \\ \cos\varphi \\ 0 \end{pmatrix}.$$

3. **Basisvektor $\vec{e}_z$ (axialer Einheitsvektor):** Zeigt in Richtung der Koordinate z und bleibt konstant:

$$\vec{e}_z = \frac{\frac{\partial \vec{r}}{\partial z}}{\left|\frac{\partial \vec{r}}{\partial z}\right|} = \begin{pmatrix} 0 \\ 0 \\ 1 \end{pmatrix}.$$

Eigenschaften der Basisvektoren: Die Basisvektoren $\vec{e}_\rho$, $\vec{e}_\varphi$, und $\vec{e}_z$ sind ortsabhängig, insbesondere $\vec{e}_\rho$ und $\vec{e}_\varphi$, da sie von φ abhängen.

Die Basisvektoren sind zueinander orthonormal:

$$\vec{e}_\rho \cdot \vec{e}_\varphi = 0, \quad \vec{e}_\rho \cdot \vec{e}_z = 0, \quad \vec{e}_\varphi \cdot \vec{e}_z = 0.$$

Gemeinsam bilden sie ein lokal orthonormales Koordinatensystem, das sich mit dem Punkt im Raum dreht.

Darstellung eines Vektorfeldes in Zylinderkoordinaten

In einem kartesischen Koordinatensystem ist das folgende Geschwindigkeitsfeld gegeben: $\vec{F} = \vec{F}(x, y, z) = \frac{1}{\sqrt{x^2+y^2}} \cdot (x\vec{e}_x + y\vec{e}_y) + z\vec{e}_z$. Welche Darstellung ergibt sich im Zylinderkoordinatensystem?

sn.pub/zllmeg

9.3.3 Kugelkoordinaten

Kugelkoordinaten entsprechen ebenen Polarkoordinaten welche um eine dritte Koordinate ergänzt werden. Dies geschieht, indem man einen Winkel $\theta \in [0, \pi]$ für die dritte Achse spezifiziert. Diese dritte Koordinate beschreibt den Winkel zwischen dem Vektor $\vec{r}$ zum Punkt P und der z-Achse.

Koordinaten in Kugelkoordinaten:
r Abstand des Punktes vom Ursprung (radiale Koordinate),
θ Winkel zwischen dem Vektor und der positiven z-Achse (Polarwinkel, $0 \leq \theta \leq \pi$),
φ Winkel in der xy-Ebene, gemessen von der positiven x-Achse (Azimutwinkel, $0 \leq \varphi < 2\pi$).

Umrechnung von Kugelkoordinaten zu kartesischen Koordinaten: Jedem Koordinatentripel (r, θ, φ) wird ein Punkt im dreidimensionalen euklidischen Raum zugeordnet (Abb. 9.12).

$$x = r \cdot \sin\theta \cdot \cos\varphi$$
$$y = r \cdot \sin\theta \cdot \sin\varphi$$
$$z = r \cdot \cos\theta$$

Umrechnung von kartesischen Koordinaten zu Kugelkoordinaten: Für die Umrechnung von kartesischen Koordinaten (x, y, z) in Zylinderkoordinaten r, θ, φ ergeben sich folgende Formeln:

$$\rho = \sqrt{x^2 + y^2 + z^2}$$
$$\theta = \arccos\frac{z}{\sqrt{x^2 + y^2 + z^2}} = \arccos\frac{z}{r} = \operatorname{arccot}\frac{z}{\sqrt{x^2 + y^2}}$$
$$\sin\varphi = \frac{y}{r}, \quad \cos\varphi = \frac{x}{r}, \quad \tan\varphi = \frac{y}{x}$$

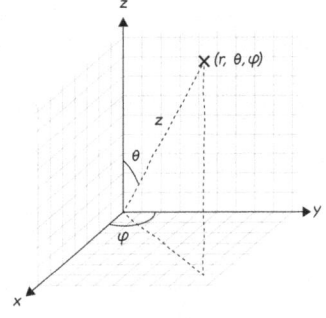

Abb. 9.12 Kugelkoordinaten (Sphärische Koordinaten) (r, θ, φ) mit Radialabstand r, Polarwinkel θ und Azimutwinkel φ

Darstellung eines Vektors in Kugelkoordinaten: Ein Vektor in Kugelkoordinaten wird durch die Basisvektoren $\vec{e}_r$, $\vec{e}_\theta$, und $\vec{e}_\varphi$ beschrieben.

Basisvektoren in Kugelkoordinaten:

1. **Radialer Basisvektor** $\vec{e}_r$: zeigt in die Richtung der Zunahme von r, also vom Ursprung radial nach außen:

$$\vec{e}_r = \begin{pmatrix} \sin\theta \cos\varphi \\ \sin\theta \sin\varphi \\ \cos\theta \end{pmatrix}.$$

2. **Polarer Basisvektor** $\vec{e}_\theta$: zeigt in die Richtung der Zunahme von θ, also tangential zur Oberfläche einer Kugel mit festem Radius:

$$\vec{e}_\theta = \begin{pmatrix} \cos\theta \cos\varphi \\ \cos\theta \sin\varphi \\ -\sin\theta \end{pmatrix}.$$

3. **Azimutaler Basisvektor** $\vec{e}_\varphi$: zeigt in die Richtung der Zunahme von φ, also tangential zur Kugeloberfläche entlang eines Längenkreises:

$$\vec{e}_\varphi = \begin{pmatrix} -\sin\varphi \\ \cos\varphi \\ 0 \end{pmatrix}.$$

Eigenschaften der Basisvektoren: Die Basisvektoren $\vec{e}_r$, $\vec{e}_\theta$, und $\vec{e}_\varphi$ sind orthonormal, d. h. (Abb. 9.13):

$$\vec{e}_r \cdot \vec{e}_\theta = 0, \quad \vec{e}_r \cdot \vec{e}_\varphi = 0, \quad \vec{e}_\theta \cdot \vec{e}_\varphi = 0.$$

Sie bilden ein Rechtssystem, das sich an die Position im Raum anpasst.

Der Vektor $\vec{v}$ in Kugelkoordinaten wird als Linearkombination der Basisvektoren geschrieben:

$$\vec{v} = v_r \vec{e}_r + v_\theta \vec{e}_\theta + v_\varphi \vec{e}_\varphi.$$

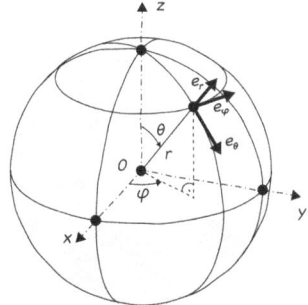

Abb. 9.13 Kugelkoordinaten. Die Basisvektoren $\vec{e}_r$, $\vec{e}_\theta$ und $\vec{e}_\varphi$ bilden in dieser Reihenfolge ein Rechtssystem

Darstellung eines Feldvektors in Kugelkoordinaten

 In einem kartesischen Koordinatensystem ist der folgende Feldvektor gegeben: $\vec{F} = \vec{F}(x, y, z) = x\vec{e}_x + y\vec{e}_y + \vec{e}_z$. Welche Darstellung ergibt sich im Kugelkoordinatensystem?

sn.pub/2co9sp

Integraltransformationen 10

Dieses Kapitel behandelt Integraltransformationen, die in der Signalverarbeitung, Systemtheorie und der Lösung von Differentialgleichungen verwendet werden, um komplexe Funktionen in einfachere Darstellungen zu überführen. Es beginnt mit elementaren Signalen wie der Sprungfunktion, die plötzliche Änderungen beschreibt, und der Dirac'schen Deltafunktion für idealisierte Impulse. Die Fourier-Transformation zerlegt Funktionen in ihre Frequenzbestandteile, während die Inverse Fourier-Transformation zur ursprünglichen Funktion zurückführt. Die Laplace-Transformation hilft bei der Lösung von Differentialgleichungen und stellt Funktionen mit exponentiellem Verhalten dar. Das Kapitel zeigt, wie Integraltransformationen zur Vereinfachung und Lösung technischer und mathematischer Probleme genutzt werden.

10.1 Elementare Signale

Ein **Signal** ist eine zeitabhängige Funktion, unabhängig von ihrer physikalischen Bedeutung. Zwei wichtige elementare zeitkontinuierliche Signale sind:

1. Die (**Einheits-**)**Sprungfunktion** $\sigma(t)$
2. Der **Delta-Impuls** $\delta(t)$ als Idealisierung eines kurzen Impulses extremer Stärke.

10.1.1 Sprungfunktion

Die Heaviside-Funktion σ (auch Sprungfunktion) ist definiert als (Abb. 10.1):

$$\sigma(t) = \begin{cases} 0, & \text{für } t < 0 \\ 1, & \text{für } t \geq 0 \end{cases}$$

Abb. 10.1 Heaviside-Funktion $f(t) = \sigma(t)$

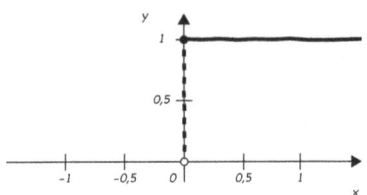

Sie ist überall stetig außer bei $t = 0$ und beschreibt Einschaltvorgänge. σ ist die charakteristische Funktion des Intervalls $[0, +\infty)$ der nichtnegativen reellen Zahlen. Die verschobene Einheitssprungfunktion $\sigma(t - a)$ beschreibt einen plötzlichen Anstieg von 0 auf 1, der nicht bei $t = 0$, sondern bei einem beliebigen Zeitpunkt $t = a$ erfolgt (Abb. 10.2).

Abb. 10.2 Die Sprungfunktion lässt sich verschieben: $f(t) = \sigma(t-1)$

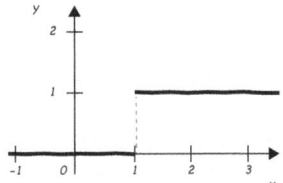

Sprungfunktion

Stelle die folgende Funktion über die gesamte Zeitachse einheitlich mithilfe der Sprungfunktion dar: $f(t) =$
$\begin{cases} 1 & \text{für } t \geq 2 \\ 0 & \text{sonst} \end{cases}$

sn.pub/3stwpu

Rechteckfunktion

Stelle die folgende Funktion über die gesamte Zeitachse einheitlich mithilfe der Sprungfunktion dar:

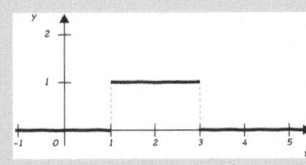

sn.pub/2r4np2

Ausblenden mithilfe der Sprungfunktion

Stelle $f(t) = \sigma(t) \cdot \sin(t)$ mithilfe der Sprungfunktion dar:

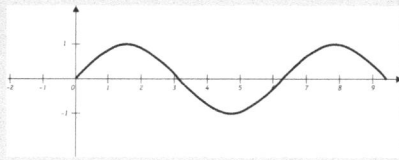

sn.pub/47vs8h

10.1.2 Diracsche Deltafunktion

Die Delta-Impulsfunktion $\delta(t)$ ist keine klassische Funktion, sondern über das Integral definiert. Ihre zentrale Eigenschaft ist die **Ausblendeigenschaft**, die kurze Impulse mathematisch beschreibt und Rechteckimpulse mit gegen null gehender Breite ersetzt.

Ein Rechteckimpuls $r(t)$ mit Höhe $1/h$ und Dauer $h > 0$ dient zur Einführung:

$$r(t) = \begin{cases} 1/h, & 0 \leq t < h, \\ 0, & \text{sonst.} \end{cases}$$

Herleitung der Diracschen Deltafunktion: Zur Normierung wird die „Impulsfläche" $A = 1$ gewählt:

$$A = \int_{-\infty}^{\infty} r(t)\,dt = \int_{0}^{h} \frac{1}{h}\,dt = 1.$$

Mit $h \to 0$ geht $\dfrac{1}{h} \longrightarrow \infty$ und $r(t)$ wird größer, da die Impulsfläche konstant bleibt. Im Grenzfall entsteht der **Delta-Impuls**:

$$\delta(t) = \lim_{h \to 0} r(t) = \begin{cases} \infty, & t = 0 \\ 0, & t \neq 0 \end{cases}, \quad \text{mit} \int_{-\infty}^{\infty} \delta(t)\,dt = 1.$$

Da ∞ kein Funktionswert ist, gehört $\delta(t)$ zu den „verallgemeinerten Funktionen" (**Distributionen**). Der Delta-Impuls wird symbolisch durch einen Pfeil dargestellt und kann als idealisierter, sehr kurzer Rechteckimpuls interpretiert werden.

Diracsche Deltafunktion – eine Herleitung

 In diesem Video wird anschaulich der Delta-Impuls (Nadelimpuls, Dirac-Impuls) erklärt. Dabei werden die Begriffe „Distributionen", „verallgemeinerte Funktionen" und die Ausblendeeigenschaft erläutert.

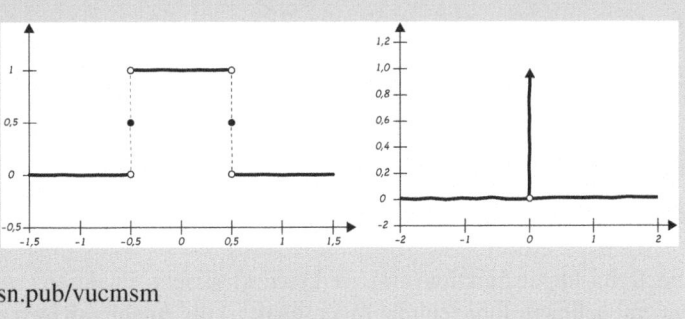

sn.pub/vucmsm

Eigenschaften des Delta-Impulses: Für einen kurzen Rechteckimpuls $r(t)$ gilt:

$$\int_{-\infty}^{\infty} f(t) \cdot r(t)\, dt = \int_{0}^{h} f(t) \cdot \frac{1}{h}\, dt = \frac{1}{h} \cdot [F(h) - F(0)],$$

wobei F eine Stammfunktion von f ist. Im Grenzfall $h \to 0$ ergibt sich:

$$\int_{-\infty}^{\infty} f(t) \cdot \delta(t)\, dt = f(0),$$

die sogenannte **Ausblendeigenschaft** des Delta-Impulses.

Diese Eigenschaft zeigt, dass bei der Integration mit $\delta(t)$ nur der Funktionswert $f(0)$ an der Stelle $t = 0$ berücksichtigt wird. Für einen verschobenen Delta-Impuls gilt:

$$\int_{-\infty}^{\infty} f(t) \cdot \delta(t - T)\, dt = f(T),$$

und im beschränkten Integrationsbereich:

$$\int_{a}^{b} f(t) \cdot \delta(t - T)\, dt = \begin{cases} f(T), & a \leq T \leq b, \\ 0, & \text{sonst.} \end{cases}$$

Ausblendeigenschaft des Delta-Impulses

Bestimme $\int_{-\infty}^{\infty} (t+2) \cdot \delta(t)\, dt$.

sn.pub/lthk2u

10.2 Fourier-Transformation

Die Fourier-Transformation zerlegt eine Funktion $f(t)$ im Zeit- oder Ortsraum in ihre Frequenzanteile und wird definiert durch:

$$\mathcal{F}\{f(t)\} = F(\omega) = \int_{-\infty}^{\infty} f(t) e^{-i\omega t}\, dt.$$

Die Rücktransformation erfolgt durch:

$$f(t) = \frac{1}{2\pi} \int_{-\infty}^{\infty} F(\omega) e^{i\omega t}\, d\omega.$$

Die Fourier-Transformation überführt also eine Funktion in den Frequenzraum, wobei $F(\omega)$ die Amplituden und Phasen der Frequenzen ω beschreibt (Abb. 10.3).

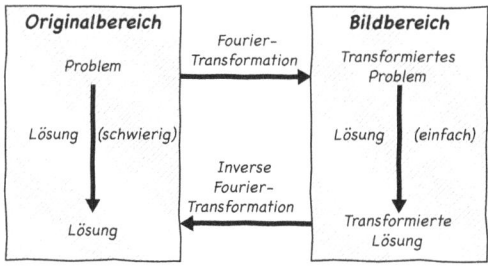

Abb. 10.3 Einige Probleme, wie bestimmte Differentialgleichungen, lassen sich leichter lösen, wenn die Fourier-Transformation angewendet wird. In diesem Fall wird die Lösung des ursprünglichen Problems unter Verwendung der inversen Fourier-Transformation wiederhergestellt

10.2.1 Von Fourierreihen zur Fourier-Transformation

Die Fourierreihe zerlegt eine **periodische** Funktion $f(t)$ mit der Periodendauer T in eine Summe harmonischer Schwingungen. In der komplexen Darstellung lautet sie:

$$f(t) = \sum_{k=-\infty}^{\infty} c_k e^{ik\omega_0 t},$$

wobei $\omega_0 = \dfrac{2\pi}{T}$ die Kreisfrequenz der Grundschwingung ist und die Fourier-Koeffizienten c_k durch

$$c_k = \frac{1}{T} \int_0^T f(t) e^{-ik\omega_0 t}\, dt$$

berechnet werden.

Die Fourier-Koeffizienten c_k beschreiben die Amplitude und Phase der Frequenzen $k\omega_0$. Das **Amplitudenspektrum** ergibt sich aus $|c_k|$, während das **Phasenspektrum** durch den Argumentwert $\arg(c_k)$ charakterisiert wird.

Für eine **nicht-periodische** Funktion $f(t)$ mit unbegrenzter Ausdehnung im Zeitraum wird $T \to \infty$ betrachtet. Die Frequenzen werden dadurch stetig, und die Fourier-Koeffizienten c_k gehen in die Fourier-Transformierte $F(\omega)$ über:

$$F(\omega) = \int_{-\infty}^{\infty} f(t) e^{-i\omega t}\, dt.$$

Hier beschreibt $|F(\omega)|$ das **Amplitudenspektrum**, während $\arg F(\omega)$ das **Phasenspektrum** angibt.

Die Fourier-Transformation ist somit die Verallgemeinerung der Fourierreihe für nicht-periodische Funktionen, wobei die periodischen Frequenzanteile durch ein kontinuierliches Frequenzspektrum ersetzt werden.

10.2.2 Fourier-Transformation

Einer zeitabhängigen, nicht-periodischen Funktion $f(t)$ wird ihre **Fourier-Transformierte** $F(\omega)$ zugeordnet:

$$F(\omega) = \int_{-\infty}^{\infty} f(t) \cdot e^{-j\omega t}\, dt,$$

sofern das Integral existiert. Symbolisch:

$$F(\omega) = \mathcal{F}\{f(t)\}.$$

Übliche Bezeichnungen:

$f(t)$ Originalfunktion (Zeitfunktion)
$F(\omega)$ Fourier-Transformierte (Spektraldichte)
$\mathcal{F}$ Fourier-Transformationsoperator

Die Fourier-Transformation wandelt eine reelle Zeitfunktion $f(t)$ in eine komplexwertige Frequenzfunktion $F(\omega)$ um. Dabei liegt $f(t)$ im **Zeitbereich**, $F(\omega)$ im **Frequenzbereich**. Schreibweisen:

$$F(\omega) = \mathcal{F}\{f(t)\} \quad \text{oder} \quad f(t) \circ\!\!\!-\!\!\!\bullet F(\omega).$$

Korrespondenz-Symbol $\circ\!\!\!-\!\!\!\bullet$: Das Symbol $\circ\!\!\!-\!\!\!\bullet$ zeigt, dass $f(t)$ und $F(\omega)$ einander entsprechen. In Naturwissenschaft und Technik haben die Variablen t (Zeit) und ω (Kreisfrequenz, 2π-fache der Frequenz) spezifische Bedeutungen. Die Fourier-Transformation beschreibt den Übergang vom Zeitbereich in den Frequenzbereich.

10.2.3 Inverse Fourier-Transformation

Die **inverse Fourier-Transformation** rekonstruiert die Originalfunktion $f(t)$ aus der Bildfunktion $F(\omega)$:

$$f(t) = \frac{1}{2\pi} \int_{-\infty}^{\infty} F(\omega) \cdot e^{j\omega t} \, d\omega, \quad t \in \mathbb{R}.$$

Symbolisch:

$$\mathcal{F}^{-1}\{F(\omega)\} = f(t) \quad \text{oder} \quad F(\omega) \bullet\!\!\!-\!\!\!\circ f(t).$$

Bedeutung: Das Fourier-Integral zeigt, dass $F(\omega)$ und $f(t)$ denselben Informationsgehalt besitzen. Es beschreibt $f(t)$ als **kontinuierliche Überlagerung** harmonischer Schwingungen $e^{j\omega t}$ über alle Kreisfrequenzen ω.

Die komplexe Spektraldichte $F(\omega)$, oft das **Spektrum** genannt, gibt den Frequenzgehalt von $f(t)$ an. Ein hoher Betrag $|F(\omega)|$ deutet auf eine dominierende Bedeutung der entsprechenden Frequenzen hin.

Anschauliche Interpretation: Die Fourier-Transformation wirkt wie ein „mathematisches Prisma", das eine Funktion in ihre Frequenzbestandteile zerlegt, ähnlich wie ein optisches Prisma Licht in Farben aufspaltet.

Komplexe Darstellung von $F(\omega)$:

$$F(\omega) = |F(\omega)| \cdot e^{j\varphi(\omega)} = \text{Re}(\omega) + j \cdot \text{Im}(\omega).$$

Übliche Bezeichnungen:

$F(\omega) = \mathcal{F}\{f(t)\}$ Spektrum von $f(t)$ (Frequenzspektrum, Spektraldichte, Spektralfunktion)

$A(\omega) = |F(\omega)|$ Amplitudenspektrum (spektrale Amplitudendichte)
$\varphi(\omega) = \arg F(\omega)$ Phasenspektrum (spektrale Phasendichte)

Damit lassen sich die Bildfunktion oder Fourier-Transformierte $F(\omega)$ auch wie folgt darstellen:

$$F(\omega) = |F(\omega)| \cdot e^{j \cdot \varphi(\omega)} = A(\omega) \cdot e^{j \cdot \varphi(\omega)}$$

> **Spektrum einer exponentiell abklingenden Funktion**
>
>  Bestimme die Fourier-Transformierte des einseitigen Exponentialimpulses mit $f(t) = \begin{cases} 0 & \text{für} \quad t < 0 \\ e^{-t} & \text{für} \quad t \geq 0 \end{cases}$
>
> sn.pub/zbtp23

10.2.4 Spezielle Fourier-Transformationen

Für **gerade** oder **ungerade** reelle Zeitfunktionen kann die Berechnung der Fourier-Transformierten vereinfacht werden. Aus $e^{-j\varphi} = \cos \varphi - j \sin \varphi$ ergibt sich:

$$F(\omega) = \int_{-\infty}^{\infty} f(t) \cdot e^{-j\omega t} \, dt = \int_{-\infty}^{\infty} f(t) \cdot [\cos(\omega t) - j \sin(\omega t)] \, dt$$

$$F(\omega) = \int_{-\infty}^{\infty} f(t) \cdot \cos(\omega t) \, dt - j \cdot \int_{-\infty}^{\infty} f(t) \cdot \sin(\omega t) \, dt.$$

Der **Realteil** von $F(\omega)$ ergibt sich aus der Multiplikation von $f(t)$ mit $\cos(\omega t)$. Der **Imaginärteil** ergibt sich aus der Multiplikation von $f(t)$ mit $\sin(\omega t)$.

Fourier-Kosinus-Transformation einer geraden Funktion: Ist $f(t)$ eine **gerade Funktion** ($f(-t) = f(t)$), so ist der Integrand des ersten Integrals gerade, der des zweiten ungerade. Da der Integrationsbereich $(-\infty, \infty)$ symmetrisch ist, verschwindet das zweite Integral:

$$F(\omega) = \int_{-\infty}^{\infty} f(t) \cdot \cos(\omega t) \, dt - j \cdot \underbrace{\int_{-\infty}^{\infty} f(t) \cdot \sin(\omega t) \, dt}_{=0} = 2 \cdot \int_{0}^{\infty} f(t) \cdot \cos(\omega t) dt.$$

10.2 Fourier-Transformation

Fourier-Transformierte einer geraden Funktion

Bestimme die Fourier-Transformierte des Rechtecksimpulses

mit (Abb. 10.4): $f(t) = \begin{cases} 1 & \text{für } -0,5 \leq t \leq 0,5 \\ 0 & \text{sonst} \end{cases}$

sn.pub/fiuqdq

Abb. 10.4 Für die Originalfunktion $f(t) =$ Rechteckimpuls ergibt sich die Fouriertransformierte F, Sinc-Funktion

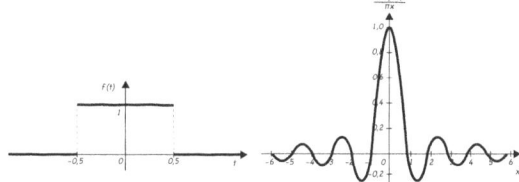

Fourier-Sinus-Transformation einer ungeraden Funktion: Ist $f(t)$ eine **ungerade Funktion** ($f(-t) = -f(t)$), so ist der Integrand des ersten Integrals ungerade und der des zweiten gerade: ungerade · gerade = ungerade, ungerade · ungerade = gerade. Da der Integrationsbereich $(-\infty, \infty)$ symmetrisch ist, verschwindet das erste Integral:

$$F(\omega) = \underbrace{\int_{-\infty}^{\infty} f(t) \cdot \cos(\omega t)\, dt}_{=0} - j \cdot \int_{-\infty}^{\infty} f(t) \cdot \sin(\omega t)\, dt = -2j \cdot \int_{0}^{\infty} f(t) \cdot \sin(\omega t)\, dt.$$

Fourier-Transformierte einer ungeraden Funktion

Bestimme die Fourier-Transformierte des Rechtecksimpulses

mit $f(t) = \begin{cases} -1 & \text{für } -T \leq t < 0 \\ 1 & \text{für } 0 \leq t \leq T \\ 0 & \text{für } |t| > T \end{cases}$

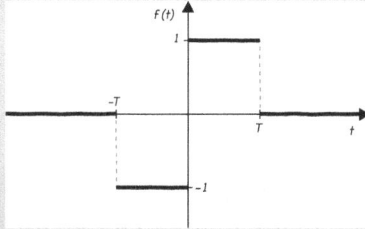

sn.pub/98p6k7

10.2.5 Transformationssätze

Die Fourier-Transformation besitzt Eigenschaften, die bestimmte Operationen im Zeitbereich in einfachere Operationen im Frequenzbereich umwandeln. Diese sogenannten **Transformationssätze** bilden die Grundlage vieler technischer Anwendungen.

Linearität: Die Fourier-Transformation $\mathcal{F}$ ist linear:

$$\mathcal{F}(a \cdot f + b \cdot g) = a \cdot \mathcal{F}(f) + b \cdot \mathcal{F}(g).$$

Summenregel: $f(t) + g(t) \circ\!\!\!-\!\!\!\bullet\ F(\omega) + G(\omega)$

Faktorregel: $a \cdot f(t) \circ\!\!\!-\!\!\!\bullet\ a \cdot F(\omega)$

Linearitätseigenschaft

Bestimme die Fourier-Transformierte von $g(t)$: $g(t) = (2 + 3t) \cdot e^{-5t} \cdot \sigma(t)$

sn.pub/nfmfig

Ähnlichkeitssatz: Zeitlich gestauchte oder gedehnte Funktionen $f(a \cdot t)$ sind ähnlich zu $f(t)$. Es gilt:

$$f(a \cdot t) \circ\!\!\!-\!\!\!\bullet\ \frac{1}{a} \cdot F\left(\frac{\omega}{a}\right), \quad a > 0.$$

Eine Stauchung im Zeitbereich ($a > 1$) entspricht einer Streckung im Frequenzbereich, und umgekehrt (Abb. 10.5).

Abb. 10.5 Links: $y = \sin t \cdot \sigma(t)$; Rechts: $y = \sin(at) \cdot \sigma(t)$, $a = 2$

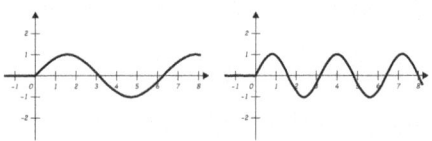

Ähnlichkeitssatz

Bestimme unter Zuhilfenahme der Korrespondenz $f(t) = e^{-|t|} \circ\!\!\!-\!\!\!\bullet\ F(\omega) = \dfrac{2}{1+\omega^2}$ die Fourier-Transformierte der gestreckten Funktion $g(t) = e^{-|at|}$ mit $a > 0$.

sn.pub/z73u2e

10.2 Fourier-Transformation

Zeitverschiebungssatz: Eine Zeitverschiebung $f(t-a)$ im Zeitbereich führt zu einer Multiplikation im Frequenzbereich mit $e^{-j\omega a}$:

$$f(t-a) \circ\!\!-\!\!\bullet \; e^{-j\omega a} \cdot F(\omega), \quad a \geq 0.$$

Eine Rechtsverschiebung im Zeitbereich bewirkt somit eine Multiplikation im Frequenzbereich (Abb. 10.6).

Abb. 10.6 Links: $y = \sin t \cdot \sigma(t)$; Rechts: $y = \sin(t-a)\cdot\sigma(t-a)$, $a = 2$

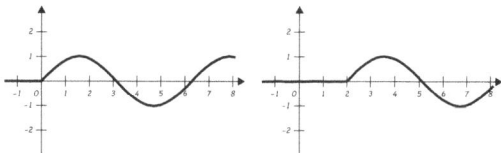

Zeitverschiebungssatz

Die Originalfunktion $f(t) = e^{-t} \cdot \sin(t) \cdot \sigma(t)$ wird um 3 Einheiten längs der positiven Zeitachse verschoben. Wie lautet die Fourier-Transformierte der verschobenen Funktion $g(t)$ unter Berücksichtigung der angegebenen Korrespondenz? $f(t) = e^{-t} \cdot \sin(t) \cdot \sigma(t) \circ\!\!-\!\!\bullet F(\omega) = \dfrac{1}{(1+j\omega)^2 + 1}$

sn.pub/kmpd4s

Dämpfungssatz (Frequenzverschiebungssatz): Eine exponentielle Modulation $g(t) = e^{j\omega_0 t} \cdot f(t)$ bewirkt eine Verschiebung der Frequenzachse um ω_0:

$$e^{j\omega_0 t} \cdot f(t) \; \circ\!\!-\!\!\bullet \; F(\omega - \omega_0).$$

Dämpfungssatz

Bestimme die Bildfunktion $G(\omega)$ der gedämpften Schwingung $g(t) = e^{-at} \cdot \sin(\omega_0 t) \cdot \sigma(t)$. Zur Verfügung steht die Korrespondenz $f(t) = e^{-at} \cdot \sigma(t) \circ\!\!-\!\!\bullet F(\omega) = \dfrac{1}{a + j\omega}$

sn.pub/ilu7ff

Ableitungssätze (Differentiationssätze): Die Fourier-Transformierte der n-ten Ableitung von $f(t)$ lautet:

$$\mathcal{F}\{f^{(n)}(t)\} = (j\omega)^n \cdot F(\omega).$$

Beispiele
- **1. Ableitung**: $\mathcal{F}\{f'(t)\} = j\omega \cdot F(\omega)$
- **2. Ableitung**: $\mathcal{F}\{f''(t)\} = -\omega^2 \cdot F(\omega)$

Differentiation im Zeitbereich entspricht einer Multiplikation im Frequenzbereich.

Ableitungssätze (Differentiationssätze): Die Fourier-Transformierte der n-ten Ableitung von $f(t)$ lautet:

$$\mathcal{F}\{f^{(n)}(t)\} = (j\omega)^n \cdot F(\omega).$$

1. Ableitung: $\mathcal{F}\{f'(t)\} = j\omega \cdot F(\omega)$
2. Ableitung: $\mathcal{F}\{f''(t)\} = -\omega^2 \cdot F(\omega)$
3. Ableitung: $\mathcal{F}\{f^{(3)}(t)\} = -j\omega^3 \cdot F(\omega)$

Die Differentiation im Zeitbereich entspricht einer Multiplikation im Frequenzbereich.

Differentiationssätze

Ermittle aus der als bekannt vorausgesetzten Korrespondenz von $f(t) = e^{-at^2}$ mit $a > 0$ durch Anwendung des Ableitungssatzes die Fourier-Transformierte der Originalfunktion $g(t) = t \cdot e^{-at^2}$.

sn.pub/30lqdr

Integrationssatz: Die Integration von $f(t)$ im Zeitbereich führt zu:

$$\int_{-\infty}^{t} f(u)\,du \quad \circ\!\!-\!\!\bullet \quad \frac{1}{j\omega} \cdot F(\omega).$$

Im Frequenzbereich entspricht die Integration einer Division durch $j\omega$.

10.2.6 Rücktransformation und Tabellen

Die Fourier-Transformation ist besonders nützlich, da viele Rechenoperationen beim Übergang vom Originalbereich in den Frequenzbereich vereinfacht werden. Dieser Wechsel ermöglicht eine effizientere Analyse und Bearbeitung von Signalen. Der schwierigste Schritt ist häufig die Rücktransformation, bei der das Signal wieder in den Originalbereich überführt wird. Dieser Prozess wird oft mit Hilfe spezieller Transformationstabellen durchgeführt, die in den Tab. 10.1, 10.2 und 10.3 zu finden sind.

10.2 Fourier-Transformation

Tab. 10.1 Häufig verwendete Korrespondenzen der Fourier-Transformation

Originalfunktion $f(t)$	Bildfunktion $F(\omega)$
$\sigma(t-a) - \sigma(t-b)$	$j \cdot \frac{e^{-jb\omega} - e^{-ja\omega}}{\omega}$
$\sigma(t+a) - \sigma(t-b)$	$\frac{2\sin(a\omega)}{\omega}$
$\sigma(t+a) - \sigma(t)$	$j \cdot \frac{1 - e^{ja\omega}}{\omega}$
$\sigma(t) - \sigma(t-a)$	$j \cdot \frac{e^{-ja\omega} - 1}{\omega}$
$\frac{1}{a^2 + t^2}$	$\frac{\pi}{a} \cdot e^{-a|\omega|}$
$e^{-a|t|}$	$\frac{2a}{a^2 + \omega^2}$
$e^{-at} \cdot \sigma(t)$	$\frac{1}{a + j\omega}$
$t \cdot e^{-at} \cdot \sigma(t)$	$\frac{1}{(a + j\omega)^2}$
e^{-at^2}	$\sqrt{\frac{\pi}{a}} \cdot e^{-\frac{\omega^2}{4a}}$
$e^{-at} \cdot \sin(bt) \cdot \sigma(t)$	$\frac{b}{(a + j\omega)^2 + b^2}$
$e^{-at} \cdot \cos(bt) \cdot \sigma(t)$	$\frac{a + j\omega}{(a + j\omega)^2 + b^2}$
$\delta(t)$ (Dirac-Impuls)	1
$\delta(t \pm a)$	$e^{\pm ja\omega}$
$e^{\pm jat}$	$2\pi \cdot \delta(\omega \mp a)$
1	$2\pi \cdot \delta(\omega)$
$\cos(at)$	$\pi \cdot [\delta(\omega + a) + \delta(\omega - a)]$
$\sin(at)$	$j\pi \cdot [\delta(\omega + a) + \delta(\omega - a)]$
$\delta(t + a) + \delta(t - a)$	$2 \cdot \cos(a\omega)$
$\delta(t + a) - \delta(t - a)$	$2j \cdot \sin(a\omega)$

Tab. 10.2 Häufig verwendete Korrespondenzen der Fourier-Sinus-Transformation

Originalfunktion $f(t)$	Bildfunktion $F_S(\omega)$
$\sigma(t) - \sigma(t-a)$	$\frac{1 - \cos(a\omega)}{\omega}$
$\frac{1}{t}$	$\frac{\pi}{2}$
$\frac{1}{\sqrt{t}}$	$\sqrt{\frac{\pi}{2\omega}}$
$\frac{t}{a^2 + t^2}$	$\frac{\pi}{a} \cdot e^{-a\omega}$
e^{-at}	$\frac{\omega}{a^2 + \omega^2}$
$t \cdot e^{-at}$	$\frac{2a\omega}{(a^2 + \omega^2)^2}$
$t \cdot e^{-at^2}$	$\frac{1}{4a} \cdot \sqrt{\frac{\pi}{a}} \cdot \omega \cdot e^{-\frac{\omega^2}{4a}}$
$\frac{\sin(at)}{t}$	$\frac{1}{2} \cdot \ln \left| \frac{a + \omega}{a - \omega} \right|$

Tab. 10.3 Häufig verwendete Korrespondenzen der Fourier-Kosinus-Transformation

Originalfunktion $f(t)$	Bildfunktion $F_S(\omega)$
$\sigma(t) - \sigma(t-a)$	$\frac{\sin(a\omega)}{\omega}$
$\frac{1}{\sqrt{t}}$	$\sqrt{\frac{\pi}{2\omega}}$
$\frac{1}{a^2+t^2}$	$\frac{\pi}{2a} \cdot e^{-a\omega}$
e^{-at}	$\frac{a}{a^2+\omega^2}$
$t \cdot e^{-at}$	$\frac{a^2-\omega^2}{(a^2+\omega^2)^2}$
e^{-at^2}	$\frac{1}{2} \cdot \sqrt{\frac{\pi}{a}} \cdot e^{-\frac{\omega^2}{4a}}$

10.2.7 Anwendung der Fourier-Transformationen

Die Lösung einer linearen Differentialgleichung mit konstanten Koeffizienten mittels Fourier-Transformation erfolgt in drei Schritten:

1. **Transformation in den Bildbereich**
   Die Differentialgleichung wird gliedweise mithilfe der Fourier-Transformation in eine algebraische Gleichung überführt:

   $$Y(\omega) = \mathcal{F}\{y(t)\}.$$

   Dies geschieht unter Anwendung des Ableitungssatzes.
2. **Lösung im Bildbereich**
   Die algebraische Gleichung wird nach der Bildfunktion $Y(\omega)$ der gesuchten Lösung $y(t)$ aufgelöst.
3. **Rücktransformation**
   Durch die inverse Fourier-Transformation oder mithilfe einer Transformationstabelle wird aus $Y(\omega)$ die Lösung $y(t)$ der Differentialgleichung gewonnen.

Lösung einer linearen DGL mittels Fourier-Transformation

Löse die lineare Differentialgleichung 1. Ordnung mit konstanten Koeffizienten $y' - 3y = -6 \cdot e^{-3t} \cdot \sigma(t)$.
sn.pub/lj462p

10.3 Laplace-Transformation

Die Laplace-Transformation ist eine Alternative zur Fourier-Transformation und eignet sich besonders für die Analyse von Einschaltvorgängen. Ihr rechentech-

10.3 Laplace-Transformation

nischer Nutzen liegt in einer Reihe einfacher Regeln, die zusammen mit einer Korrespondenztabelle die Integralrechnung weitgehend überflüssig machen.

10.3.1 Definition der Laplace-Transformation

Sei f auf der gesamten Zeitachse $t \in \mathbb{R}$ definiert mit $f(t) = 0$ für $t < 0$. Dann heißt

$$F(s) := \mathcal{L}\{f(t)\} := \int_0^\infty f(t) \cdot e^{-s \cdot t}\, dt$$

die **Laplace-Transformierte** von f.

Laplace-Transformation der Funktion $f(t) = \sigma(t)$

Bestimme die Laplace-Transformierte der Funktion $f(t) = \sigma(t)$.

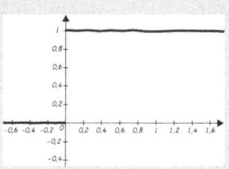

sn.pub/afifmm

Laplace-Transformation der Funktion $f(t) = \sigma(t) \cdot e^{-t}$

Bestimme die Laplace-Transformierte der Funktion $f(t) = \sigma(t) \cdot e^{-t}$.

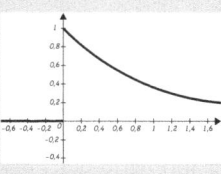

sn.pub/79cuqb

> **Laplace-Transformation der Funktion** $f(t) = \sigma(t) \cdot t$
>
>  Bestimme die Laplace-Transformierte der Funktion $f(t) = \sigma(t) \cdot t$.
>
>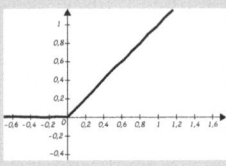
>
> sn.pub/4hb74o

10.3.2 Transformationssätze

Die Transformationssätze der Laplace-Transformation beschreiben, wie sich zeitliche Verschiebungen, Dämpfungen und Ableitungen auf die Laplace-transformierte Funktion auswirken, indem sie entsprechende Änderungen im Frequenzbereich hervorbringen.

Linearitätseigenschaft: Die Laplace-Transformation $\mathcal{L}$ ist ein linearer Operator:

$$\mathcal{L}(a \cdot f + b \cdot g) = a \cdot \mathcal{L}(f) + b \cdot \mathcal{L}(g).$$

Summenregel: Eine Summe von Funktionen kann gliedweise transformiert werden:

$$f(t) + g(t) \quad \circ\!\!-\!\!\bullet \quad F(s) + G(s).$$

Faktorregel: Ist a eine Konstante, so gilt:

$$a \cdot f(t) \quad \circ\!\!-\!\!\bullet \quad a \cdot F(s).$$

> **Summen- und Faktorregel**
>
>  Bestimme die Laplace-Transformierte der Funktion $f(t) = \sigma(t) \cdot (2 + 5t)$.
>
>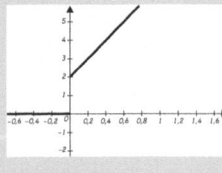
>
> sn.pub/ewx6u4

Summen- und Faktorregel (Inverse Laplace-Transformation)

Bestimme die Zeitfunktion $f(t)$ durch Rücktransformation aus dem Bildbereich der Laplace-Transformierten $F(s) = \dfrac{1}{s^2} + \dfrac{3}{s+1}$.

sn.pub/9anw1f

Dämpfungssatz (Frequenzverschiebungssatz): Für die exponentiell gedämpfte Funktion $g(t) = e^{-a \cdot t} \cdot f(t)$ gilt:

$$e^{-a \cdot t} \cdot f(t) \quad \circ\!\!\!-\!\!\!\bullet \quad F(s+a).$$

Dämpfungssatz: Laplace-Transformation von $f(t) = \sigma(t) \cdot e^{-2t}$

Bestimme die Laplace-Transformierte der Funktion $f(t) = \sigma(t) \cdot e^{-2t}$.

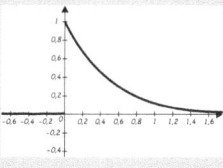

sn.pub/m2o8b8

Dämpfungssatz

Bestimme die Laplace-Transformierte der Funktion $f(t) = \sigma(t) \cdot t \cdot e^{-3t}$.

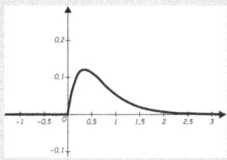

sn.pub/6gzcrj

Zeitverschiebungssatz: Eine Verschiebung der Funktion um $t_0 \geq 0$ führt zu:

$$f(t - t_0) \quad \circ\!\!-\!\!\bullet \quad e^{-s \cdot t_0} \cdot F(s).$$

Zeitverschiebungssatz

Bestimme die Laplace-Transformierte der Funktion $f(t) = \sigma(t - t_0)$.

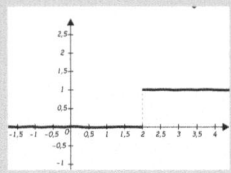

sn.pub/9yzdsj

Zeitverschiebungssatz

Bestimme die Laplace-Transformierte der Funktion $f(t) = \sigma(t - 1) \cdot \sin(t - 1)$.

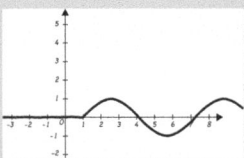

sn.pub/hx8xm2

Zeitverschiebungssatz: Inverse Laplace-Transformation

Bestimme die Zeitfunktion $f(t)$ durch Rücktransformation aus dem Bildbereich der Laplace-Transformierten $F(s) = \frac{1}{s^2} \cdot e^{-2s}$.

sn.pub/zgve7i

10.3 Laplace-Transformation

Ähnlichkeitssatz (Zeitdehnung bzw. -streckung): Ist $a > 0$, so gilt:

$$f(a \cdot t) \quad \circ\!\!-\!\!\bullet \quad \frac{1}{a} \cdot F\left(\frac{s}{a}\right).$$

Für $a > 1$ verläuft der Vorgang schneller (**Stauchung**), für $0 < a < 1$ langsamer (**Dehnung**).

Ähnlichkeitssatz

Bestimme die Laplace-Transformierte der Funktion $f(t) = \sigma(t) \cdot \sin(\omega \cdot t)$.

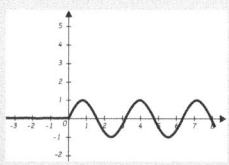

sn.pub/uytns9

Differentiationssatz: Für die Ableitungen einer Funktion $f(t)$ gilt:

$$f'(t) \quad \circ\!\!-\!\!\bullet \quad s \cdot F(s) - f(0),$$

$$f''(t) \quad \circ\!\!-\!\!\bullet \quad s^2 \cdot F(s) - s \cdot f(0) - f'(0).$$

$$f^{(3)}(t) \quad \circ\!\!-\!\!\bullet \quad s^3 \cdot F(s) - s^2 \cdot f(0) - s \cdot f'(0) - f''(0).$$

Differentiationssatz

Bestimme die Laplace-Transformierte von $y' + 3y$ bei $y(0) = 1$, wenn $Y(s) = \mathcal{L}\{y(t)\}$ ist.
sn.pub/3qpvig

Integrationssatz: Eine Integration im Zeitbereich entspricht einer Division durch s im Bildbereich:

$$\int_0^t f(u)\, du \quad \circ\!\!-\!\!\bullet \quad \frac{1}{s} \cdot F(s).$$

Integrationssatz

Zeige mithilfe des Integrationssatzes, dass $Y(s) = \mathcal{L}\{t\} = \dfrac{1}{s^2}$ ist.

sn.pub/4db3ni

Anfangs- und Endwertsatz: Für den Anfangs- und Endwert einer Funktion $f(t)$ gilt:
$$f(0) = \lim_{s \to \infty} [s \cdot F(s)], \quad \lim_{t \to \infty} f(t) = \lim_{s \to 0} [s \cdot F(s)].$$

Anfangs- und Endwertsatz

Gegeben ist die Laplace-Transformierte $F(s) = \dfrac{3}{s+2}$. Zeige mithilfe des Anfangs- und Endwertsatzes, dass $f(0) = 3$ sowie $\lim\limits_{t \to \infty} f(t) = 0$.

sn.pub/j0seqv

10.3.3 Rücktransformation aus dem Bildbereich

Laplace-Korrespondenz-Tabellen enthalten häufig verwendete Laplace-Transformierte und deren Originalfunktionen, wodurch sie die Lösung von Differentialgleichungen und die Analyse linearer Systeme erleichtern (Tab. 10.4).

Inverse Laplace-Transformation

Ermittle die Zeitfunktionen f zu folgenden Laplace-Bildfunktionen:
$$F(s) = \dfrac{2}{s} - \dfrac{5}{s^2}; \quad F(s) = \dfrac{2s + 3}{s^2 + 4}$$
sn.pub/1xb8sg

Ermittle die Zeitfunktionen f zu folgenden Laplace-Bildfunktionen:
$$F(s) = \dfrac{3}{(s+2)^2}; \quad F(s) = \dfrac{s}{(s+2)^2}$$
sn.pub/56qqdj

10.3 Laplace-Transformation

Tab. 10.4 Häufig gebrauchte Korrespondenzen der Laplace-Transformation

Originalfunktion $f(t), t > 0$	Bildfunktion $F(s)\mathcal{L}\{f(t)\}$
$\delta(t)$	1
$1, \sigma(t)$	$\frac{1}{s}$
$e^{-a \cdot t}$	$\frac{1}{s+a}$
t	$\frac{1}{s^2}$
$t \cdot e^{-a \cdot t}$	$\frac{1}{(s+a)^2}$
$\cos(a \cdot t)$	$\frac{s}{s^2+a^2}$
$\sin(a \cdot t)$	$\frac{a}{s^2+a^2}$
$\frac{1}{a} \cdot e^{-b \cdot t} \cdot \sin(a \cdot t)$	$\frac{1}{(s+b)^2+a^2}$
$e^{-b \cdot t} \cdot \left[\cos(a \cdot t) - \frac{b}{a} \cdot \sin(a \cdot t)\right]$	$\frac{s}{(s+b)^2+a^2}$
$\frac{t^2}{2}$	$\frac{1}{s^3}$

10.3.4 Lösung von Differentialgleichungen

Die Lösung einer linearen Differentialgleichung mit konstanten Koeffizienten erfolgt durch folgende Schritte (Abb. 10.7):

1. Die DGL wird mit den Anfangswerten in eine algebraische Gleichung für $Y(s)$ transformiert.
2. Die algebraische Gleichung wird gelöst, um die Bildfunktion $Y(s)$ zu bestimmen.
3. Durch Rücktransformation (eventuell mit Partialbruchzerlegung) wird $y(t)$ bestimmt. Eine direkte Integration ist nicht erforderlich.

Vorteile: Die Lösung einer linearen Differentialgleichung mittels Laplace-Transformation bietet mehrere Vorteile: Es ist kein separater Ansatz für die partikuläre Lösung erforderlich, da die Transformation alle notwendigen Komponenten direkt in den Bildbereich überführt. Anfangswerte und Störterme werden unmittelbar in die Laplace-Transformation integriert, was eine vereinfachte Behandlung der Anfangsbedingungen ermöglicht. Der Lösungsweg ist schematisiert

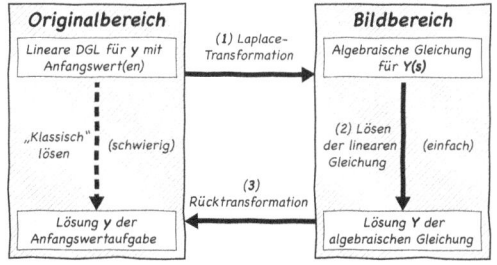

Abb. 10.7 Lösung einer Anfangswertaufgabe einer linearen DGL mit konstanten Koeffizienten mit Hilfe der Laplace-Transformation

und systematisch, da die Transformation in den Frequenzbereich die Differentialgleichung in eine algebraische Gleichung überführt, die deutlich leichter zu lösen ist.

Lösung von Differentialgleichungen mit Laplace-Transformation:

Bestimme die Lösung: $\dfrac{dy}{dt} + 2y = 4t; \quad y(0) = 3$

sn.pub/7968y1

Bestimme die Lösung: $y'' + 2y' + y = t \cdot e^{-t} + e^t; \quad y(0) = 0; \quad y'(0) = 0$

sn.pub/rh73ch

Bestimme die Lösung: $y'' + 2y' + y = t \cdot e^{-t} + e^t; \quad y(0) = 0; \quad y'(0) = 0$

sn.pub/0gakxy

Partielle Differentialgleichungen 11

Partielle Differentialgleichungen (PDG) beschreiben Beziehungen zwischen einer Funktion und ihren partiellen Ableitungen und modellieren Prozesse, die von mehreren Variablen abhängen, wie Wärmeleitung oder Wellenbewegungen. Das Kapitel behandelt die Klassifikation von PDG, unterscheidet zwischen linearen und nichtlinearen sowie elliptischen, parabolischen und hyperbolischen Gleichungen.

Zur Lösung werden analytische Verfahren wie der Separationsansatz, das Charakteristikenverfahren und die Laplace-Transformation eingesetzt, um PDG in algebraische Gleichungen zu überführen.

Es werden die wichtigsten PDG-Typen wie die Laplace-Gleichung, die Wärmeleitungsgleichung und die Wellengleichung behandelt, die fundamentale physikalische Phänomene beschreiben, wie Temperaturverhalten und Wellenbewegungen.

11.1 Definition und Klassifikation

Eine **partielle Differentialgleichung** (PDG) ist eine Gleichung oder ein System von Gleichungen für eine oder mehrere unbekannte Funktionen, die folgende Kriterien erfüllt:

- Die unbekannte Funktion hängt von mindestens zwei Variablen ab.
- In der Gleichung treten partielle Ableitungen nach mindestens zwei Variablen auf.
- Die Gleichung enthält nur die Funktion sowie deren partielle Ableitungen, jeweils an denselben Punkten ausgewertet.

Die **implizite Form** einer partiellen Differentialgleichung für eine Funktion u, die von zwei Variablen x und y abhängt, lautet:

$$F\left(x, y, u(x,y), \frac{\partial u(x,y)}{\partial x}, \frac{\partial u(x,y)}{\partial y}, \ldots, \frac{\partial^2 u(x,y)}{\partial x \partial y}, \ldots\right) = 0,$$

wobei F eine beliebige Funktion ist. Im allgemeinen, mehrdimensionalen Fall schreibt man:

$$F\left(x, u(x), \mathrm{D}\, u, \mathrm{D}^2\, u, \ldots, \mathrm{D}^k\, u, \ldots\right) = 0,$$

wobei $\mathrm{D}^k\, u$ die partiellen Ableitungen vom Grad k bezeichnet.

Der **Grad der höchsten Ableitung**, die in der Gleichung vorkommt, bestimmt die **Ordnung** der partiellen Differentialgleichung. Beispielsweise enthält eine PDG erster Ordnung nur partielle Ableitungen erster Ordnung. Im Allgemeinen sind Gleichungen höherer Ordnung schwieriger zu lösen als solche niedrigerer Ordnung.

11.1.1 Lineare und nichtlineare partielle DGL

Eine partielle Differentialgleichung für u heißt **linear**, wenn alle Terme, die u oder eine Ableitung von u enthalten, als Linearkombination mit von u unabhängigen Koeffizienten geschrieben werden können. Das bedeutet, dass in einer linearen partiellen Differentialgleichung die Koeffizienten maximal von den unabhängigen Variablen abhängen dürfen.

Beispiele für partielle Differentialgleichungen 2. Ordnung:

- Lineare partielle Differentialgleichung 2. Ordnung mit konstanten Koeffizienten:

$$\frac{\partial^2 u}{\partial x^2} + 3\frac{\partial^2 u}{\partial x \partial y} + \frac{\partial^2 u}{\partial y^2} + \frac{\partial u}{\partial x} - u = e^{x-y}$$

- Lineare partielle Differentialgleichung 2. Ordnung mit variablen Koeffizienten:

$$\sin(x,y)\frac{\partial^2 u}{\partial x^2} + 3\frac{\partial^2 u}{\partial x \partial y} + \frac{\partial^2 u}{\partial y^2} + \frac{\partial u}{\partial x} - u = e^{x-y}$$

- Nichtlineare partielle Differentialgleichung:

$$\sin(x,y)\frac{\partial^2 u}{\partial x^2} + 3\frac{\partial^2 u}{\partial x \partial y} + \frac{\partial^2 u}{\partial y^2} + \left(\frac{\partial u}{\partial x}\right)^2 - u = e^{x-y}$$

Allgemeine Form einer linearen partiellen DGL 2. Ordnung: Ist $u = u(x, y)$ eine Funktion der beiden unabhängigen Variablen x und y, dann hat eine lineare partielle DGL 2. Ordnung in zwei Variablen die folgende allgemeine Form:

$$A \cdot \frac{\partial^2 u}{\partial x^2} + B \cdot \frac{\partial^2 u}{\partial x \partial y} + C \cdot \frac{\partial^2 u}{\partial y^2} + a \cdot \frac{\partial u}{\partial x} + b \cdot \frac{\partial u}{\partial y} + c \cdot u = f,$$

wobei die Koeffizienten A, B, C, a, b, c und das freie Glied f bekannte Funktionen von x und y sind.
Kurzschreibweise:

$$A \cdot u_{xx} + B \cdot u_{xy} + C \cdot u_{yy} + a \cdot u_x + b \cdot u_y + c \cdot u = f$$

11.1.2 Klassifikation partieller DGL 2. Ordnung

Die Form der Lösungen einer linearen partiellen Differentialgleichung 2. Ordnung hängt vom Vorzeichen der Diskriminante $\delta = B^2 - AC$ ab. Dabei seien A, B und C nur von den beiden unabhängigen Variablen x und y abhängige Konstanten, die an keinem Punkt des Definitionsbereiches gleichzeitig verschwinden.

$$A u_{xx} + B u_{xy} + C u_{yy} + E(x, y, u, u_x, u_y) = 0$$

Ist dann ...

$B^2 - 4AC < 0$, so heißt die Gleichung **elliptisch**
$B^2 - 4AC = 0$, so heißt die Gleichung **parabolisch**
$B^2 - 4AC > 0$, so heißt die Gleichung **hyperbolisch**.

Daraus ergibt sich die ...
Elliptizität   der **Laplace-Gleichung**

$$\frac{\partial^2}{\partial x^2} u(x, y) + \frac{\partial^2}{\partial y^2} u(x, y) = 0$$

Parabolizität   der **Wärmeleitungsgleichung**

$$\frac{\partial}{\partial t} u(x, t) = \alpha \frac{\partial^2}{\partial x^2} u(x, t)$$

Hyperbolizität   der **Wellengleichung**

$$\frac{\partial^2}{\partial t^2} u(x, t) = c^2 \frac{\partial^2}{\partial x^2} u(x, t)$$

11.2 Analytische Lösungsverfahren

Analytische Lösungsverfahren für partielle Differentialgleichungen, wie der Separationsansatz, das Charakteristikenverfahren und die Anwendung der Laplace-Transformation, ermöglichen es, die Gleichungen in einfachere Formen zu überführen und präzise Lösungen für spezifische physikalische Probleme zu finden.

11.2.1 Anfangs- und Randbedingungen

Partielle Differentialgleichungen haben im Allgemeinen eine Vielzahl von Lösungen. Die Eindeutigkeit der Lösung wird durch Anfangs- oder Randbedingungen gewährleistet. Im Gegensatz zu gewöhnlichen Differentialgleichungen führt jedoch nur eine Wahl von Anfangs- und Randbedingungen, die dem jeweiligen Grundtyp der Differentialgleichung entsprechen, zu einem korrekt gestellten Problem. Für parabolische und hyperbolische Probleme werden Anfangs- oder Anfangsrandwerte verwendet, während für elliptische Probleme Randbedingungen erforderlich sind.

Anfangsbedingungen: Ähnlich wie bei gewöhnlichen Differentialgleichungen erwarten wir eine eindeutige Lösung partieller Differentialgleichungen nur dann, wenn zusätzliche Bedingungen spezifiziert werden. Dazu gehören Anfangsbedingungen, Randbedingungen oder Abklingbedingungen für $|x_i| \to \infty$.

Von Anfangsbedingungen spricht man, wenn sie für eine ausgezeichnete Variable t, die oft als Zeit interpretiert wird, definiert sind. Beispiele für Anfangsbedingungen sind:

$$u(x, t_0) = f(x) \quad \text{oder} \quad \frac{\partial u}{\partial t}(x, t_0) = g(x),$$

wobei $t_0 \in \mathbb{R}$ ein fixer Zeitpunkt ist und $f(x)$, $g(x)$ gegebene Funktionen darstellen.

Randbedingungen: Randbedingungen werden formuliert, wenn eine Lösung auf dem Rand eines interessierenden Definitionsbereichs spezifiziert werden muss.

Dirichlet-Randbedingungen: Die Funktionswerte sind auf dem Rand festgelegt:

$$u(x) = g(x), \quad x \in \partial D,$$

wobei $g(x)$ eine vorgegebene Funktion ist.

Neumann-Randbedingungen: Bedingungen an die Ableitung von u in Richtung des Normalenvektors n auf dem Rand ∂D:

$$\frac{\partial u}{\partial n}(x) = h(x), \quad x \in \partial D,$$

wobei $h(x)$ ebenfalls gegeben ist.

11.2 Analytische Lösungsverfahren

Vollständiges Beispiel: Betrachten wir die partielle Differentialgleichung

$$u_{xy} = 0 \quad \text{im Gebiet} \quad D = (0,1) \times (0,1) \subset \mathbb{R}^2,$$

mit den Randbedingungen:

$$u(x, 0) = \sin(2\pi x) \quad \text{und} \quad u(0, y) = \sin(2\pi y).$$

Lösungsansatz:

$$u_x(x, y) = \int u_{xy}(x, y)\, dy = a'(x),$$

$$u(x, y) = \int u_x(x, y)\, dx = \int a'(x)\, dx + b(y) = a(x) + b(y),$$

wobei $a(x)$ und $b(y)$ beliebig oft stetig differenzierbare Funktionen darstellen. Die allgemeine Lösung lautet:

$$u(x, y) = a(x) + b(y),$$

wobei die Randbedingungen die spezifischen Funktionen $a(x)$ und $b(y)$ festlegen (Abb. 11.1).

Abb. 11.1 Graph der Lösung u mit $u(x, y) = \sin(2\pi x) + \sin(2\pi y)$ zum Randwertproblem $u_{xy} = 0$ im Quadrat $D = (0, 1) \times (0, 1) \in \mathbb{R}^2$ mit $u(x, 0) = \sin(2\pi x)$ und $u(0, y) = \sin(2\pi y)$

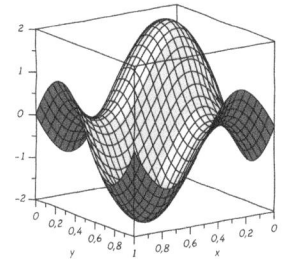

11.2.2 Separationsansatz

Der **Separationsansatz** (oder **Produktansatz**) ist eine Methode, die analog zur Trennung der Variablen bei gewöhnlichen Differentialgleichungen funktioniert. Dabei wird angenommen, dass sich die Lösung einer partiellen Differentialgleichung als Produkt von Funktionen darstellen lässt, von denen jede nur von einer einzelnen unabhängigen Variablen abhängt. Dieser Ansatz reduziert die partielle Differentialgleichung auf ein System von gewöhnlichen Differentialgleichungen.

Der Ansatz lautet:

$$u(x, t) = X(x) \cdot T(t),$$

wobei $X(x)$ eine Funktion der räumlichen Koordinate und $T(t)$ eine Funktion der Zeit darstellt.

Durch Einsetzen des Ansatzes in die gegebene partielle Differentialgleichung sowie durch Ableiten der separierten Funktionen $X(x)$ und $T(t)$ ergibt sich eine Gleichung der Form:

$$\Phi(x, X, X', X'') = \lambda = \Psi(t, T, T', T''),$$

wobei λ eine Konstante ist, die als **Separationskonstante** bezeichnet wird.

Diese Trennung führt zu zwei unabhängigen gewöhnlichen Differentialgleichungen:

$$\Phi(x, X, X', X'') = \lambda \quad \text{und} \quad \Psi(t, T, T', T'') = \lambda.$$

Die beiden Gleichungen können mit Standardmethoden gelöst werden, wobei Rand- und Anfangsbedingungen genutzt werden, um die Konstanten und Funktionen eindeutig zu bestimmen. Der Separationsansatz wird häufig bei linearen Problemen angewendet, insbesondere bei der Wärmeleitungsgleichung, der Wellengleichung oder der Schrödingergleichung.

> **Separationsansatz**
>
>  Bestimme die Lösung der partiellen DGL mithilfe des Separationsansatzes:
>
> $$u_x(x, t) + u_t(x, t) = 0$$
>
> sn.pub/5n2qr2

11.2.3 Charakteristikenverfahren

Das **Charakteristikenverfahren** ist eine Lösungsmethode für partielle Differentialgleichungen (PDG) erster Ordnung, insbesondere für **quasilineare Gleichungen**. Eine PDG ist quasilinear, wenn sie in den Ableitungen höchster Ordnung linear ist. Solche Gleichungen haben die allgemeine Form:

$$P(x, t, u)\frac{\partial u}{\partial t} + Q(x, t, u)\frac{\partial u}{\partial x} = R(x, t, u),$$

wobei $u(x, t)$ die gesuchte Funktion ist und P, Q, R gegebene Funktionen von x, t und u sind. Zusätzlich wird häufig eine Anfangsbedingung der Form

$$u(x, 0) = f(x)$$

vorgegeben.

11.2 Analytische Lösungsverfahren

Das Verfahren basiert auf der Idee, die partielle Differentialgleichung entlang spezieller Kurven zu analysieren, die sogenannten **Charakteristiken**. Entlang dieser Kurven wird die PDG auf gewöhnliche Differentialgleichungen reduziert, die einfacher zu lösen sind.

Charakteristische Kurven: Eine charakteristische Kurve ist eine **parametrisierte Kurve**

$$\gamma(s) = (x(s), t(s)),$$

entlang der $u(x,t)$ konstant bleibt, also gilt:

$$\frac{du}{ds} = 0 \quad \text{entlang von } \gamma(s).$$

Um die Charakteristiken zu bestimmen, löst man das folgende **System von gewöhnlichen Differentialgleichungen**:

$$\frac{dx}{ds} = Q(x,t,u), \quad \frac{dt}{ds} = P(x,t,u), \quad \frac{du}{ds} = R(x,t,u),$$

wobei der Parameter s die Kurve beschreibt. Die erste und zweite Gleichung geben die charakteristischen Kurven, und die dritte beschreibt, wie sich u entlang dieser Kurven verändert.

Lösungsschritte:

1. **Aufstellen der Charakteristiken:** Bestimme die Kurven $x(s)$ und $t(s)$ durch Lösung des Systems für $\frac{dx}{ds}$ und $\frac{dt}{ds}$.
2. **Integration entlang der Charakteristiken:** Finde $u(x,t)$ durch Integration der dritten Gleichung $\frac{du}{ds}$.
3. **Anwendung der Anfangsbedingungen:** Nutze die Anfangsbedingung $u(x,0) = f(x)$, um Konstanten und die Funktion eindeutig zu bestimmen.

Vollständiges Beispiel: Betrachten wir die quasilineare Gleichung:

$$\frac{\partial u}{\partial t} + a \frac{\partial u}{\partial x} = 0,$$

mit der Anfangsbedingung $u(x,0) = f(x)$. Hier sind $P(x,t,u) = 1$, $Q(x,t,u) = a$, und $R(x,t,u) = 0$. Das Charakteristikensystem lautet:

$$\frac{dx}{ds} = a, \quad \frac{dt}{ds} = 1, \quad \frac{du}{ds} = 0.$$

Die Lösung ist $t = s$ und $x = as + c$, wobei c eine Konstante ist. Aus der Anfangsbedingung folgt $u(x, t) = f(x - at)$, was die Transportgleichung beschreibt.

Das Charakteristikenverfahren ist besonders nützlich in Anwendungen wie der Strömungsmechanik, der Wellenausbreitung und der Verkehrsdynamik.

Methode der Charakteristiken

Bestimme die Lösung der partiellen DGL mit der Methode der Charakteristiken:
$$\frac{\partial u(x, y)}{\partial y} + [u(x, y) + y] \cdot \frac{\partial u(x, y)}{\partial x} + u(x, y) = 0$$
sn.pub/05x9fc

Eindimensionale Transportgleichung

Bestimme die Lösung der eindimensionale Transportgleichung mit der Methode der Charakteristiken:
$$\frac{\partial u(x, t)}{\partial t} + v \cdot \frac{\partial u(x, t)}{\partial x} = 0$$
sn.pub/h66n0q

11.2.4 Laplace-Transformation

Die **Laplace-Transformation** ist eine effektive Methode zur Lösung von linearen partiellen Differentialgleichungen, insbesondere wenn die Gleichungen über unendlichen Gebieten oder Zeitintervallen der Form $\Omega = (0, \infty)$ betrachtet werden. Sie wird häufig verwendet, um Randwertprobleme oder Anfangs-Randwertprobleme zu lösen, indem sie die PDG in eine algebraische Gleichung oder eine einfachere Differentialgleichung umwandelt.

Für eine Funktion $u(x, t)$, definiert auf einem Gebiet $(x, t) \in (0, \infty) \times (0, \infty)$, kann die Laplace-Transformation entweder bezüglich der **Ortsvariablen** $x \geq 0$ oder der **Zeitvariablen** $t \geq 0$ angewendet werden. Die Laplace-Transformation einer Funktion $f(t)$ wird definiert als:

$$\mathcal{L}\{f(t)\}(s) = F(s) = \int_0^\infty f(t)e^{-st}\, dt,$$

wobei $s \in \mathbb{C}$ die Laplace-Variable ist.

11.2 Analytische Lösungsverfahren

Anwendung der Laplace-Transformation: Die Laplace-Transformation kann auf zwei Weisen bei PDG angewendet werden:

1. **Transformation bezüglich der Zeitvariablen** t: Diese Methode ist besonders geeignet für PDG, die Anfangsbedingungen enthalten, da die Transformation Anfangswerte direkt berücksichtigt.
2. **Transformation bezüglich der Ortsvariablen** x: Diese Methode wird angewendet, wenn Randbedingungen gegeben sind, z. B. bei Problemen mit semi-unendlichen Gebieten $x \geq 0$.

Vollständiges Beispiel zur Lösung der Wärmeleitungsgleichung: Betrachten wir die lineare Wärmeleitungsgleichung:

$$\frac{\partial u}{\partial t} = \alpha \frac{\partial^2 u}{\partial x^2}, \quad x \geq 0, \, t \geq 0,$$

mit der Anfangsbedingung $u(x, 0) = f(x)$ und der Randbedingung $u(0, t) = g(t)$. Wir führen die Laplace-Transformation bezüglich der Zeit t durch:

$$\mathcal{L}\left\{\frac{\partial u}{\partial t}\right\} = sU(x, s) - u(x, 0),$$

$$\mathcal{L}\left\{\frac{\partial^2 u}{\partial x^2}\right\} = \frac{\partial^2 U}{\partial x^2},$$

wobei $U(x, s) = \mathcal{L}\{u(x, t)\}$. Einsetzen in die PDG ergibt:

$$sU(x, s) - f(x) = \alpha \frac{\partial^2 U}{\partial x^2}.$$

Lösung der transformierten Gleichung: Die resultierende Gleichung ist eine gewöhnliche Differentialgleichung für $U(x, s)$, die gelöst werden kann. Nach Einsetzen der Randbedingungen und Lösung der PDG wird die Rücktransformation $u(x, t) = \mathcal{L}^{-1}\{U(x, s)\}$ angewendet, um die Lösung im Zeitbereich zu finden.

Vorteile der Laplace-Transformation: Die Laplace-Transformation bietet mehrere Vorteile bei der Lösung partieller Differentialgleichungen. Sie vereinfacht die Problemstellung, indem sie diese auf algebraische oder gewöhnliche Differentialgleichungen reduziert. Zudem werden Anfangsbedingungen und bestimmte Randbedingungen direkt in die Transformation einbezogen. Besonders vorteilhaft ist sie für Probleme auf unendlichen oder semi-unendlichen Gebieten, da sie deren Lösung effizient ermöglicht.

Laplace-Transformation einer partiellen DGL 1. Ordnung

Bestimme die Lösung der partiellen DGL mit der Laplace-Transformation:

$\partial_t u(x,t) + x \cdot \partial_x u(x,t) = x$

Anfangs- und Randwerte:

$u(x,0) = 0$ für $x \geq 0$ und $u(0,t) = 0$ für $t \geq 0$.

sn.pub/gnmggb

Laplace-Transformation zur Lösung der inhomogenen Wellengleichung

Bestimme die Lösung der partiellen DGL mit der Laplace-Transformation:

$\partial_{tt} u(x,t) - c^2 \cdot \partial_{xx} u(x,t) = k \cdot \sin(\pi x)$ für $0 < x < 1, t > 0$

Anfangs- und Randwerte: $u(x,0) = 0$ für $0 < x < 1$, $\partial_t u(x,0) = 0$ für $0 < x < 1$, $u(0,t) = 0$ für $t \geq 0$ und $u(1,t) = 0$ für $t \geq 0$.

sn.pub/qsd3h3

11.3 Grundtypen partieller DLG

Partielle Differentialgleichungen (PDG) lassen sich anhand ihrer mathematischen Eigenschaften und physikalischen Anwendungen in verschiedene Grundtypen einteilen. Die drei wichtigsten Typen sind die Laplace-Gleichung (elliptisch), die Wärmeleitungsgleichung (parabolisch) und die Wellengleichung (hyperbolisch). Jeder dieser Typen beschreibt spezifische physikalische Phänomene und erfordert unterschiedliche Lösungsansätze.

11.3.1 Die Laplace-Gleichung

Die **Laplace-Gleichung**, benannt nach Pierre-Simon Laplace, ist ein Prototyp für **elliptische** partielle Differentialgleichungen zweiter Ordnung und hat die Form:

$$-\Delta u = 0,$$

wobei $\Delta = \dfrac{\partial^2}{\partial x^2} + \dfrac{\partial^2}{\partial y^2} + \dfrac{\partial^2}{\partial z^2}$ den **Laplace-Operator** bezeichnet. In zwei Dimensionen vereinfacht sich die Gleichung zu:

11.3 Grundtypen partieller DLG

$$\frac{\partial^2 u}{\partial x^2} + \frac{\partial^2 u}{\partial y^2} = 0.$$

Die Laplace-Gleichung tritt in einer Vielzahl von physikalischen und technischen Anwendungen auf, wie beispielsweise in der Elektrostatik, der Fluidmechanik und der Elastizitätstheorie.

Membranproblem als Modellfall: Als Modellfall betrachten wir eine rechteckige Membran, die entlang ihrer Kanten fixiert ist. Die Membran wird durch äußere Kräfte in der z-Richtung verbogen, und wir suchen den stationären Zustand der Auslenkung $u(x, y)$. Die Laplace-Gleichung für diese Situation lautet:

$$\frac{\partial^2 u}{\partial x^2} + \frac{\partial^2 u}{\partial y^2} = 0, \quad (x, y) \in \Omega,$$

wobei $\Omega \subset \mathbb{R}^2$ das rechteckige Gebiet ist.

Zur vollständigen Lösung der Gleichung sind **Randbedingungen** erforderlich. Typische Randbedingungen sind:

Dirichlet-Randbedingungen: Die Auslenkung ist an den Rändern vorgegeben, z. B. $u(x, y) = g(x, y)$, $(x, y) \in \partial\Omega$.

Neumann-Randbedingungen: Der Gradient (bzw. die Ableitung in Normalenrichtung) ist vorgegeben, z. B. $\frac{\partial u}{\partial n} = h(x, y)$, $(x, y) \in \partial\Omega$.

Die Lösung der Laplace-Gleichung beschreibt in diesem Kontext die Form der Membran im Gleichgewichtszustand (Abb. 11.2).

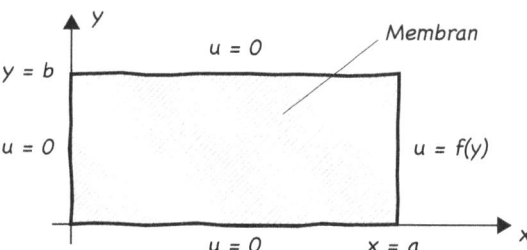

Abb. 11.2 $u(x, y)$ bezeichne die Auslenkung der Membran am Orte (x, y) in z-Richtung. $u(x, y)$ ist bestimmt durch
$\frac{\partial^2}{\partial x^2} u(x, y) + \frac{\partial^2}{\partial y^2} u(x, y) = 0$

Lösung der Laplacegleichung mit Separationsansatz

Bestimme die Lösung der Laplace-Gleichung:

$-u_{xx}(x, y) - u_{yy}(x, y) = 0$

Randbedingungen (sog. Dirichlet-Randwerte): $u(x, 0) = 0$; $u(x, 1) = 0$; $u(0, y) = 0$; $u(1, y) = \sin(2\pi y)$

sn.pub/7udosu

11.3.2 Wärmeleitungsgleichung

Die **Wärmeleitungsgleichung** ist ein Prototyp für **parabolische** partielle Differentialgleichungen und beschreibt die zeitliche Ausbreitung von Wärme in einem Medium. Die Gleichung hat in ihrer allgemeinen Form die Gestalt:

$$\frac{\partial u}{\partial t} = \alpha \Delta u,$$

wobei $u(x, t)$ die Temperatur an der Position x zum Zeitpunkt t ist und $\alpha > 0$ die **Wärmeleitfähigkeit** des Mediums bezeichnet.

Die eindimensionale Wärmeleitung als Beispiel: In einem Stab der Länge L gilt für die Temperaturverteilung $u(x, t)$:

$$\frac{\partial u}{\partial t} = \alpha \frac{\partial^2 u}{\partial x^2}, \quad x \in (0, L),\ t > 0.$$

Zusätzlich sind Anfangs- und Randbedingungen erforderlich:

Anfangsbedingung: $u(x, 0) = f(x), \quad x \in [0, L]$,
Dirichlet-Randbedingungen: $u(0, t) = g_1(t),\ u(L, t) = g_2(t), \quad t \geq 0$.

Die Lösung beschreibt die zeitliche Entwicklung der Temperaturverteilung, wobei Wärmeleitungseffekte berücksichtigt werden.

Herleitung der Wärmeleitungsgleichung

In diesem Video wird die Wärmeleitungsgleichung anhand des eindimensionalen Problems des Wärmetransportes in x-Richtung hergeleitet.
$\partial_t T(x, t) = \alpha \cdot \partial_{xx} T(x, t)$
sn.pub/7rp609

Lösung der Wärmeleitungsgleichung mit Separationsansatz

Bestimme die Lösung der Wärmeleitungsgleichung: $u_t(x, t) = u_{xx}(x, t)$
Anfangsbedingung: $u(x, 0) = \sin(x)$
Randbedingungen: $u(0, t) = 0;\ u(\pi, t) = 0$
sn.pub/kgxgnf

11.3.3 Wellengleichung

Die **Wellengleichung** ist ein Prototyp für **hyperbolische** partielle Differentialgleichungen und beschreibt die Ausbreitung von Wellen, wie Schall-, Wasser- oder elektromagnetische Wellen. Sie hat in ihrer allgemeinen Form die Gestalt:

$$\frac{\partial^2 u}{\partial t^2} = c^2 \Delta u,$$

wobei $u(x, t)$ die Amplitude der Welle ist, $c > 0$ die **Ausbreitungsgeschwindigkeit** der Welle und Δ der Laplace-Operator.

Eine schwingende Saite als Beispiel: Für eine eindimensionale schwingende Saite der Länge L ergibt sich:

$$\frac{\partial^2 u}{\partial t^2} = c^2 \frac{\partial^2 u}{\partial x^2}, \quad x \in (0, L), \, t > 0.$$

Die Randbedingungen entsprechen den fixierten Endpunkten der Saite:

$$u(0, t) = 0, \quad u(L, t) = 0, \quad t \geq 0.$$

Zusätzlich sind Anfangsbedingungen notwendig:

Anfangsauslenkung: $u(x, 0) = f(x)$,

Anfangsgeschwindigkeit: $\frac{\partial u}{\partial t}(x, 0) = g(x), \quad x \in [0, L]$.

Die Lösung der Wellengleichung beschreibt die zeitliche Entwicklung der Schwingungen der Saite, wobei Wellenphänomene wie Interferenzen und Reflexionen berücksichtigt werden.

Herleitung der Wellengleichung

In diesem Video wird die Wellengleichung hergeleitet. Dazu betrachten wir eine an den Enden fest eingespannte, elastische Saite der Länge L, die in der vertikalen Ebene in Schwingungen versetzt wird. Daraus berechnen wir die vom Ort x und der Zeit t abhängige vertikale Auslenkung $u(x, t)$.

sn.pub/yxtwq2

Lösung der eindimensionalen Wellengleichung

Bestimme die Lösung der Wellen-Gleichung:
$u_{tt}(x,t) = c^2 \cdot u_{xx}(x,t)$
Anfangsbedingungen:
$u(x,0) = \sin(\pi x); u_t(x;0) = \sin(2\pi x)$
Randbedingungen: $u(0,t) = 0; u(1,t) = 0$
sn.pub/mzblvp

Stochastik 12

Das Kapitel Stochastik beschäftigt sich mit der mathematischen Beschreibung und Analyse von Zufallsprozessen und Unsicherheiten. Es umfasst die Grundlagen der **Wahrscheinlichkeitsrechnung**, die es ermöglichen, Zufallsereignisse zu modellieren und Wahrscheinlichkeiten zu berechnen, sowie der **Statistik**, die Methoden zur Auswertung und Interpretation von Daten bereitstellt. Stochastische Modelle finden in vielen Bereichen Anwendung, von der Wirtschaft über die Naturwissenschaften bis hin zur Technik, und sind unerlässlich, um die unvorhersehbare Natur vieler Prozesse zu verstehen und Vorhersagen zu treffen.

12.1 Kombinatorik

Die Kombinatorik befasst sich mit der Frage, auf wie viele verschiedene Arten Elemente aus einer Menge ausgewählt oder angeordnet werden können. Sie bildet die Grundlage für viele Berechnungen in der Wahrscheinlichkeitsrechnung.

12.1.1 Permutationen

Eine Permutation ist eine Anordnung von Elementen in einer bestimmten Reihenfolge. Die Anzahl der Permutationen von n verschiedenen Elementen ist gegeben durch die Fakultät:

$$n! = n \cdot (n-1) \cdot \ldots \cdot 2 \cdot 1$$

Falls einige der Elemente gleich sind, müssen die Permutationen der gleichen Elemente herausgerechnet werden. Die Anzahl der Permutationen einer Menge mit n Elementen, wobei bestimmte Elemente mehrfach auftreten, ergibt sich als:

$$P = \frac{n!}{n_1! n_2! \ldots n_k!}$$

Dabei sind $n_1, n_2, \ldots, n_k$ die Häufigkeiten der jeweils gleichen Elemente.

Wenn nur k Elemente aus n Elementen ausgewählt werden und die Reihenfolge eine Rolle spielt, spricht man von einer *Variation* ohne Wiederholung. Die Anzahl dieser Variationen wird berechnet durch:

$$V(n,k) = \frac{n!}{(n-k)!}$$

Kombinatorik: Permutationen

In einer Klasse sind 21 Schüler. Wie viele Möglichkeiten gibt es, einen Klassensprecher und einen Stellvertreter zu wählen?
sn.pub/psr319

Wie viele Möglichkeiten gibt es, die Buchstaben E, F, I, P, R, Z anzuordnen?
sn.pub/4mdfn9

12.1.2 Kombinationen

Bei Kombinationen interessiert man sich für die Anzahl der Möglichkeiten, k Elemente aus einer Menge von n Elementen auszuwählen. Im Gegensatz zu Permutationen interessiert man sich bei Kombinationen nicht für die Reihenfolge der Elemente.

Man unterscheidet zwischen Kombinationen mit und ohne Wiederholung. Bei Kombinationen ohne Wiederholung wird jedes Element nur einmal verwendet, bei Kombinationen mit Wiederholung können Elemente mehrmals gewählt werden.

Die Anzahl der möglichen Kombinationen von k aus n Elementen (**ohne Zurücklegen**) wird durch den **Binomialkoeffizienten** dargestellt:

$$\binom{n}{k} = \frac{n!}{k!(n-k)!}$$

Die Anzahl der möglichen Kombinationen von k aus n Elementen (**mit Zurücklegen**) wird durch den folgenden **Binomialkoeffizienten** dargestellt:

$$\frac{(n+k-1)!}{(n-1)! \cdot k!} = \binom{n+k-1}{k} = \binom{n+k-1}{n-1}$$

Kombinationen

Beispiel **A**) In einer Klasse sind 21 Schüler. Wie viele Begrüßungen durch Händeschütteln gibt es?

Beispiel **B**) Wie viele Auswahlmöglichkeiten gibt es bei Lotto 6 aus 45?

sn.pub/2nb26z

12.1.3 Der Binomische Lehrsatz

Der **binomische Lehrsatz** beschreibt die Entwicklung einer Potenzsumme der Form $(a+b)^n$ für eine beliebige natürliche Zahl $n \in \mathbb{N}$:

$$(a+b)^n = \sum_{k=0}^{n} \binom{n}{k} a^{n-k} b^k$$

Vollständiges Beispiel: Der binomische Lehrsatz erlaubt es, $(a+b)^n$ auszurechnen, ohne das Produkt direkt zu berechnen. Ein Beispiel für $n = 3$:

$$(a+b)^3 = \sum_{k=0}^{3} \binom{3}{k} a^{3-k} b^k$$

Dies ergibt nach Ausrechnen der einzelnen Terme:

$$(a+b)^3 = \binom{3}{0} a^3 b^0 + \binom{3}{1} a^2 b^1 + \binom{3}{2} a^1 b^2 + \binom{3}{3} a^0 b^3$$
$$= a^3 + 3a^2 b + 3ab^2 + b^3$$

Binomischer Lehrsatz

In diesem Video wird der binomische Lehrsatz für natürliche Exponenten auf anschauliche Weise mittels Kombinatorik hergeleitet.

$(x+y)^n = \sum_{k=0}^{n} \binom{n}{k} x^{n-k} y^k$

sn.pub/fah997

(Fortsetzung)

 Berechne: $\sum_{k=0}^{n} \binom{n}{k}$
sn.pub/71g1w9

 Berechne: $\binom{-3}{k}$
sn.pub/2qni6u

12.2 Wahrscheinlichkeitsrechnung

Die Wahrscheinlichkeitsrechnung untersucht, mit welcher Wahrscheinlichkeit bestimmte Ereignisse eintreten.

12.2.1 Ereignisse, Häufigkeiten und Wahrscheinlichkeiten

Ein **Ereignis** ist ein möglicher Ausgang eines Zufallsexperiments oder eine Menge von Ergebnissen eines Zufallsexperiments. Sei Ω der Ergebnisraum, dann ist jedes Ereignis A eine Teilmenge von Ω.

Die **relative Häufigkeit** eines Ereignisses ist das Verhältnis der Anzahl des Eintretens dieses Ereignisses zur Gesamtanzahl der Versuche.

Die **Wahrscheinlichkeit** eines Ereignisses A, bezeichnet mit $P(A)$, ist eine Zahl zwischen 0 und 1, die angibt, wie wahrscheinlich es ist, dass A eintritt.

Laplace-Experimente: Ein **Laplace-Experiment** ist ein **Zufallsexperiment**, bei dem alle möglichen Ergebnisse gleich wahrscheinlich sind. Die Wahrscheinlichkeit eines Ereignisses A kann in einem Laplace-Experiment als Verhältnis der Anzahl der günstigen Fälle ($|A|$) zur Anzahl der möglichen Fälle ($|\Omega|$) berechnet werden.

$$P(A) = \frac{\text{Anzahl der günstigen Fälle}}{\text{Anzahl der möglichen Fälle}} = \frac{|A|}{|\Omega|}$$

Beispielsweise ergibt sich bei einem Würfelwurf für das Ereignis „eine gerade Zahl würfeln":

$$P(\text{gerade Zahl}) = \frac{3}{6} = \frac{1}{2}.$$

12.2 Wahrscheinlichkeitsrechnung

Laplace-Experimente

Zwei faire Würfel werden geworfen. Ermittle die Wahrscheinlichkeit, a) wenigstens einmal Augenzahl 6 und b) Augensumme von 8 zu werfen.
sn.pub/tov2jy

Drei faire Münzen werden geworfen. Ermittle die Wahrscheinlichkeit, dabei mindestens einmal Zahl zu werfen.
sn.pub/ay84h8

Baumdiagramme und Pfadregeln: Ein **Baumdiagramm** ist eine graphische Darstellung von mehrstufigen Zufallsexperimenten (Abb. 12.1). Jeder **Pfad** im Baumdiagramm repräsentiert ein mögliches Ergebnis des Experiments. Die Wahrscheinlichkeiten für jeden Schritt (oder jede Verzweigung) werden entlang der Pfade eingetragen.
Die Wahrscheinlichkeiten von Ereignissen in mehrstufigen Experimenten können mit den folgenden **Pfadregeln** berechnet werden:

1. Pfadregel (Multiplikationsregel): Die Wahrscheinlichkeit eines Ergebnisses eines Pfades ergibt sich aus dem Produkt der Wahrscheinlichkeiten entlang des Pfades.

$$P(\text{Pfad}) = P(A) \cdot P(B|A) \cdot P(C|B) \cdots$$

2. Pfadregel (Additionsregel): Die Wahrscheinlichkeit eines Ereignisses, das durch mehrere Pfade erreicht werden kann, ist die Summe der Wahrscheinlichkeiten dieser Pfade.

$$P(A) = P(\text{Pfad 1}) + P(\text{Pfad 2}) + \cdots$$

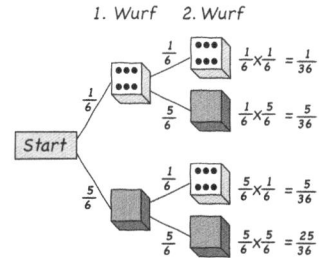

Abb. 12.1 Die Pfadregel (Summenregel) ermöglicht die Ermittlung der Wahrscheinlichkeit eines bestimmten Ereignisses bei der Durchführung eines mehrstufigen Zufallsexperiments

Gegenwahrscheinlichkeit: Die Gegenwahrscheinlichkeit, auch als Komplementärereignis $\overline{A}$ zum Ereignis A bezeichnet, umfasst alle Ergebnisse, bei denen das Ereignis A nicht eintritt. Für ein Ereignis A gilt:

$$P(\overline{A}) = 1 - P(A)$$

Beispiel: Bei einem Münzwurf ist die Gegenwahrscheinlichkeit für das Ereignis „Kopf" das Ereignis „Zahl", da $P(\text{Kopf}) + P(\text{Zahl}) = 1$.

Baumdiagramme und Pfadregeln

In einer Urne sind eine rote, eine grüne und eine weiße Kugel. Man entnimmt hintereinander ein Kugel. Bestimme die Wahrscheinlichkeit, die rote Kugel a) schon beim ersten Mal, b) beim zweiten Mal, und c) erst beim dritten Mal zu ziehen.

sn.pub/puh861

Additionssatz

Zwei faire Würfel werden geworfen. Wir betrachten die Ereignisse: A) wenigstens einmal Augenzahl 6; B) Augensumme ist 8. Bestimme die Wahrscheinlichkeiten P(A und B) und P(A oder B).

sn.pub/mjncyh

Ermittle die Wahrscheinlichkeit, aus einem üblichen Spielkartenpaket von 20 Karten eine Herzkarte oder einen König zu ziehen.

sn.pub/b7g4n1

Ermittle die Wahrscheinlichkeit, aus einem üblichen Spielkartenpaket von 20 Karten eine Herzkarte oder eine Schellkarte zu ziehen.

sn.pub/gqq9um

Multiplikationssatz

Ermittle die Wahrscheinlichkeit, mit einem fairen Würfel zweimal hintereinander die 6 zu werfen.
sn.pub/d1w4ca

Zwei alte Batterien wurden mit 4 neuwertigen vermischt. Man entnimmt nacheinander 2 Batterien. Mit welcher Wahrscheinlichkeit sind beide Batterien neuwertig?
sn.pub/m7dzc9

Wahrscheinlichkeit des Gegenereignisses

In einer Klasse sind 25 Schüler. Wie hoch ist die Wahrscheinlichkeit, dass mindestens 2 Schüler am gleichen Tag Geburtstag haben?
sn.pub/vr3e5y

Satz von der totalen Wahrscheinlichkeit: Der Satz von der totalen Wahrscheinlichkeit dient zur Berechnung der Wahrscheinlichkeit eines Ereignisses A, wenn dieses in Abhängigkeit von mehreren sich gegenseitig ausschließenden Ereignissen $B_1, B_2, \ldots, B_n$ betrachtet wird.

$$P(A) = P(B_1) \cdot P(A|B_1) + P(B_2) \cdot P(A|B_2) + \cdots + P(B_n) \cdot P(A|B_n)$$

Hierbei sind $B_1, B_2, \ldots, B_n$ eine vollständige Zerlegung des Ergebnisraumes, sodass $B_1 \cup B_2 \cup \cdots \cup B_n = \Omega$ und $B_i \cap B_j = \emptyset$ für $i \neq j$.

12.2.2 Bedingte Wahrscheinlichkeiten, Satz von Bayes

Bedingte Wahrscheinlichkeiten: In vielen Situationen ist es sinnvoll, Wahrscheinlichkeiten unter Berücksichtigung bereits bekannter Informationen zu berechnen. Die **bedingte Wahrscheinlichkeit** eines Ereignisses A unter der Bedingung, dass ein Ereignis B bereits eingetreten ist, wird als $P(A|B)$ notiert und beschreibt die Wahrscheinlichkeit, dass A eintritt, wenn B bereits bekannt ist.

$$P(A|B) = \frac{P(A \cap B)}{P(B)}, \quad \text{mit } P(B) > 0$$

Hierbei bezeichnet $P(A \cap B)$ die Wahrscheinlichkeit, dass sowohl A als auch B eintreten. Die bedingte Wahrscheinlichkeit $P(A|B)$ gibt also das Verhältnis der Wahrscheinlichkeit des gemeinsamen Auftretens von A und B zur Wahrscheinlichkeit des Eintretens von B an.

Die **Multiplikationsregel** für Wahrscheinlichkeiten erlaubt es, die Wahrscheinlichkeit des gemeinsamen Eintretens zweier Ereignisse A und B zu berechnen:

$$P(A \cap B) = P(A|B) \cdot P(B) = P(B|A) \cdot P(A)$$

Diese Regel ist besonders nützlich, um Wahrscheinlichkeiten komplexer Ereignisse zu bestimmen, die sich in Teilereignisse zerlegen lassen.

Bedingte Wahrscheinlichkeit

Zwei faire Würfel werden geworfen. Ermittle die Wahrscheinlichkeit, eine Augensumme von 8 zu werfen unter der Bedingung, dass wenigstens einmal die Augenzahl 6 vorkommt.

sn.pub/euvwhr

Satz von Bayes: Der **Satz von Bayes** ermöglicht es, die bedingte Wahrscheinlichkeit eines Ereignisses A unter der Bedingung B zu berechnen.

$$P(A|B) = \frac{P(B|A) \cdot P(A)}{P(B)}, \quad \text{mit } P(B) > 0$$

Anwendung des Satzes von Bayes: Der Satz von Bayes ist besonders nützlich in Fällen, bei denen die Wahrscheinlichkeit $P(B|A)$ und die a-priori-Wahrscheinlichkeit $P(A)$ bekannt sind, die Wahrscheinlichkeit $P(A|B)$ jedoch bestimmt werden soll.

Beispiel zum Satz von Bayes: K sei das Ereignis, dass eine Person eine bestimmte Krankheit hat. P sei das Ereignis, dass ein Test positiv auf diese Krankheit ausfällt. Gegeben sind die a-priori-Wahrscheinlichkeit $P(K)$ der Krankheit (Prävalenz), die Wahrscheinlichkeit $P(P|K)$ eines positiven Tests bei erkrankter Person und die Wahrscheinlichkeit $P(P)$ eines positiven Tests. Mit dem Satz von Bayes lässt sich die Wahrscheinlichkeit $P(K|P)$ berechnen, dass eine Person krank ist, wenn der Test positiv ausfällt.

$$P(K|P) = \frac{P(P|K) \cdot P(K)}{P(P)}$$

12.2 Wahrscheinlichkeitsrechnung

Positiver prädiktiver Wert des COVID-19 Antigentests

Mit welcher Wahrscheinlichkeit ist eine Person mit einem positiven COVID-19 Antigentest tatsächlich mit SARS-CoV-2 infiziert?

sn.pub/0s9g4g

Negativer prädiktiver Wert des COVID-19 Antigentests

Mit welcher Wahrscheinlichkeit ist eine Person mit einem negativen COVID-19 Antigentest tatsächlich frei von einer SARS-CoV-2 Infektion?

sn.pub/gi7xys

12.2.3 Zufallsvariablen und ihre Verteilungsfunktionen

Eine **Zufallsvariable** ist eine Funktion, die jedem Ergebnis eines Zufallsexperiments eine Zahl zuordnet. Die **Verteilungsfunktion** $F(x)$ einer Zufallsvariablen X gibt die Wahrscheinlichkeit an, dass X einen Wert kleiner oder gleich x annimmt:

$$F(x) = P(X \leq x)$$

Zufallsvariablen können **diskret** oder **stetig** sein. Bei diskreten Zufallsvariablen gibt es eine abzählbare Anzahl möglicher Werte, während stetige Zufallsvariablen über ein Intervall von Werten verteilt sind.

Eigenschaften einer Zufallsvariablen: Um die Eigenschaften von Zufallsvariablen zu analysieren, betrachten wir deren Verteilungsfunktion, Erwartungswert und Varianz.

Empirische Verteilungsfunktion: Die Empirische Verteilungsfunktion beschreibt die relative Häufigkeit der Werte, die eine Zufallsvariable X in einem Datensatz annimmt.

Empirische Verteilungsfunktion

In einer Urne befinden sich 6 weiße und 4 schwarze Kugeln. Wie hoch ist die Wahrscheinlichkeit, dass bei 3 Ziehungen mindestens zwei weiße Kugeln gezogen werden?
sn.pub/tgn7zr

Ermittle die Wahrscheinlichkeitsverteilung der Zufallsvariablen X = Augensumme beim Werfen von zwei fairen Würfeln.
sn.pub/lfjnb7

Erwartungswert: Der Erwartungswert $\mathbb{E}(X)$ einer Zufallsvariablen X ist ein Maß für den mittleren Wert, den die Zufallsvariable annimmt. Für eine diskrete Zufallsvariable X mit den möglichen Werten x_i und Wahrscheinlichkeiten $p_i = P(X = x_i)$ ist der Erwartungswert gegeben durch:

$$\mathbb{E}(X) = \sum_i x_i \cdot p_i.$$

Für eine stetige Zufallsvariable X mit Dichtefunktion $f(x)$ berechnet sich der Erwartungswert durch:

$$\mathbb{E}(X) = \int_{-\infty}^{\infty} x \cdot f(x)\, dx.$$

Varianz: Die Varianz $\mathrm{Var}(X)$ misst die Streuung der Zufallsvariablen um ihren Erwartungswert. Eine höhere Varianz bedeutet, dass die Werte der Zufallsvariablen weiter vom Erwartungswert entfernt sind. Für eine diskrete Zufallsvariable X ist die Varianz gegeben durch:

$$\mathrm{Var}(X) = \mathbb{E}((X - \mathbb{E}(X))^2) = \sum_i (x_i - \mathbb{E}(X))^2 \cdot p_i.$$

Für eine stetige Zufallsvariable X ist die Varianz:

$$\mathrm{Var}(X) = \int_{-\infty}^{\infty} (x - \mathbb{E}(X))^2 \cdot f(x)\, dx.$$

Die **Standardabweichung** $\sigma(X)$ ist die Quadratwurzel der Varianz und stellt ein Maß für die durchschnittliche Abweichung vom Erwartungswert dar:

$$\sigma(X) = \sqrt{\mathrm{Var}(X)}.$$

Erwartungswert einer Zufallsvariablen

Ein Glücksspiel: Für den Einsatz von 2 Euro kann ein Spieler dreimal würfeln. Wirft er nie 6, so ist der Einsatz verloren. Wirf er 1x, 2x, 3x die 6, so erhält er den Einsatz zurück sowie zusätzlich 1 bzw. 2 bzw. 3 Zweieuromünzen. Ermittle den Erwartungswert der Zufallsvariablen „Gewinn des Spielers".

sn.pub/uprmdg

Erwartungswert und Varianz einer Zufallsvariablen

Bestimme den Erwartungswert, die Varianz und die Standardabweichung der Zufallsvariablen X = Augensumme beim Werfen von 2 fairen Würfeln.

sn.pub/u3obzb

Binomialverteilung: Die Binomialverteilung ist eine diskrete Wahrscheinlichkeitsverteilung, die die Anzahl der Erfolge in einer festen Anzahl von unabhängigen und identischen Versuchen beschreibt, wobei die Erfolgswahrscheinlichkeit in jedem Versuch konstant bleibt. Sie ist nützlich, wenn das Experiment nur zwei mögliche Ergebnisse hat (z. B. Erfolg oder Misserfolg).

Berechnung von Wahrscheinlichkeiten mit der Binomialverteilung: Sei die Zufallsvariable X binomialverteilt mit den Parametern n (Anzahl der Versuche) und p (Wahrscheinlichkeit für einen Erfolg in einem einzelnen Versuch). Dann ergibt die folgende Formel die Wahrscheinlichkeit dafür, dass $X = k$ Erfolge erzielt werden:

$$P(X = k) = \binom{n}{k} p^k (1-p)^{n-k} \quad \text{für } k = 0, 1, \ldots, n$$

Dabei sind $\binom{n}{k} = \dfrac{n!}{k!(n-k)!}$ die Binomialkoeffizienten, p die Wahrscheinlichkeit für einen Erfolg, und $1 - p$ die Wahrscheinlichkeit für einen Misserfolg.

Der **Erwartungswert** $E(X)$ und die **Varianz** $\text{Var}(X)$ einer binomialverteilten Zufallsvariablen $X \sim \text{Bin}(n, p)$ sind gegeben durch:

$$E(X) = n \cdot p$$

$$\text{Var}(X) = n \cdot p \cdot (1 - p)$$

Eigenschaften der Binomialverteilung: Sie beschreibt die Wahrscheinlichkeit einer bestimmten Anzahl von Erfolgen in einer festgelegten Anzahl von Versuchen.

Wenn n groß und p nicht extrem nahe an 0 oder 1 liegt, kann die Binomialverteilung näherungsweise durch eine Normalverteilung beschrieben werden (**Normalapproximation**). Für kleine n und extreme p-Werte (nah bei 0 oder 1) kann die Binomialverteilung auch durch eine Poisson-Verteilung approximiert werden.

Vollständiges Beispiel zur Binomialverteilung: Angenommen, wir werfen eine Münze 10-Mal, und wir interessieren uns für die Wahrscheinlichkeit, dass die Münze genau 6-Mal auf Kopf fällt, wobei die Erfolgswahrscheinlichkeit $p = 0{,}5$ beträgt. Das ergibt:

$$P(X = 6) = \binom{10}{6} \cdot 0{,}5^6 \cdot (1 - 0{,}5)^{10-6} = 0{,}205 \mathrel{\hat=} 20{,}5\,\%$$

Binomialverteilung
Ein Betrieb erzeugt Kristallgläser mit einem Fehleranteil von p = 4 %. Vor dem Verkauf werden die Gläser in Prüflosen zu n = 50 Stück zusammengefasst und überprüft.

Bestimme den Erwartungswert und die Standardabweichung fehlerhafter Gläser.
sn.pub/tk720a

Bestimme die Wahrscheinlichkeit, a) genau 0, b) genau 2, c) höchstens 2, d) mind. 2 fehlerhafte Gläser vorzufinden.
sn.pub/d6n7u2

Binomialverteilung

Eine Urne beinhaltet 15 rote und 10 blaue Kugeln. Es werden nacheinander drei Kugeln mit Zurücklegen gezogen. Berechne die Wahrscheinlichkeiten, dass (a) alle Kugeln blau sind, (b) genau eine Kugel blau ist, und (c) mindestens eine Kugel blau ist.
sn.pub/aiqse0

Wie hoch ist die Wahrscheinlichkeit, im Supermarkt auf mind. 1 Person zu treffen, die mit dem Coronavirus infiziert ist?
sn.pub/49vedf

Galtonbrett

In diesem Video wird anhand eines aus dem 3D-Drucker erstellten Galtonbretts die Binomialverteilung veranschaulicht.
sn.pub/be6apo

Normalverteilung: Die Normalverteilung ist eine der wichtigsten kontinuierlichen Wahrscheinlichkeitsverteilungen und tritt in zahlreichen natürlichen und wissenschaftlichen Anwendungen auf. Sie ist gekennzeichnet durch ihre charakteristische Glockenform und ist symmetrisch um ihren Mittelwert.

Wahrscheinlichkeitsdichtefunktion der Normalverteilung: Eine normalverteilte Zufallsvariable X hat folgende Wahrscheinlichkeitsdichtefunktion $f(x)$:

$$f(x) = \frac{1}{\sqrt{2\pi\sigma^2}} \exp\left(-\frac{(x-\mu)^2}{2\sigma^2}\right)$$

Dabei sind μ der Mittelwert der Verteilung, σ die Standardabweichung, und σ^2 die Varianz ist. Diese Verteilung wird als $\mathcal{N}(\mu, \sigma^2)$ bezeichnet.

Eigenschaften der Normalverteilung: Die Normalverteilung besitzt mehrere charakteristische Merkmale. Sie ist **symmetrisch** um ihren Mittelwert μ, sodass die Wahrscheinlichkeitsdichte auf beiden Seiten der Verteilung spiegelbildlich verläuft. Zudem sind der Mittelwert, der Median und der Modus identisch, da die Verteilung keine Schiefe aufweist. Ein zentrales Konzept ist die **68–95–99,7-Regel**, die angibt, dass etwa 68 % der Werte innerhalb eines Abstandes von $\pm 1\sigma$ um den Mittelwert liegen, etwa 95 % innerhalb von $\pm 2\sigma$ und rund 99,7 % innerhalb von $\pm 3\sigma$.

Zentraler Grenzwertsatz: Das zentrale Grenzwerttheorem besagt, dass die Summe (oder der Mittelwert) einer großen Anzahl unabhängiger, identisch verteilter Zufallsvariablen mit endlicher Varianz sich einer Normalverteilung annähert, unabhängig von der ursprünglichen Verteilung der einzelnen Variablen. Dieser fundamentale Satz erklärt, warum die Normalverteilung in vielen Bereichen der Statistik und Wahrscheinlichkeitstheorie eine zentrale Rolle spielt, insbesondere bei der Modellierung zufälliger Prozesse und der Anwendung statistischer Verfahren.

Standardnormalverteilung: Die Standardnormalverteilung ist ein Spezialfall der Normalverteilung mit $\mu = 0$ und $\sigma = 1$. Ihre Wahrscheinlichkeitsdichtefunktion vereinfacht sich zu:

$$f(z) = \frac{1}{\sqrt{2\pi}} \exp\left(-\frac{z^2}{2}\right)$$

wobei z eine standardisierte Zufallsvariable ist. Jeder Wert x kann durch die sogenannte **Z-Transformation** auf die Standardnormalverteilung abgebildet werden:

$$z = \frac{x - \mu}{\sigma}$$

Berechnung von Wahrscheinlichkeiten mit der Normalverteilung: Für eine normalverteilte Zufallsvariable $X \sim \mathcal{N}(\mu, \sigma^2)$ kann die Wahrscheinlichkeit, dass X in einem bestimmten Intervall $[a, b]$ liegt, durch die Fläche unter der Dichtefunktion zwischen a und b berechnet werden:

$$P(a \leq X \leq b) = \int_a^b \frac{1}{\sqrt{2\pi\sigma^2}} \exp\left(-\frac{(x-\mu)^2}{2\sigma^2}\right) dx$$

Die Bestimmung dieser Wahrscheinlichkeit erfolgt typischerweise mithilfe von Normalverteilungstabellen oder numerischen Verfahren.

Normalverteilung

Die Länge von Wellen ist normalverteilt mit $\mu = 800$ mm und $\sigma = 3$ mm. Ermittle jenen symmetrisch um μ gelegenen Bereich, in den ein Längenwert mit 95 %-iger Wahrscheinlichkeit fällt.
sn.pub/ce368w

Eine Zufallsvariable X ist normalverteilt mit $\mu = 6$ und $\sigma = 2$. Bestimme die Wahrscheinlichkeit, dass X a) höchstens 7 ist, b) mind. 3 ist, c) zw. 4,3 und 8 liegt.
sn.pub/clcsli

Nüsse werden automatisch in 20 kg Säcke abgefüllt. Das Füllgewicht ist normalverteilt mit $\mu = 19{,}5$ kg und $\sigma = 0{,}2$ kg. Der Toleranzbereich liegt zw. 19,1 kg und 20,8 kg. Wie viel Prozent der Säcke liegen außerhalb des Toleranzbereichs?
sn.pub/swamko

Hypergeometrische Verteilung: Die Hypergeometrische Verteilung beschreibt ein Zufallsexperiment, bei dem aus einer endlichen Grundgesamtheit ohne Zurücklegen eine Stichprobe gezogen wird. Sie wird häufig verwendet, wenn die Grundgesamtheit aus zwei Kategorien besteht, etwa „Erfolg" und „Misserfolg". Der Versuch besteht darin, die Wahrscheinlichkeit dafür zu bestimmen, dass eine bestimmte Anzahl von Erfolgen in der Stichprobe vorkommt.

12.3 Statistik

Definition und Formel der hypergeometrischen Verteilung: Sei N die Größe der Grundgesamtheit, K die Anzahl der „Erfolge" in der Grundgesamtheit, und n die Stichprobengröße. Dann ist die Wahrscheinlichkeit $P(X = k)$, dass genau k Erfolge in der Stichprobe auftreten, gegeben durch:

$$P(X = k) = \frac{\binom{K}{k}\binom{N-K}{n-k}}{\binom{N}{n}}.$$

Dabei sind $\binom{K}{k}$ die Anzahl der Möglichkeiten ist, k Erfolge aus den K Erfolgen zu ziehen, $\binom{N-K}{n-k}$ die Anzahl der Möglichkeiten ist, die restlichen $n - k$ Elemente aus den $N - K$ Misserfolgen zu ziehen, und $\binom{N}{n}$ die Gesamtanzahl der möglichen Stichproben.

Erwartungswert und Varianz: Für eine hypergeometrische Zufallsvariable X gelten die folgenden Eigenschaften:

Erwartungswert: $\mathbb{E}(X) = \frac{nK}{N}$
Varianz: $\text{Var}(X) = n\frac{K}{N}\frac{N-K}{N}\frac{N-n}{N-1}$

Hypergeometrische Verteilung

Eine Urne beinhaltet 15 rote und 10 blaue Kugeln. Es werden nacheinander 3 Kugeln ohne Zurücklegen gezogen. Berechne die Wahrscheinlichkeit, dass a) alle Kugeln blau sind, b) genau eine Kugel blau ist und c) mindestens eine Kugel blau ist.

sn.pub/w3f08z

12.3 Statistik

Die Statistik befasst sich mit der Sammlung, Auswertung und Interpretation von Daten. Man unterscheidet zwischen der **beschreibenden Statistik**, die Daten zusammenfasst und darstellt, und der **induktiven Statistik**, die auf Basis von Stichproben Rückschlüsse auf die Grundgesamtheit zieht.

12.3.1 Deskriptive Statistik

Deskriptive Statistiken: Die beschreibende Statistik umfasst Methoden zur Zusammenfassung und Darstellung von Daten, etwa durch Berechnung von Kennzahlen wie dem **Mittelwert**, dem **Median** und der **Standardabweichung**. Darüber hinaus kommen grafische Darstellungen wie **Histogramme** und **Boxplots** zum Einsatz, um die Daten zu visualisieren. Zu den wichtigsten Kennzahlen gehören:

Arithmetisches Mittel: Das arithmetische Mittel ist der Durchschnittswert einer Datenmenge und wird berechnet, indem die Summe aller Werte durch die Anzahl der Werte geteilt wird.

$$\bar{x} = \frac{1}{n} \sum_{i=1}^{n} x_i$$

Median: Der Median ist ein Lagemaß, das die Mitte einer geordneten Datenreihe beschreibt. Er teilt die Daten in zwei Hälften, sodass 50 % der Werte kleiner und 50 % größer oder gleich dem Median sind.
Berechnung des Medians:

1. **Daten sortieren**: Die Werte werden der Größe nach geordnet.
2. **Gerade Anzahl von Werten**: Der Median ist der Mittelwert der beiden mittleren Zahlen.
3. **Ungerade Anzahl von Werten**: Der Median ist der Wert, der genau in der Mitte der sortierten Datenreihe liegt.

Modus: Der Modus (oder Modalwert) ist der Wert, der in einer Stichprobe oder Verteilung am häufigsten vorkommt. Der Modus ist besonders nützlich für nominalskalierte Daten und in Häufigkeitsverteilungen mit mehreren gleichen Beobachtungen.
Für eine gegebene Datenreihe $x_1, x_2, \ldots, x_n$ ist der Modus x_{mod} der Wert, für den die Häufigkeit $h(x)$ maximal ist:

$$x_{\text{mod}} = \arg\max_{x} h(x)$$

wobei $h(x)$ die Häufigkeit des Werts x ist.
Falls die Daten mehrere Werte mit gleicher maximaler Häufigkeit haben, gibt es mehrere Moden (multimodale Verteilung).

Varianz: Die Varianz misst die Streuung der Daten um ihren Mittelwert und gibt an, wie stark die einzelnen Werte im Durchschnitt von diesem abweichen. Sie wird als der mittlere quadratische Abstand der Werte vom arithmetischen Mittel berechnet.

$$\text{Var}(X) = \frac{1}{n} \sum_{i=1}^{n} (x_i - \bar{x})^2$$

12.3 Statistik

Standardabweichung: Die Standardabweichung ist die Wurzel der Varianz und gibt an, wie stark die Werte einer Datenreihe im Durchschnitt vom Mittelwert abweichen. Sie ist ein zentrales Maß für die Streuung und wird in derselben Einheit wie die Daten angegeben.

$$\sigma = \sqrt{\mathrm{Var}(X)}$$

Quartile: Die Quartile teilen eine geordnete Datenmenge in vier gleich große Abschnitte und geben so Informationen über die Lage der Daten. Hierbei bezeichnet n die Anzahl der Datenpunkte in der geordneten Stichprobe und $x(k)$ den k-ten Wert in dieser sortierten Liste. Diese Formeln geben eine Annäherung an die Quartilswerte, indem sie die Position in der geordneten Liste bestimmen.

Erstes Quartil (Q1): Jener Wert, unter dem 25 % der Daten liegen und somit dem 25. Perzentil entspricht.

$$Q_1 = x_{\left(\frac{n+1}{4}\right)}$$

Zweites Quartil (Q2): Entspricht dem Median M, unter dem 50 % der Daten liegen.

$$Q_2 = M = x_{\left(\frac{n+1}{2}\right)}$$

Drittes Quartil (Q3): Jener Wert, unter dem 75 % der Daten liegen und somit dem 75. Perzentil entspricht.

$$Q_3 = x_{\left(\frac{3(n+1)}{4}\right)}$$

Boxplot: Ein Boxplot ist ein grafisches Werkzeug zur Visualisierung der Verteilung einer Datenreihe (Abb. 12.2). Er stellt die Lage und Streuung der Daten anhand wichtiger Kennwerte dar und ist besonders nützlich, um Ausreißer zu identifizieren und die Symmetrie der Verteilung zu beurteilen. Ein Boxplot besteht aus folgenden Elementen:

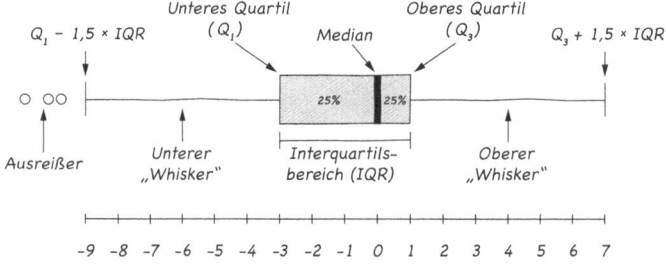

Abb. 12.2 Ein Box-Plot ist eine Zusammenfassung eines Datensatzes

Erstes Quartil (Q1): Der Wert, unter dem 25 % der Daten liegen.
Median (Q2): Der Wert der Daten, unter dem 50 % der Daten liegen.
Drittes Quartil (Q3): Der Wert, unter dem 75 % der Daten liegen.
Interquartilsabstand (IQR): Differenz zwischen Q3 und Q1:

$$\text{IQR} = Q_3 - Q_1$$

Whiskers (Antennen): Linien, die von Q1 und Q3 ausgehen und den Bereich der Daten abdecken, die innerhalb von 1,5 × IQR liegen. Sie erstrecken sich bis zum kleinsten und größten Wert innerhalb dieses Bereichs.
Ausreißer: Datenpunkte, die außerhalb des Bereichs von 1,5 × IQR unterhalb von Q_1 oder oberhalb von Q_3 liegen. Diese Punkte werden als separate Punkte im Boxplot dargestellt.

Mittelwert, Median und Modus

Bestimme Mittelwert, Median und Modus der folgenden Datenreihe: 1, 2, 3, 4, 5, 2, 1, 6, 37, 2, 2, 2, 2.

sn.pub/25ypin

Quartile und Boxplot

Bestimme die Quartile der folgenden Datenreihe und zeichne einen Boxplot: 2, 3, 3, 4, 4, 5, 6, 7, 8, 8.

sn.pub/9t3eke

Streuungsmaße

Bestimme Spannweite, Varianz und Standardabweichung der folgenden Datenreihe: 2, 2, 5, 1, 4, 3, 6.

sn.pub/26m9gs

12.3.2 Induktive Statistik

Die induktive Statistik hat das Ziel, anhand einer Stichprobe verlässliche Aussagen über die gesamte Grundgesamtheit zu treffen. Dabei werden verschiedene statistische Verfahren genutzt, um Hypothesen zu testen und Zusammenhänge zu analysieren. Im Folgenden werden einige der am häufigsten verwendeten Prüfverfahren der induktiven Statistik vorgestellt.

Hypothesentests: Hypothesentests sind zentrale Verfahren der induktiven Statistik, um anhand von Stichprobendaten Entscheidungen über die Grundgesamtheit zu treffen. Dabei wird eine **Nullhypothese** (H_0) formuliert, die eine bestimmte Annahme über die Population trifft, sowie eine **Alternativhypothese** (H_1), die eine abweichende Behauptung aufstellt. Durch statistische Tests wird geprüft, ob die vorliegenden Daten mit der Nullhypothese vereinbar sind oder ob genügend Evidenz vorliegt, um sie zugunsten der Alternativhypothese zu verwerfen. Wichtige Konzepte sind dabei der **Signifikanzlevel** (α), der die Wahrscheinlichkeit eines Fehlers 1. Art angibt, sowie der **p-Wert**, der misst, wie wahrscheinlich die beobachteten Daten unter H_0 sind. Typische Verfahren sind der **t-Test**, der **Chi-Quadrat-Test** oder der **F-Test**, die je nach Fragestellung und Datentyp zum Einsatz kommen.

Chi-Quadrat-Vierfeldertest: Der Chi-Quadrat-Vierfeldertest ist ein statistischer Test zur Überprüfung, ob zwei kategoriale Variablen unabhängig voneinander sind. Dieser Test wird in einem 2×2-*Kontingenzfeld* verwendet, um die Zusammenhänge zwischen zwei dichotomen Variablen zu untersuchen.
Hypothesen des Chi-Quadrat-Vierfeldertests:

Nullhypothese H_0: Die beiden Variablen sind unabhängig, d. h., es gibt keinen Zusammenhang zwischen den Variablen.
Alternativhypothese H_1: Die beiden Variablen sind nicht unabhängig, d. h., es gibt einen Zusammenhang zwischen den Variablen.

Teststatistik: Gegeben sei eine 2×2-*Kontingenztabelle* mit den beobachteten Häufigkeiten (Tab. 12.1):

Tab. 12.1 2×2-Kontingenztabelle

	Merkmal B vorhanden	Merkmal B nicht vorhanden
Merkmal A vorhanden	a	b
Merkmal A nicht vorhanden	c	d

Die erwarteten Häufigkeiten (E) werden berechnet, indem man das Produkt der Zeilen- und Spaltensummen durch die Gesamtanzahl der Beobachtungen ($n = a + b + c + d$) teilt:

$$E_{11} = \frac{(a+b)(a+c)}{n}, \quad E_{12} = \frac{(a+b)(b+d)}{n}$$

$$E_{21} = \frac{(c+d)(a+c)}{n}, \quad E_{22} = \frac{(c+d)(b+d)}{n}$$

Die Teststatistik für den Chi-Quadrat-Test berechnet sich dann wie folgt:

$$\chi^2 = \sum \frac{(O-E)^2}{E} = \frac{(a-E_{11})^2}{E_{11}} + \frac{(b-E_{12})^2}{E_{12}} + \frac{(c-E_{21})^2}{E_{21}} + \frac{(d-E_{22})^2}{E_{22}}$$

wobei O die beobachteten und E die erwarteten Häufigkeiten sind.

Entscheidungsregel: Der Test wird auf einem Signifikanzniveau α durchgeführt. Wenn die berechnete χ^2-Statistik größer ist als der kritische Wert χ^2_α für 1 Freiheitsgrad, lehnen wir die Nullhypothese ab und schließen, dass ein Zusammenhang zwischen den beiden Variablen besteht. Andernfalls wird die Nullhypothese beibehalten.

Falls $\chi^2 \geq \chi^2_{\alpha, df=1}$: Nullhypothese ablehnen, Zusammenhang vorhanden.
Falls $\chi^2 < \chi^2_{\alpha, df=1}$: Nullhypothese beibehalten, kein Zusammenhang.

Chi-Quadrat-Vierfeldertest

Junge Leute (n = 446) wurden danach gefragt, ob sie ihren Traumjob ausüben (ja/nein) und ob sie insgesamt mit ihrer Jobsituation glücklich wäre (ja/nein). Gibt es eine Assoziation zwischen dem Erreichen des Traumjobs und der Zufriedenheit mit dem Job ($\alpha = 0{,}01$)?

sn.pub/td30za

Chi-Quadrat-Mehrfeldertest: Der **Chi-Quadrat-Mehrfeldertest** ist eine statistische Methode zur Überprüfung der **Unabhängigkeit** zweier kategorialer Merkmale in einer Kontingenztafel (mit mehreren Zeilen und Spalten).

Hypothesen des Chi-Quadrat-Mehrfeldertests:

Nullhypothese H_0: Die Merkmale sind **unabhängig** voneinander.
Alternativhypothese H_1: Die Merkmale sind **nicht unabhängig**, es besteht ein Zusammenhang.

Voraussetzungen für den Chi-Quadrat-Mehrfeldertest: Die Stichproben müssen unabhängig voneinander sein. Die erwarteten Häufigkeiten in jeder Zelle sollten mindestens 5 betragen, um eine ausreichende Genauigkeit des Tests zu gewährleisten.

Teststatistik des Chi-Quadrat-Mehrfeldertests: Für eine Kontingenztafel mit r Zeilen und c Spalten berechnet sich der **Chi-Quadrat-Wert** wie folgt:

$$\chi^2 = \sum_{i=1}^{r} \sum_{j=1}^{c} \frac{(O_{ij} - E_{ij})^2}{E_{ij}}$$

Dabei ist: O_{ij} die beobachtete Häufigkeit in der Zelle der i-ten Zeile und j-ten Spalte, und E_{ij} die erwartete Häufigkeit in derselben Zelle, berechnet als

$$E_{ij} = \frac{\text{Randtotal der Zeile } i \times \text{Randtotal der Spalte } j}{\text{Gesamttotal}}$$

Testentscheidung:

Falls $\chi^2 > \chi^2_{1-\alpha;\,df}$: Nullhypothese ablehnen, Zusammenhang vorhanden.

Falls $\chi^2 \leq \chi^2_{1-\alpha;\,df}$: Nullhypothese beibehalten, kein Zusammenhang.

Dabei gilt: α ist das Signifikanzniveau (z. B. 0,05 für ein 5 %-Niveau), und $df = (r-1)(c-1)$ die Freiheitsgrade sind, mit r der Anzahl der Zeilen und c der Anzahl der Spalten der Kontingenztafel.

Den kritischen Wert χ^2_{krit} kann man in Tabellen für die Chi-Quadrat-Verteilung nachschlagen oder mithilfe statistischer Software berechnen.

Chi-Quadrat-Mehrfeldertest

In einem Betrieb entstand die Vermutung, dass die Fertigungsqualität unterschiedlich ist. Um dies zu klären, wurden die aufgetretenen Fehler auf jeder Fertigungslinie gezählt: Linie 1: 227 Fehler an 651 Geräten; Linie 2: 193 Fehler an 740 Geräten; Linie 3: 261 Fehler an 735 Geräten; Linie 4: 199 Fehler an 557 Geräten. Kann daraus auf einen Unterschied in der Fertigungsqualität der 4 Linien geschlossen werden ($\alpha = 0{,}05$)?
sn.pub/rl53eq

Ein-Stichproben-t-Test: Der Ein-Stichproben-t-Test wird verwendet, um zu überprüfen, ob der Mittelwert einer Stichprobe signifikant von einem vorgegebenen Populationsmittelwert μ_0 abweicht.

Hypothesen des Ein-Stichproben-t-Tests:

Nullhypothese H_0: Der Stichprobenmittelwert unterscheidet sich nicht vom Populationsmittelwert. Mathematisch: $H_0 : \mu = \mu_0$.

Alternativhypothese H_1: Der Stichprobenmittelwert unterscheidet sich signifikant vom Populationsmittelwert. Mathematisch:

- $H_1 : \mu \neq \mu_0$ (zweiseitiger Test),
- $H_1 : \mu > \mu_0$ (rechtsseitiger Test),
- $H_1 : \mu < \mu_0$ (linksseitiger Test).

Teststatistik des Ein-Stichproben-t-Tests:

$$t = \frac{\overline{X} - \mu_0}{\frac{s}{\sqrt{n}}}$$

Dabei sind $\overline{X}$ der Mittelwert der Stichprobe, μ_0 der hypothetische Populationsmittelwert, s die Standardabweichung der Stichprobe, und n die Stichprobengröße.

Die Teststatistik t folgt unter der Nullhypothese einer t-Verteilung mit $n-1$ Freiheitsgraden.

Testentscheidung beim Einstichproben-t-Test: Die Entscheidung über die Ablehnung oder Beibehaltung der Nullhypothese basiert auf dem berechneten t-Wert der Stichprobe und dem kritischen Wert t_{krit}, der aus der t-Verteilung mit den entsprechenden Freiheitsgraden und dem gewählten Signifikanzniveau α bestimmt wird:

Ablehnung der Nullhypothese H_0: Falls $|t| \geq t_{\text{krit}}$, ist die Abweichung des Stichprobenmittelwerts von μ_0 so groß, dass sie mit hoher Wahrscheinlichkeit nicht durch zufällige Schwankungen erklärbar ist. In diesem Fall wird H_0 verworfen, und es wird angenommen, dass der wahre Mittelwert von μ_0 abweicht.

Beibehaltung der Nullhypothese H_0: Falls $|t| < t_{\text{krit}}$, ist die Differenz zwischen Stichprobenmittelwert und μ_0 nicht signifikant. Die Daten liefern also keine ausreichende Evidenz, um H_0 zu verwerfen, und es wird angenommen, dass der wahre Mittelwert mit μ_0 übereinstimmt.

Die Entscheidung kann je nach Testart (zweiseitig oder einseitig) angepasst werden, wobei für einseitige Tests nur eine der beiden Ungleichungen betrachtet wird.

Kritischer Wert: Der kritische Wert t_{krit} kann aus der t-Verteilungstabelle nachgeschlagen oder mithilfe statistischer Software berechnet werden, unter Berücksichtigung des Signifikanzniveaus α und der Freiheitsgrade $df = n - 1$.

Einstichproben-t-Test

Das Geburtsgewicht von 20 Babys von Risikopatientinnen beträgt im Durchschnitt 3280 g mit einer Standardabweichung von 490 g. Gibt es einen statistisch signifikanten Unterschied zu dem aus der Literatur bekannten Durchschnittswert von 3500 g?

sn.pub/uw33z7

Zwei-Stichproben-t-Test: Der Zwei-Stichproben-t-Test wird verwendet, um zu überprüfen, ob die Mittelwerte zweier unabhängiger Stichproben signifikant voneinander abweichen.

Hypothesen des Zwei-Stichproben-t-Tests:

Nullhypothese H_0: Die Mittelwerte der beiden Stichproben sind gleich. Mathematisch: $H_0 : \mu_1 = \mu_2$.

Alternativhypothese H_1: Die Mittelwerte der beiden Stichproben unterscheiden sich signifikant. Mathematisch:

- $H_1 : \mu_1 \neq \mu_2$ (zweiseitiger Test),
- $H_1 : \mu_1 > \mu_2$ (rechtsseitiger Test),
- $H_1 : \mu_1 < \mu_2$ (linksseitiger Test).

Teststatistik: Die Teststatistik für den Zwei-Stichproben-t-Test hängt davon ab, ob die Varianzen der beiden Stichproben als gleich angesehen werden können oder nicht:

Varianzen als gleich angenommen: Wenn die Varianzen der beiden Stichproben als gleich angenommen werden können, wird die Teststatistik t berechnet als:

$$t = \frac{\overline{X}_1 - \overline{X}_2}{\sqrt{s_p^2 \left(\frac{1}{n_1} + \frac{1}{n_2}\right)}}$$

wobei:

- $\overline{X}_1$ und $\overline{X}_2$ die Mittelwerte der beiden Stichproben sind,
- n_1 und n_2 die Stichprobengrößen der beiden Gruppen sind,
- s_p^2 die gepoolte Varianz ist, gegeben durch:

$$s_p^2 = \frac{(n_1 - 1)s_1^2 + (n_2 - 1)s_2^2}{n_1 + n_2 - 2}$$

wobei s_1^2 und s_2^2 die Varianzen der beiden Stichproben sind.

Die Teststatistik t folgt einer t-Verteilung mit $n_1 + n_2 - 2$ Freiheitsgraden.

Varianzen als ungleich angenommen: Wenn die Varianzen der beiden Stichproben als ungleich angenommen werden, verwendet man die Welch-Korrektur:

$$t = \frac{\overline{X}_1 - \overline{X}_2}{\sqrt{\frac{s_1^2}{n_1} + \frac{s_2^2}{n_2}}}$$

In diesem Fall wird der Freiheitsgrad df approximiert durch:

$$df = \frac{\left(\frac{s_1^2}{n_1} + \frac{s_2^2}{n_2}\right)^2}{\frac{\left(\frac{s_1^2}{n_1}\right)^2}{n_1 - 1} + \frac{\left(\frac{s_2^2}{n_2}\right)^2}{n_2 - 1}}$$

Testentscheidung beim Zwei-Stichproben-t-Test: Die Entscheidung über die Ablehnung oder Beibehaltung der Nullhypothese basiert auf dem berechneten t-Wert sowie dem kritischen Wert t_{krit}, der aus der t-Verteilung für das gewählte Signifikanzniveau α und die entsprechenden Freiheitsgrade bestimmt wird:

Ablehnung der Nullhypothese H_0: Falls $|t| \geq t_{\text{krit}}$, ist die Differenz zwischen den Mittelwerten der beiden Stichproben statistisch signifikant. Dies bedeutet, dass die Mittelwerte sich mit hoher Wahrscheinlichkeit nicht nur aufgrund zufälliger Schwankungen unterscheiden, sondern ein tatsächlicher Unterschied zwischen den zugrunde liegenden Populationen besteht.

Beibehaltung der Nullhypothese H_0: Falls $|t| < t_{\text{krit}}$, ist die Abweichung zwischen den Mittelwerten nicht signifikant. In diesem Fall gibt es keine ausreichende statistische Evidenz, um anzunehmen, dass die beiden Populationen unterschiedliche Mittelwerte haben.

Die Entscheidung kann je nach Testart (zweiseitig oder einseitig) angepasst werden, wobei für einseitige Tests nur eine der beiden Richtungen der Abweichung betrachtet wird.

Kritischer Wert: Der kritische Wert t_{krit} kann aus der t-Verteilungstabelle nachgeschlagen oder mithilfe statistischer Software berechnet werden, unter Berücksichtigung des Signifikanzniveaus α und der Freiheitsgrade.

Zweistichproben-t-Test

Zwei Abfüllautomaten für Mineralwasser werden hinsichtlich der Menge des von ihnen abgefüllten Mineralwassers miteinander verglichen. Gibt es einen statistisch signifikanten Unterschied in der Abfüllmenge zwischen den beiden Automaten?

1. Automat: n = 10, MW = 1004,1 ml, STABW = 4,84 ml
2. Automat: n = 10, MW = 998,4 ml, STABW = 3,75 ml

sn.pub/v4669e

12.3.3 Kontingenz, Korrelation und Regression

Kontingenz: Der **Kontingenzkoeffizient Phi** ist ein Maß für die Stärke des Zusammenhangs zwischen zwei dichotomen (binären) Variablen. Er ist besonders nützlich für 2 × 2-Kreuztabellen und ist verwandt mit dem Chi-Quadrat-Test (Tab. 12.2). Im Gegensatz zum Korrelationskoeffizienten, der lineare Beziehungen zwischen metrischen Variablen misst, ist der Kontingenzkoeffizient speziell für nominale Daten geeignet.

Berechnung des Phi-Koeffizienten φ: Für eine Tabelle:

Tab. 12.2 2 × 2-Kreuztabelle, auch Vierfeldertafel genannt

	Merkmal 2: Ja	Merkmal 2: Nein
Merkmal 1: Ja	a	b
Merkmal 1: Nein	c	d

gilt:

$$\varphi = \frac{a \cdot d - b \cdot c}{\sqrt{(a+b)(c+d)(a+c)(b+d)}}$$

Interpretation des Phi-Koeffizienten: Der Phi-Koeffizient φ bewegt sich im Bereich von -1 bis $+1$:

$\varphi = 0$: Kein Zusammenhang zwischen den beiden Variablen.

$\varphi > 0$: Positiver Zusammenhang; wenn eine Variable hoch ist, tendiert auch die andere dazu, hoch zu sein.

$\varphi < 0$: Negativer Zusammenhang; wenn eine Variable hoch ist, tendiert die andere dazu, niedrig zu sein.

Anwendungsbeispiel: Der Phi-Koeffizient wird häufig verwendet, um den Zusammenhang zwischen zwei binären Merkmalen zu analysieren, wie beispielsweise das Vorliegen einer Krankheit (ja/nein) und das Rauchen (ja/nein). Ein hoher Phi-Koeffizient würde in diesem Fall auf eine starke statistische Assoziation zwischen Rauchen und der Krankheit hinweisen.

Kontingenz

100 Schüler und Schülerinnen wurden befragt, ob sie Mitglied in der naturwissenschaftlichen Arbeitsgemeinschaft wäre. Gibt es einen Zusammenhang zwischen dem Geschlecht und der Beteiligung an der NatWi-AG?
sn.pub/thfre9

Korrelation: Die Korrelation ist ein Maß für den linearen Zusammenhang zwischen zwei Variablen X und Y. Der Korrelationskoeffizient ρ gibt die Stärke und Richtung des linearen Zusammenhangs an:

$\rho = 1$: perfekter positiver linearer Zusammenhang (wenn X steigt, steigt auch Y proportional).

$\rho = -1$: perfekter negativer linearer Zusammenhang (wenn X steigt, sinkt Y proportional).

$\rho = 0$: kein linearer Zusammenhang zwischen X und Y.

Berechnung des Korrelationskoeffizienten ρ:

$$\rho = \frac{\sum_{i=1}^{n}(x_i - \overline{x})(y_i - \overline{y})}{\sqrt{\sum_{i=1}^{n}(x_i - \overline{x})^2 \cdot \sum_{i=1}^{n}(y_i - \overline{y})^2}}$$

x_i **und** y_i: die einzelnen Messwerte der Variablen X und Y,
$\overline{x}$: der Mittelwert der x-Werte, also $\overline{x} = \frac{1}{n}\sum_{i=1}^{n} x_i$,
$\overline{y}$: der Mittelwert der y-Werte, also $\overline{y} = \frac{1}{n}\sum_{i=1}^{n} y_i$,
n: die Anzahl der Beobachtungspaare (x_i, y_i).

Interpretation des Korrelationskoeffizienten r:

$|\rho| \approx 1$: Starker linearer Zusammenhang zwischen X und Y.
$|\rho| \approx 0.5$: Mittlerer linearer Zusammenhang.
$|\rho| \approx 0$: Kein oder nur schwacher linearer Zusammenhang.

12.3 Statistik

Hinweise zur Korrelation: Der Korrelationskoeffizient beschreibt lediglich den linearen Zusammenhang zwischen zwei Variablen. Ein hoher Wert von ρ impliziert keine Kausalität; es zeigt nur, dass ein Zusammenhang besteht, jedoch nicht dessen Ursache (Abb. 12.3).

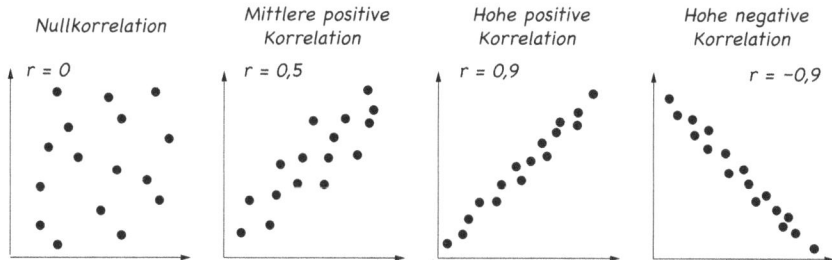

Abb. 12.3 Streudiagramm zur Darstellung einer Korrelation

Anwendungsbeispiel: Ein typisches Beispiel für die Anwendung der Korrelation ist die Untersuchung, ob ein Zusammenhang zwischen der Lernzeit (in Stunden) und der erreichten Punktzahl in einem Test besteht. Ein positiver Korrelationskoeffizient würde darauf hindeuten, dass eine längere Lernzeit tendenziell mit einer höheren Punktzahl verbunden ist.

Linearer Zusammenhang – Korrelation

 Bei 7 Personen wurde das Körpergewicht und die Körpergröße gemessen. Gibt es einen Zusammenhang zwischen der Körpergröße und dem Gewicht?

sn.pub/f86pi0

Linearer Zusammenhang – Korrelation

 In einer Kneipe wurden an vier Abenden die Umsätze mit Alkohol und Tabak ermittelt. Gibt es einen Zusammenhang zwischen den Umsätzen mit Alkohol und den Umsätzen mit Tabak?

sn.pub/pc4mfv

Regression: Die Regression untersucht den funktionalen Zusammenhang zwischen einer abhängigen Variable Y und einer oder mehreren unabhängigen Variablen X (Abb. 12.4). Bei der *linearen Regression* wird eine lineare Funktion der Form

$$Y = \beta_0 + \beta_1 X + \epsilon$$

verwendet, wobei β_0 und β_1 die Regressionsparameter und ϵ der Fehlerterm sind.

Im einfachsten Fall beschreibt die **lineare Regression** den Zusammenhang durch eine Gerade:

$$y = a + bx$$

Dabei sind a der Achsenabschnitt und b die Steigung der Regressionsgeraden.

Abb. 12.4 Streudiagramme zur Darstellung des Unterschiedes zwischen Korrelation und Regression mit Regressionsgerade

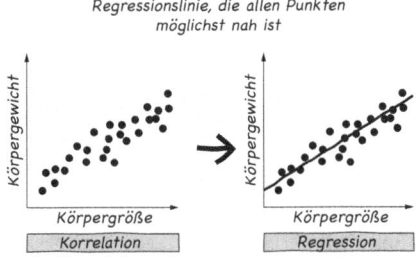

Berechnung der Parameter a und b: Die Parameter a und b werden so gewählt, dass die Summe der quadrierten Abweichungen der beobachteten Werte y_i von den vorhergesagten Werten $\hat{y}_i = a + bx_i$ minimal ist. Diese Methode nennt man **Methode der kleinsten Quadrate**.

Formel für die Steigung b:

$$b = \frac{\sum_{i=1}^{n}(x_i - \overline{x})(y_i - \overline{y})}{\sum_{i=1}^{n}(x_i - \overline{x})^2}$$

x_i **und** y_i: die einzelnen Datenpunkte,
$\overline{x}$: der Mittelwert der x-Werte, also $\overline{x} = \frac{1}{n}\sum_{i=1}^{n} x_i$,
$\overline{y}$: der Mittelwert der y-Werte, also $\overline{y} = \frac{1}{n}\sum_{i=1}^{n} y_i$,
n: die Anzahl der Datenpunkte.

Formel für den Achsenabschnitt a:

$$a = \overline{y} - b \cdot \overline{x}$$

Interpretation der Regressionsparameter:

- Die **Steigung** b gibt die durchschnittliche Änderung der abhängigen Variablen y bei einer Einheit Erhöhung der unabhängigen Variablen x an.
- Der **Achsenabschnitt** a gibt den Wert von y an, wenn $x = 0$.

Bestimmtheitsmaß R^2: Das Bestimmtheitsmaß R^2 gibt an, wie gut die Regressionsgerade die Streuung der Daten um den Mittelwert erklärt. Es wird definiert als:

$$R^2 = 1 - \frac{\sum_{i=1}^{n}(y_i - \hat{y}_i)^2}{\sum_{i=1}^{n}(y_i - \overline{y})^2}$$

Ein R^2-Wert von 1 bedeutet, dass die Regressionsgerade alle Datenpunkte perfekt beschreibt, während ein R^2-Wert von 0 bedeutet, dass die Gerade keine Erklärungskraft hat.

Lineare Regression

Bei 7 Personen wurde das Körpergewicht und die Körpergröße gemessen. Bestimme die Regressionsgerade.
sn.pub/sxaqx6

In einer Kneipe wurden an vier Abenden die Umsätze mit Alkohol und Tabak ermittelt. Bestimme die Regressionsgerade.
sn.pub/xpnhqa

Stichwortverzeichnis

Symbole
Ähnlichkeitssatz 258, 267
Äquivalenzumformung 10
$\mathbb{R}^n$ 180, 181

A
Abbildung 25, 28
Abelsche Gruppe 22
Ableitung, partielle 72–76
Ableitungsregel 60
Ableitungssatz 259, 260
Absolutbetrag 16
Absolutbetragsfunktion 59
Absolutbetragsungleichung 16
Abstand 167, 169, 174–176, 178
Achsensymmetrie 70
Additionsregel 289
Additionstheorem 49
Algorithmus, euklidischer 19
Alternativhypothese 303, 304, 306, 307
Amplitude 51
Amplituden-Phasen-Form 153
Amplitudenspektrum 255
Anfangs- und Endwertsatz 268
Anfangsbedingung 210, 211, 274
Anfangswertproblem 211
Approximation 72
Arcuskosinus 53
Arcussinus 53
Arcustangens 53
Argument 34
Arithmetik, modulare 17
Arkusfunktion 52
Assoziativgesetz 21, 185, 186
Assoziativität 22
Asymptote 39

B
Basis 44
Basislösung 221
Basisumrechnung 46
Basisvektor 158, 242–245, 247
Basiswechselsatz 46
Baumdiagramm 289, 290
Beschränktheit 136
Bestimmtheitsmaß R^2 313
Betrag eines Vektors 159
Betragsgleichung 14
Beweisverfahren 23
Bijektivität 28
Bild 27
Binomialverteilung 295, 296
Boxplot 301

C
Cauchy-Hadamard-Formel 145
Charakteristikenverfahren 276, 277
Chi-Quadrat-Mehrfeldertest 304, 305
Chi-Quadrat-Vierfeldertest 303

D
Dämpfungssatz 259, 265
Darstellung, vektorielle einer Ebene 171–173
Definitionsbereich 65
Definitionslücke 36, 38
Definitionsmenge 26, 27, 43
Delta-Impuls 249
Delta-Impulsfunktion 251, 252
Determinante 187–189
Differential, totales 78

Differentialgleichung
  2. Ordnung 220–226, 228
  Bernoullische 217
  gewöhnliche 209–214, 216–226, 228, 229, 262, 269
  n-ter Ordnung 229
  partielle 271–283
Differentialoperator 237–240
Differentialquotient 58, 59
Differentiation 58, 72
Differentiationssatz 259, 260, 267
Differenzenquotient 58, 60
Differenzierbarkeit, totale 77
Differenzmenge 4
Differenzregel 90
Dirac-Deltafunktion 251, 252
Dirichlet-Randbedingung 212, 274
Diskriminante 11
Divergenz 32, 139, 142, 237, 238
Division mit Rest 17
Doppelintegral 114
Drehmatrix 192, 193
Dreieck, rechtwinkliges 48
Dreipunkteform 172
Dualer Simplex-Algorithmus 201

E
Ebene 174–179
Eigenvektor 205, 206
Eigenwert 205–207
Ein-Stichproben-t-Test 306
Einheit, imaginäre 118, 119
Einheitshyperbel 53
Einheitskreis 48, 53
Einheitsmatrix 181, 183
Einheitsvektor 158, 159, 181, 233
Einheitswurzel 131
Elektrotechnik 132
Element 1, 2, 183
  inverses 22
  neutrales 21, 22
elliptisch 280
Epsilon-Delta-Kriterium 34
Ereignis 288
Ersatzwiderstand 134
Erwartungswert 294, 295, 299
Euler-Formel 132
Euler-Relation 155
Euler-Polygonzugverfahren 218–220
Exponent 42
Exponentialansatz 213, 214, 222, 223
Exponentialform 121, 122
Exponentialfunktion 44–46, 144

Extrempunkt 66
Extremum 81, 82
  lokales 83
Extremwert 66, 81
  relativer 81

F
Faktorisierung 37
Faktorregel 60, 89, 94
Fakultät 44
Fehlerfortpflanzung, lineare 80
Flächeninhalt 109
Folge 32
Folgenkriterium 35
Form
  algebraische 120, 122, 123
  kartesische 120
  trigonometrische 121
Fortsetzung, stetige 36
Fourier-Kosinus-Transformation 256
Fourier-Sinus-Transformation 257
Fourier-Transformation 253–260, 262
  inverse 255, 260, 262
Fourierreihe 149–155, 253
Freiheitsgrad 304–306, 308
Frequenz 51
Frequenzspektrum 154
Frequenzverschiebungssatz 259, 265
Fundamentalbasis 229
Fundamentalsatz
  der Algebra 129
  der Analysis 93
Funktion 25
  ganzrationale 37
  goniometrische 48
  inverse 29
  kubische 37
  lineare 37
  quadratische 37
  rationale 38
  trigonometrische 48, 50
  unechte gebrochen rationale 39
  zyklometrische 52
Funktionsargument 25
Funktionswert 25, 27, 34

G
Gauß-Algorithmus 196
Gauß-Jordan-Algorithmus 190
Gaußsche Summenformel 23
Gaußsche Zahlenebene 119
Gegenwahrscheinlichkeit 290

Gerade 166–170, 175–177
Geradengleichung 168–170
Gibbssches Phänomen 151
Gleichanteil 149
Gleichung 9
   charakteristische 222, 223
   quadratische 10
Gleichungssystem, lineares 194–196
Gradient 237
Gradmaß, 49
Grenzwert 32, 35
   einer Folge 137
   linksseitiger 33
   rechtsseitiger 33
Grenzwertsatz, zentraler 297
Grundintegral 88
Gruppe 22

H
Häufigkeit 288
Häufungspunkt 32
Hauptdiagonale 183, 184
Hauptnormaleneinheitsvektor 233
Hauptsatz der Integralrechnung 93
Heaviside-Funktion 249
Hintereinanderausführung 30
Hintereinanderschaltung 30
Hyperbelfunktion 53
hyperbolisch 283
Hypothesentest 303

I
Identitätsmatrix 183
Imaginärteil 120
Impedanz 133
Induktion 23
   vollständige 23
Induktionsanfang 23
Induktionsschritt 23
Injektivität 27
Integral
   unbestimmtes 87, 88
   uneigentliches 107, 108
Integralkriterium von Cauchy 142
Integraltransformation 249
Integration 88
   Bestimmtes 91–93
   durch Substitution 95
   gebrochenrationaler Funktionen 102
   nach Partialbruchzerlegung 102
   numerische 103
   partielle 98

Integrationssatz 260, 267
Interpolationsquadratur 103
Intervall 8
   abgeschlossenes 8
   offenes 8
Intervallschreibweise 2, 15
Inverses, additives 21

J
Jacobi-Matrix 79

K
Kehrmatrix 190
Keplersche Formel 105
Kettenregel 60
Klirrfaktor 154
Koeffizient einer Fourierreihe 150
Koeffizientenmatrix 190, 194–196
Koeffizientenvergleich 100
Kombination 286
Kombinatorik 285–287
Kommutativgesetz 21, 185
Komplement 5
Komposition 30
Kongruenz 18
Kongruenzklasse 20
Konjugation, komplexe 119, 122
Kontingenz 309
Kontingenzkoeffizient 309
Kontingenztabelle 303
Konvergenz 32, 139–143
   einer Folge 137
Konvergenzkriterium 139
Konvergenzradius 144, 145
Koordinatenform 173
Koordinatenlinie 234
Koordinatensystem, kartesisches 158
Koordinatentransformation 240–247
Korrelation 310
Korrelationskoeffizient 310, 311
Korrespondenz-Symbol ○—•, 255
Kosinus 50
   hyperbolicus 53–55
   Potenzreihe 144
Kotangens hyperbolicus 53–55
Krümmung 70, 71, 82
Kreisfrequenz 52
Kreisfunktion 48
Kreiskoordinate 240–242
Kronecker-Delta 183
Kugelkoordinate 245–247
Kurve, charakteristische 277
Kurvendiskussion 64

L

Lösung
  allgemeine 213, 214, 216
  homogene 214, 216, 223
  partikuläre 210, 214, 216, 223
Lösungskurve 210
Lösungsmenge 15
Lagebeziehung 175
Lagrange-Optimierung 83
Laplace-Experiment 288
Laplace-Gleichung 280, 281
Laplace-Operator 240
Laplace-Transformation 262–269, 278, 279
  inverse 268
Laplacescher Entwicklungssatz 188, 189
Leere Menge 3
Lehrsatz, binomischer 287
Leibniz-Kriterium für alternierende Reihen 143
Limes 32
Linearfaktor 12, 37, 38
Linearfaktorzerlegung 37
Linearisierung 72, 146
Linearkombination 160
Logarithmus 45, 47
Logarithmusfunktion 46

M

Mac-Laurinsche-Reihe 148
Majorantenkriterium 142
Mathematik, diskrete 17
Matrix 183–193, 205–207
  hermitesche 204
  inverse 190, 191
  invertierbare 191
  komplexe 202–205
  konjugierte 202, 203
  orthogonale 192
  reguläre 191
  schiefhermitesche 204
  singuläre 192
  transponierte 192
  unitäre 205
Matrizenaddition 185
Matrizenmultiplikation 186
Maximum 82
Median 300
Menge 1
Minimum 82
Minorantenkriterium 142
Mittel, arithmetisches 300
Mittelwert, linearer 113

Mittelwertsatz 113, 114
Mitternachtsformel 11
Modus 300
Moivre-Formel 129
Monotonie 46, 70
Multiplikationsregel 289

N

Nebenbedingung 83, 198–201
Nennerpolynom 39, 100
Neumann-Randbedingung 274
Newtonverfahren 65
Niveaufläche 236
Niveaulinie 236
Notation
  aufzählende 2
  beschreibende 2
Normalenform 173
Normalenvektor 173
Normalform 120
Normalvektor 165
Normalverteilung 297, 298
Nullfolgenkriterium 140
Nullhypothese 303–308
Nullphasenwinkel 51
Nullpunkt 65
Nullstelle 37, 38, 65

O

Obersumme 92
Optimierung 83
  lineare 198–201
Ordnung 209
Originalfunktion 254
Orthonormalsystem 158
Ortsvektor 158, 166, 167, 171, 174, 177, 232, 234

P

Paar, geordnetes 5
Parabelapproximation 105
parabolisch 282
parallel 168, 176, 178
Parallelepiped 187
Parameterform 171
Parametrisierung 53, 231–235
Partialbruchzerlegung 100–102
Partialsumme 138
Periodendauer 51
Permutation 285

Pfadregel 289, 290
Phasenspektrum 255
Phi-Koeffizient 309, 310
Polarform 122, 123
Polarkoordinate 121, 240–243
Polstelle 38
Polygonzug 160
Polynom 37
Polynomdivision 39
Potenzfunktion 41, 42
Potenzieren 130
Potenzmenge 6
Potenzregel 60, 89
Potenzreihe 44, 144, 146
Prädikatennotation 2
Produkt, kartesisches 5, 6
Produktansatz 275
Produktregel 60
Produktsummenformel 186
Punkt, kritischer 82
Punktsymmetrie 70
Pythagoras, trigonometrischer 49

Q
Quadraturformel 103
Quartil 301
quasilinear 276, 277
Quotientenkriterium von d'Alembert 140
Quotientenregel 60

R
Rückstellkraft 225
Rücktransformation 260, 262, 268
Radiant 49
Radiantmaß, 49
Randbedingung 210, 212, 274
Randwertproblem 211, 212
Rang 191, 195, 196
Realteil 120
Rechte-Hand-Regel 165
Regel von Sarrus 188
Regression 312
Regressionsgerade 313
Regressionsparameter 312, 313
Reihe
    geometrische 139
    harmonische 139
Reihenrest 143
Restglied nach Lagrange 147
Restklasse 20
Richtungsfeld 210
Richtungsvektor 166, 171

Riemann-Integral 91
Rotation 237, 239
Rotationsmatrix 192, 193

S
Sattelpunkt 68, 82, 83
Satz
    von Bayes 292
    von de Moivre 129
    von der totalen Wahrscheinlichkeit 291
    von Schwarz 76
    von Vieta 12
Schlupfvariable 201
Schnittgerade 179
Schnittmenge 4
Schnittpunkt 177
Schnittwinkel 170, 177, 179
Schwingung 51, 224, 225
    erzwungene 228
    gedämpfte 226
    harmonische 51
    ungedämpfte 226
Schwingungsgleichung 225
Sekantensteigung 58
Separationsansatz 275
Signal, elementares 249
Signifikanzniveau 304–306, 308
Simplex-Algorithmus 200, 201
Simpsonsche Formel 106
Sinus 50
    hyperbolicus 53–55
    Potenzreihe 144
Sinus-Kosinusform 152
Sinusfunktion 50
Skalar 157, 180
Skalarfeld 235–238, 240
Skalarmultiplikation 185
Skalarprodukt 163, 180
Skalierungseigenschaft 221
Spaltenindex 183
Spektraldichte 254, 255
Spektrum 255
Sprungfunktion 249
Störfunktion 214, 216
Störterm 214, 216, 223
Stützstelle 103
Stützvektor 166, 167, 171
Stammfunktion 87
Standardabweichung 301
Standardbasis 181
Standardnormalverteilung 297, 298
Statistik 285, 299
    deskriptive 299

Stetigkeit 34, 35
Stochastik 285–299
Substitutionsregel 95
Substitutionsverfahren 217
Summenmatrix 185
Summenregel 60, 90, 94
Superpositionsprinzip 221
Surjektivität 28

Verkettung 30
Verknüpfung 22, 30
Vertauschungsregel 94
Verteilung, hypergeometrische 298, 299
Verteilungsfunktion 293
Volumen bei Rotation
  um die x-Achse 111
  um die y-Achse 112

T
Tangens 50
  hyperbolicus 53–55
Tangenteneinheitsvektor 233
Tangentensteigung 58
Tangentenvektor 232, 234
Tangentialebene 77, 78, 235
Taylor-Reihe 148
Taylorpolynom 146–148
Taylorreihe 146
Teilmenge 2
Teststatistik 303–308
Transformationssatz 258, 264
Transponierte 184
Trapezformel 104
Trennung der Variablen 213
Trigonometrie 48

W
Wärmeleitungsgleichung 279, 282
Wahrscheinlichkeit, bedingte 291
Wahrscheinlichkeitsrechnung 285, 288–292
Wahrscheinlichkeitsverteilung 295, 297
Wellengleichung 283
Wendepunkt 67, 82
Wert, kritischer 305–309
Widerstand, komplexer 133
windschief 169
Winkelfunktion 48
Wronski-Determinante 221
Wurzelfunktion 42, 43
Wurzelgleichung 12
Wurzelkriterium von Cauchy 141
Wurzel komplexer Zahlen 130
Wurzelziehen 130

U
Umkehrfunktion 29, 30, 45, 46
Unabhängigkeit, lineare 197, 198
Ungleichung 9, 15
Unstetigkeit 35
Untersumme 92
Urbild 27, 28

Z
Zählerpolynom 39, 100
Zahl
  adjungierte 202, 203
  ganze 7
  irrationale 8
  komplexe 117–119, 202–205
  konjugiert komplexe 119
  natürliche 7
  rationale 7
  reelle 7
Zahlenfolge 135, 136
Zahlenreihe 138
Zeilenindex 183
Zeilenumformung, elementare 190
Zeitverschiebungssatz 259, 266
Zielfunktion 198–201
Zielmenge 26, 27
Zufallsexperiment 288, 289
Zufallsvariable 293–295
Zwei-Stichproben-t-Test 307, 308
Zylinderkoordinate 243–245

V
Varianz 294, 295, 299, 300
Variation der Konstanten 216
Vektor 157, 158, 180, 181, 197, 198
Vektoraddition 160
Vektoralgebra 157
Vektoranalysis 231–237
Vektordifferenz 161
Vektorfeld 236–239
Vektorprodukt 165, 166
Vektorraum 158, 180, 198
Vektorsumme 160
Vereinigungsmenge 3
Verfahren, numerisches 218–220

The manufacturer's authorised representative in the EU is Springer Nature Customer Service Centre GmbH, Europaplatz 3, 69115 Heidelberg, Germany. If you have any concerns regarding our products, please contact ProductSafety@springernature.com

Printed and bound by CPI Group (UK) Ltd, Croydon, CR0 4YY

26/03/2026

02078976-0004